完全适合自学和教学辅导

职场求生

中文版

超值套装

网络资源下载+附赠图集

快速实例上手

AutoCAD 室内装潢教程

刘冰 等 编著

精通 软件操作

高手 活学活用

全能 职场选手

CAD

专门为零基础渴望自学成才在职场出人头地的你设计的书

机械工业出版社

CHINA MACHINE PRESS

本书共分为 10 章、四大部分，第一部分(第 1 章)，主要讲解了室内装潢设计基础；第二部分(第 2 章)，主要讲解了室内装潢制图规范；第三部分(第 3～7 章)，通过 Auto-CAD 软件来绘制室内装潢施工图，包括配景图例、平面图、立面图、剖面图、节点大样图、水电施工图等；第四部分(第 8～10 章)，精挑三套完整的装修设计施工图集，让读者临摹研习，包括住宅、银行大厅、房产办公室等。

　　本书具有结构清晰、语言精练、最新规范、针对性强、适用面广等特点。提供网站供读者下载相关资源，并开通 QQ 高级群进行互动交流。适用于大学本科、专科、高职高专、中等职业学校的教师和学生使用，也可作为室内设计各行业的培训教材。

图书在版编目(CIP)数据

AutoCAD 室内装潢教程/刘冰等编著. —北京:机械工业出版社,2015.3
　(快速实例上手)
　ISBN 978-7-111-49553-6

　Ⅰ. ①A… Ⅱ. ①刘… Ⅲ. ①室内装饰设计 – 计算机辅助设计 – AutoCAD 软件 – 教材
Ⅳ. ①TU238-39

中国版本图书馆 CIP 数据核字(2015)第 046393 号

机械工业出版社(北京市百万庄大街22号　邮政编码100037)
策划编辑:刘志刚　责任编辑:刘志刚
封面设计:张　静　责任印制:李　洋
责任校对:刘时光
三河市宏达印刷有限公司印刷
2015 年 10 月第 1 版第 1 次印刷
184mm×260mm·19.75 印张·487 千字
标准书号:ISBN 978-7-111-49553-6
定价:49.80 元

前　言

对于现代任一个学习室内装修设计的人来说，AutoCAD 的软件操作及施工图绘制将是必须掌握的课程之一；对于任一项室内设计项目来说，无论是公装还是家装，在开始施工之前，必须由设计人员先设计出室内施工图，然后才能让施工人员按照施工图进行施工。现在的室内施工图基本上都是使用计算机绘制的，而 AutoCAD 恰恰就是一款具有完善的图形绘制功能和强大的图形编辑功能的计算机绘图软件，且很好地满足了设计人员计算机绘图的需求。因此，AutoCAD 受到绘图设计人员的青睐。作为世界上用户量最多的数字化设计软件，世界 500 强的企业中，几乎 100% 是它的用户，在我国制造业的 70%、建筑业的 90% 绘图人员都在使用 AutoCAD，而其数据格式(.dwg)已成为行业的标准。

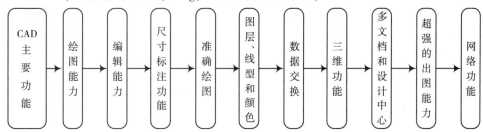

本书共分为 10 章 4 大部分，包括室内装潢设计基础，CAD 规范化制图，CAD 室内施工图的绘制方法，家装与公装装修施工图集等。

第一部分(第 1 章)，主要讲解了室内装潢设计快速上手，包括室内设计的含义、分类与流程，量房的方法与技巧，室内设计师的职责与常用软件，家装设计的人体尺度，常用材料的规格与计算方法，室内照明设计基础等。

第二部分(第 2 章)，主要讲解了室内装潢制图规范快速上手，包括图纸幅面与标题栏，制图比例与图线，室内制图的符号设置，室内制图的尺寸标注等。

第三部分(第 3 ~ 7 章)，主要讲解了 CAD 室内施工图的绘制方法，包括 CAD 室内样板文件的创建，常用工程符号的绘制，常用平面与立面图例的绘制，清水房平面图的绘制，尺寸及索引平面图的绘制，室内平面、地面、顶棚布置图的绘制，卫生间 A、B、C、D 立面图的绘制，客厅与卧室立面图的绘制，鞋柜、酒柜、衣柜、电视柜立面图的绘制，住宅开关、电照、弱电、给水排水布置图的绘制等。

第四部分(第 8 ~ 10 章)，精挑三套完整的装修设计施工图集，让读者临摹研习，包括住宅、银行大厅、房产办公室等，每套施工图集中大致包括有封面、目录、设计说明、材料表、灯具表、原始结构图、平面布置图、家具尺寸图、地面布置图、顶棚布置图、电气平面图、各主要立面图、门窗大样详图等。

本书所配套的相关素材及施工图集，请读者在资源服务平台(www.jigongjianzhu.com)进行下载，并开通 QQ 高级群(329924658)，以得到更多的技术交流和资源分享。

本书由达州市职业技术学院的刘冰编写，同时也要感谢姜先菊、牛姜、李贤成、李科、杨吉明、李盛云、马燕琼、雷芳、刘霜霞、张菊莹、王函瑜、刘本琼、张武贵、罗振镰、张琴、李镇均等对本书做了大量的工作。

由于编者的知识水平有限，加之编写时间仓促，书中难免有疏漏与不足之处，敬请专家和读者批评指正。

2015 年 1 月

目　　录

第1章　室内装潢设计基础快速上手

室内设计是人们创造更好的生存和生活环境条件的重要活动，它通过运用现代的设计原理，进行适用、美观的设计，使空间布置更加符合人们的生理和心理的需求，同时也促进了社会中审美意识的提高。室内设计不仅对社会的物质文明建设有着重要的促进作用，而且对于社会的精神文明建设也有潜移默化的积极作用。

1.1　室内装潢设计基础

现代室内设计是综合室内环境设计，它包括视觉环境和工程技术方面的问题，也包括声、光、热等物理环境以及氛围、环境等心理环境和文化内涵等的内容。

1.1.1　室内设计的含义

所谓的室内设计，是指根据室内的实用性质和所处的环境，运用物质材料、工艺技术及艺术的手段，创造出功能合理、舒适美观、符合人的生理、心理需求的内部空间，赋予使用者愉悦、便于生活、工作、学习的理想的居住与工作环境。从这一点来讲，室内设计即是改善人类生存环境的创造性活动。

在初期涉及室内设计、施工、监理等工作时，经常会对室内装潢、室内装修、室内装饰这三个概念模糊混淆，在图1-1中给出了它们的具体含义和区别。

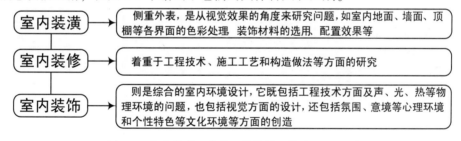

图1-1　室内装潢、装修、装饰的具体含义和区别

1.1.2　室内设计的分类

室内设计有多种分类方法，若根据建筑物的使用功能，那么室内设计可分为以下四大类。

（1）居住建筑室内设计　主要涉及住宅、公寓和宿舍的室内设计，具体包括前室、起居室、餐厅、书房、工作室、卧室、厨房和浴厕设计。

（2）公共建筑室内设计　其分类如图1-2所示。

（3）工业建筑室内设计　主要涉及各类厂房的车间和生活间及辅助用房的室内设计。

（4）农业建筑室内设计　主要涉及各类农业生产用房，如种植暖房、饲养房的室内设计。

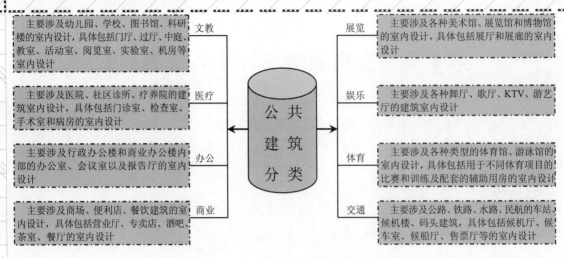

图 1-2　公共建筑室内设计的分类

1.1.3　室内装潢工程的工作流程

在进行室内装潢工程中，其整个工作流程大致应按照图 1-3 所示的流程进行。

1. 接受装修业务	11. 施工所需要的详图
2. 现场勘察测量	12. 消防审核报审
3. 根据勘察结果设计初稿	13. 按工程进度进行材料采购
4. 根据客户意见修改设计方案	14. 工程队进场施工
5. 制作工程相关效果图	15. 按合同催收进度工程款
6. 预算审核	16. 工程竣工、验收
7. 制定报价单、报价	17. 工程总结算
8. 议价、签约	18. 工程售后服务
9. 收取工程预付款	
10. 确定工程项目经理布置各部门工程任务	

图 1-3　室内装潢工作流程

1.1.4　室内装修的施工流程

当该装潢工程接洽、签约、设计施工图、采购相关材料后，其工程队就可以进场施工了，那么在整个进场装修的过程中，可分为八大流程，如图 1-4 所示。

1.1.5　室内量房的方法和技巧

一般情况下，在装修之前都会对室内进行整体的量房，其实量房的过程并没有大家所想的那么复杂，测量也是有一定规律的，只要按照规律来进行测量，就能做到有条不紊。

1. 量房工具及步骤

（1）量房工具　工程项目实地尺度测量的内容，主要包括建筑室内的长度和宽度（开间和进深），层高，梁、门窗、柱子和管道的尺寸和位置等。专业的测量工具一般有：水平仪、水平尺、卷尺、90°角尺、量角器、测距轮、激光测量仪等。在测量时，除了基本工具（白

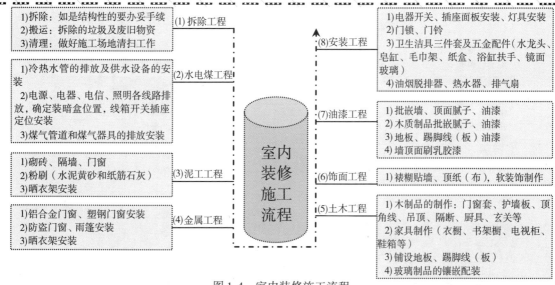

1)拆除：如是结构性的要办妥手续 2)搬运：拆除的垃圾及废旧物资 3)清理：做好施工场地清扫工作	(1)拆除工程
1)冷热水管的排放及供水设备的安装 2)电源、电器、电信、照明各线路排放，确定装暗盒位置，线箱开关插座定位安装 3)煤气管道和煤气器具的排放安装	(2)水电煤工程
1)砌砖、隔墙、门窗 2)粉刷（水泥黄砂和纸筋石灰） 3)晒衣架安装	(3)泥工工程
1)铝合金门窗、塑钢门窗安装 2)防盗门窗、雨篷安装 3)晒衣架安装	(4)金属工程

室内装修施工流程

(8)安装工程	1)电器开关、插座面板安装、灯具安装 2)门锁、门铃 3)卫生洁具三件套及五金配件（水龙头、皂缸、毛巾架、纸盒、浴缸扶手、镜面玻璃） 4)油烟脱排器、热水器、排气扇
(7)油漆工程	1)批嵌墙、顶面腻子、油漆 2)木质制品批嵌腻子、油漆 3)地板、踢脚线（板）油漆 4)墙顶面刷乳胶漆
(6)饰面工程	1)裱糊贴墙、顶纸（布），软装饰制作
(5)土木工程	1)木制品的制作：门窗套、护墙板、顶角线、吊顶、隔断、厨具、玄关等 2)家具制作（衣橱、书架橱、电视柜、鞋箱等） 3)铺设地板、踢脚线（板） 4)玻璃制品的镶嵌配装

图1-4 室内装修施工流程

纸、铅笔、圆珠笔、橡皮擦等）外，还可以借助数码相机或摄像机等辅助拍摄，如图1-5所示。

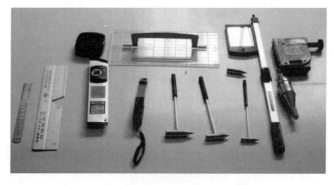

图1-5 量房工具

（2）量房步骤 不同设计师有不同的量房步骤，但只要能准确地测量出客户房屋的尺寸，就实现了量房的目的。在此，把量房步骤简单归纳如下：

1）巡视所有的房间，了解基本的房型结构，对于特别之处要予以关注。

2）在纸上画出大概的平面图形（不讲求尺寸准确度或比例，这个平面只是用于记录具体的尺寸，但要体现出房间与房间之间的前后、左右连接方式）。

3）从进户门开始，一个一个房间测量，并把测量的每一个数据记录到平面图的相应位置上。

有的设计公司专程设计了如图1-6所示的"装修量房登记表"，测量人员依次对客厅、卧室、餐厅、厨房等进行测量即可。

2. 量房的方法以及相关内容

正确的方法对初学者来说可以起到事半功倍的效果，很多设计师在第一次量房时都会因自己的方法不正确或自己的疏忽大意而错量、漏量，直到做具体方案时才会发现。然而来回进行多次测量会浪费大量的精力，所以采用正确的方法和准确测量出相关内容至关重要。

装 修 量 房 登 记 表

量房日期:　　　　设计师:　　　　业务经理:　　　　房型:
面积 :　　　　楼层:　　　　业主姓名:　　　　联系电话:

主卧室

面积:　　㎡　　　长　　宽　　高　　有无立柱:　　尺寸　　有无顶梁　　尺寸

墙面处理方式:□乳胶漆 □壁纸 □手绘 □墙砖 □其他　墙面面积:　　㎡　　墙面颜色:

床头背景墙: 面积　　㎡ 规格　　高　　宽 表现形式:　　　　参考风格: □ 有 □ 无

其他背景墙: 面积　　㎡ 规格　　高　　宽 表现形式:　　　　参考风格: □ 有 □ 无

顶棚处理方式:□藻井式吊顶 □平板吊顶 □局部吊顶 □异型吊顶 □不吊顶 □石膏线
□其他　　　　　　　　　　　　　　　　　　顶棚面积: 　　㎡

地面处理方式:□地板砖 □复合地板 □实木底板 □地毯 □地面胶 □其他
地板砖尺寸:　　　　工艺要求:□拼花 □斜铺 □正常 □其他　　　　　　
地板面积:　　㎡　　　□地板代购 □地板自购

门1　　尺寸:　高　宽　墙厚　购买:□自购 □代购 □木工制作 材质:□钢木 □实木 □塑钢
开合方式:□推拉 □自开 门套尺寸:　安装方:□销售方 □我方 □贵方

门2　　尺寸:　高　宽　墙厚　购买:□自购 □代购 □定制 材质:□钢木 □实木 □塑钢
开合方式:□推拉 □自开 门套尺寸:　安装方:□销售方 □我方 □贵方

门3　　尺寸:　高　宽　墙厚　购买:□自购 □代购 □定制 材质:□钢木 □实木 □塑钢
开合方式:□推拉 □自开 门套尺寸:　安装方:□销售方 □我方 □贵方

窗1　　尺寸:　高　宽　墙厚　购买:□自购 □代购 □定制 材质:□钢木 □实木 □塑钢
开合方式:□推拉 □自开 门套尺寸:　安装方:□销售方 □我方 □贵方

窗2　　尺寸:　高　宽　墙厚　购买:□自购 □代购 □定制 材质:□钢木 □实木 □塑钢
开合方式:□推拉 □自开 门套尺寸:　安装方:□销售方 □我方 □贵方

顶灯数量:　　个 壁灯数量:　　个 射灯　　个 其他灯　　个 开关数量:　　组　　开
灯具购买:□ 自购　□ 代购 灯具要求:

插座数量:　　组　二孔　三孔　其他　弱电盒数量:　组　电话线　网线　电视线
其他墙面附属物:

衣柜规格:　　组　　高　　宽　　长　　门　　屉 参考风格:□ 有 □ 无
制作:□ 自购 □ 木工制作 □ 代购 □ 其他　　其他要求:

梳妆台:　　　长　　宽　　高　　特殊造型:　　参考风格:□ 有 □ 无
制作:□ 自购 □ 木工制作 □ 代购 □ 其他 表层处理方式:□喷漆 □刷漆 □贴纸 □贴板

电视柜规格:　　　长　　宽　　高　　特殊造型:　　参考风格:□ 有 □ 无
制作:□ 自购 □ 木工制作 □ 代购 □ 其他 表层处理方式:□喷漆 □刷漆 □贴纸 □贴板

图1-6　装修量房登记表

因此,在量房时应注意把握如图1-7所示的十个要点:

1) 利用卷尺量出房间的长度、高度(长度要紧贴地面测量,高度要紧贴墙体拐角处测量)

2) 对通向另一个房间的具体尺寸进行再测量和记录(了解两个房间之间的空间结构关系)

3) 观察四面墙体,如果有门、窗、开关、插座、管子等,在纸上简单示意

4) 测量门本身的长、宽、高,再测量这个门与所属墙体的左、右间隔尺寸,测量门与顶棚的间隔尺寸

5) 测量窗本身的长、宽、高,再测量这个窗与所属墙体的左、右间隔尺寸,测量窗与顶棚的间隔尺寸

6) 按照门窗的测量方式把开关、插座、管子的尺寸进行记录(厨房、卫生间要特别地注意)

7) 要注意每个房间顶棚上的横梁尺寸以及固定的位置

8) 按照上述方法,把房屋内所有的房间测量一遍。如果是多层的,为了避免重测,测量的顺序为一层测量完后再测量另外一层,而且房间的顺序要从左到右

9) 有特殊之处用不同颜色的笔标示清楚

10) 在全部测量完后,再全面检查一遍,以确保测量的准确和精细

图1-7　量房的十个注意要点

3. 量房的三种测量思路

（1）定量测量 主要测量各个厅室内的长、宽、高，计算出每个用途不同的房间的面积。并根据业主喜好与日常生活习惯提出合理化的建议。

（2）定位测量 在这个环节的测量中，主要标明门、窗、空调孔的位置，窗户需要标出数量。在厨卫的测量中，落水管的位置、孔距、坐便器坑位孔距、离墙距离、烟管的位置、煤气管道位置、管下距离、地漏位置都需要做出准确的测量，以便在日后的设计中准确定位。

（3）高度测量 正常情况下，房屋的高度应当是固定的。但由于各个房屋的建筑、构造不同，也可能会有一定的落差，在设计师进行高度测量时，要仔细查看房间的每个区域的高度是否出现落差，以便在日后的设计图样中做到准确无误。

4. 量房的注意事项

1）了解总电表的容量，计算一下大概使用量是否够，如果需要大功率的电表则应提前到供电部门申请改动。

2）了解煤气、天然气表的大小，同样，若有变动需要提前到供气部门申请变动。

3）根据房型图（请注意，不是买房子的时候拿到的房型图，而是由物业公司提供的准确的建筑房型图），了解承重墙的具体位置。

4）了解进户水管的位置以及进户后的水管是几分管。

5）了解下水的位置和坐便器的坑位。

5. 室内基本设施的量取

1）房间格局：量长、宽、高。

2）门洞：宽、高。

3）窗：大小、窗台高度。

4）梁：宽 W、高 H。

5）配电箱：距地高度 H、距邻参照的距离，本身大小。

6）坐便口：以坐便口圆心为准，量取距两个方向墙体的距离。

1.1.6 室内装潢施工图的主要内容

一套完整的室内装潢施工图大致包括如图1-8所示的十个方面内容。

```
1) 原始平面图（以现场测量为准）

2) 墙体改建图（小公司大多不画这张）

3) 平面布置图（含量最高的一张，往往外行客户只看这一张）

4) 顶面布置图（吊顶造型、层高、灯具、空调、浴霸等详细尺寸图）

5) 地面铺装图（地面材料及铺设规范）

6) 强电布置图（冰箱、空调等强电流线路走向布置）

7) 弱电布置图（灯具、电话、网络等线路走向布置）

8) 开关插座图（开关及插座的详细布置图）

9) 立面图（若干张，其中必画的有厨房立面、卫生间立面、餐厅背景立面、电视背景立面）

10) 节点图（是指一些详细的施工图，复杂的造型及规范的施工都需要此图）
```

图 1-8 室内装潢施工图的十个方面内容

1.1.7 室内设计的常用软件

设计师们在进行室内设计过程中，常用到的软件包括有：AutoCAD、3ds max、Lightscape 和 Photoshop，如图 1-9 所示。

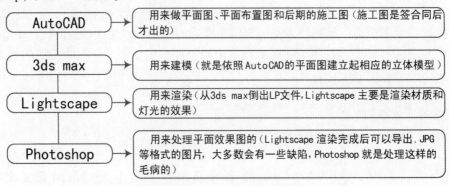

图 1-9　室内设计常用软件

1.1.8 室内装潢设计师的职责

室内装潢设计师是指运用物质技术和艺术手段，对建筑物及交通工具等内部空间进行室内环境设计的专业人员。

室内装潢设计师的主要工作内容如图 1-10 所示。

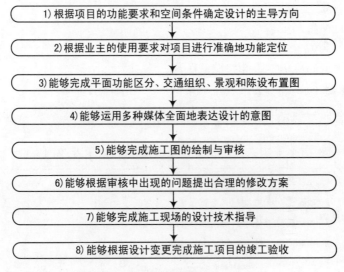

图 1-10　室内装潢设计师的工作内容

1.1.9 设计师在设计中应注意的问题

设计师除了应掌握相关的设计软件和履行相关的职责外，还应注意如图 1-11 所示的几点。

(1)合同、补充条款部分

　　1)合同、补充条款、报价单、图样上必须签字齐全、规范。

　　2)甲、乙双方各自应填写的项目必须齐全规范。

　　3)除市场鉴证日期外,凡甲、乙双方签字部位的月、日必须一致。

　　4)合同中工程地址必须详细至区(县)、门牌号(路、街号)、小区、楼、单元(门)、室(号)。

　　5)凡在市场内买的合同必须按公司的合同空白处红印章内容注解文字说明。

　　6)合同文本中"第十六条　其他没定条款",需填写内容必须请示部门主管、经理批准后方可填写。

　　7)合同中的总金额与报价单总金额必须一致(百位数前)。

　　8)合同总金额的大小写必须一致。

　　9)合同文本中"第十一条　工程款支付方式"必须填第三种方式。

　　10)合同封面甲、乙方必须规范、工整填写。

(2)报价单部分

　　1)报价单各项累计必须准确,报价单总金额与合同总金额必须一致。

　　2)报价级别必须准确。

　　3)报价单上的客户姓名、开竣工日期、联系电话、工程地址必须与合同一致、详细、工整。

　　4)报价中多项、漏项和工程量增、减量相加不得超过合同总金额的10%。

　　5)补充报价中特殊的把握不准的项目,必须请示质量技术管理部。

(3)图样部分

　　1)图样必须标注图样名称。

　　2)平面图须标注内方尺寸、门窗尺寸,标明材料及做法。

　　3)顶棚平面图须标明材料做法,造形部位必须标有剖面图。

　　4)主要墙面必须有立面图,标明尺寸、标高、材料做法。

　　5)柜、橱、桌等家具木制品必须标注详细尺寸。

图1-11　设计师在设计中应注意的问题

1.2　室内装潢设计与人体工程学

　　在进行室内装修设计时,首先要根据人体的构造、人体尺寸和人体动作域的一些基本尺寸数据来进行室内装修设计,包括家具的设计、家具的摆设。

1.2.1　人体基本尺度

1. 人体尺度

　　人体尺度是人体工程学研究的最基本的数据之一。不同年龄、性别、地区和民族的人体具有不同的尺度特点,例如我国成年男子平均身高为167cm,美国为174cm,欧洲为175cm,而日本则为160cm,如图1-12所示。

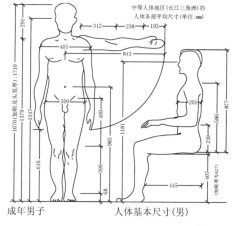
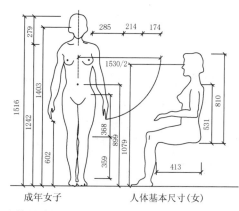

图1-12　人体尺度

2. 人体动作域

人们在室内各种工作和生活活动范围的大小称为动作域，它是确定室内空间尺度的重要依据因素之一。以各种计测方法测定的人体动作域也是人体工程学研究的基础数据，如果说人体尺度是静态的、相对固定的数据，人体动作域的尺度则为动态的，其动态尺度与活动情景状态有关，如图 1-13 所示。

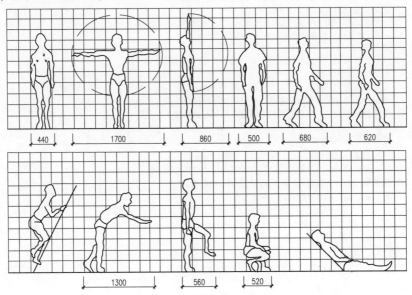

图 1-13　人体动作域

1.2.2　室内空间、家具陈设常用尺寸

在装饰工程设计时，必然要考虑室内空间、家具陈设等与人体尺度的关系问题。为了方便装饰室内设计，这里介绍一些常用的尺寸数据。

1. 墙面尺寸

1）踢脚板高：80～200mm。

2）墙裙高：800～1500mm。

3）挂镜线高：1600～1800mm（镜面中心距地面高度）。

2. 餐厅

1）餐桌高：750～790mm。

2）餐椅高：450～500mm。

3）圆桌直径：2 人 500mm，2 人 800mm，4 人 900mm，5 人 1100mm，6 人 1100～1250mm，8 人 1300mm，10 人 1500mm，12 人 1800mm。

4）方餐桌尺寸：2 人 700mm×850mm，4 人 1350mm×850mm，8 人 2250mm×850mm。

5）餐桌转盘直径：700～800mm。

6）餐桌间距：（其中座椅占 500mm）应大于 500mm。

7）主通道宽：1200～1300mm。

8）内部工作道宽：600～900mm。

9）酒吧台高：900～1050mm，宽为 500mm。

10）酒吧凳高：600～750mm。

3. 商场营业厅

1）单边双人走道宽：1600mm。

2）双边双人走道宽：2000mm。

3）双边三人走道宽：2300mm。

4）双边四人走道宽：3000mm。

5）营业员柜台走道宽：800mm。

6）营业员货柜台：厚为600mm，高为800～1000mm。

7）单靠背立货架：厚为300～500mm，高为1800～2300mm。

8）双靠背立货架：厚为600～800mm，高为1800～2300mm。

9）小商品橱窗：厚为500～800mm，高为400～1200mm。

10）陈列地台高：400～800mm。

11）敞开式货架高：400～600mm。

12）放射式售货架：直径为2000mm。

13）收款台：长为1600mm，宽为600mm。

4. 饭店客房

1）标准面积：大为25m²，中为16～18m²，小为16m²。

2）床：高为400～450mm，床靠高为850～950mm。

3）床头柜：高为500～700mm，宽为500～800mm。

4）写字台：长为1100～1500mm，宽为450～600mm，高为700～750mm。

5）行李台：长为910～1070mm，宽为500mm，高为400mm。

6）衣柜：宽为800～1200mm，高为1600～2000mm，深为500mm。

7）沙发：宽为600～800mm，高为350～400mm，靠背高为1000mm。

8）衣架高：1700～1900mm。

5. 卫生间

1）卫生间面积：3～5m²。

2）浴缸长度：一般有三种1220mm、1520mm、1680mm，宽为720mm，高为450mm。

3）坐便器：750mm×350mm。

4）冲洗器：690mm×350mm。

5）盥洗盆：550mm×410mm。

6）淋浴器高：2100mm。

7）化妆台：长为1350mm，宽为450mm。

6. 会议室

1）中心会议室客容量：会议桌边长为600mm。

2）环式高级会议室客容量：环形内线长为700～1000mm。

3）环式会议室服务通道宽：600～800mm。

7. 交通空间

1）楼梯间休息平台净空：等于或大于2100mm。

2）楼梯跑道净空：等于或大于2300mm。

3）客房走廊高：等于或大于 2400mm。

4）两侧设座的综合式走廊宽度：等于或大于 2500mm。

5）楼梯扶手高：850～1100mm。

6）门的常用尺寸：宽为 850～1000mm。

7）窗的常用尺寸：宽为 400～1800mm（不包括组合式窗子）。

8）窗台高：800～1200mm。

8. 灯具

1）大吊灯最小高度：2400mm。

2）壁灯高：1500～1800mm。

3）反光灯槽最小直径：等于或大于灯管直径 2 倍。

4）壁式床头灯高：1200～1400mm。

5）照明开关高：1000mm。

9. 办公家具

1）办公桌：长为 1200～1600mm，宽为 500～650mm，高为 700～800mm。

2）办公椅：高为 400～450mm，长×宽为 450mm×450mm。

3）沙发：宽为 600～800mm，高为 350～400mm，背面高为 1000mm。

4）茶几：前置型为 900mm×400mm×400（高）mm，中心型为 900mm×900mm× 400mm，左右型为 600mm×400mm×400mm。

5）书柜：高为 1800mm，宽为 1200～1500mm，深为 450～500mm。

6）书架：高为 1800mm，宽为 1000～1300mm，深为 350～450mm。

1.2.3 客厅设计的人体尺度

客厅是家人聚集、休息、欢度时光的空间。在进行客厅装饰设计和家具布置时，应符合人体尺度，其客厅设计常用的人体尺寸如图 1-14～图 1-18 所示。

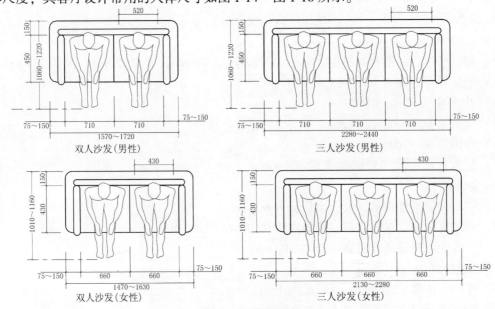

图 1-14 沙发设计

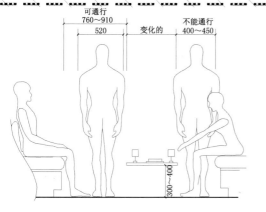
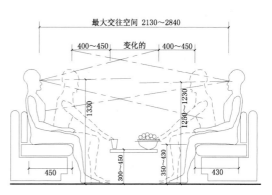

图1-15 沙发间距设计

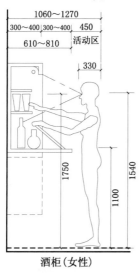
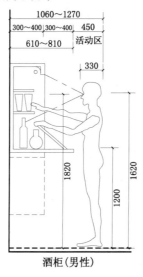

图1-16 酒柜设计

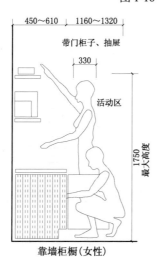
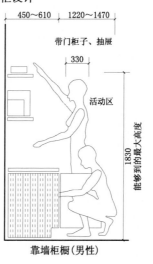

图1-17 靠墙壁橱设计

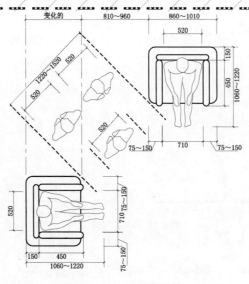

图 1-18　沙发拐角设计

1.2.4　卧室设计的人体尺度

在进行卧室的处理时，其功能布置应该有睡眠、储藏、梳妆及阅读等部分，平面布置应以床为中心，睡眠区的位置应相对比较安静。卧室设计常用的人体尺寸如图 1-19 ~ 图 1-26 所示。

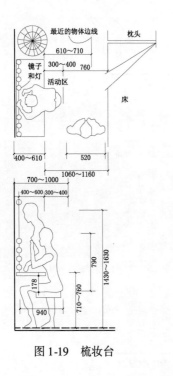

图 1-19　梳妆台

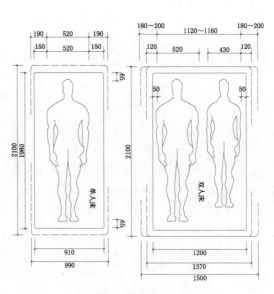

图 1-20　单人床与双人床

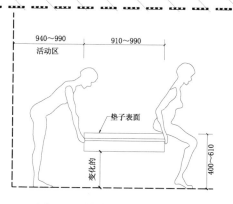

图1-21 单床间床与墙的间距

图1-22 双床间床间距

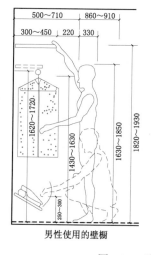

男性使用的壁橱

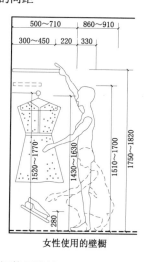

女性使用的壁橱

图1-23 壁橱使用设计

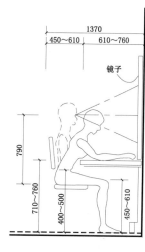

图1-24 书桌与梳妆台

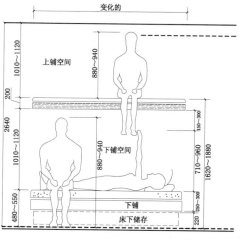

图1-25 成人用双层床

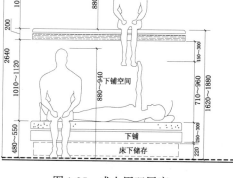

图1-26 小床柜与床的间距

1.2.5 餐厅设计的人体尺度

餐厅内部家具主要是餐桌、椅子和餐饮柜等，它们的摆放与布置必须为人们在室内的活动留出合理的空间。餐厅设计常用的人体尺寸如图1-27～图1-34所示。

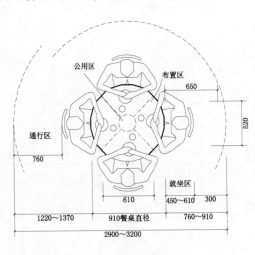

图1-27　餐厅公共区设计

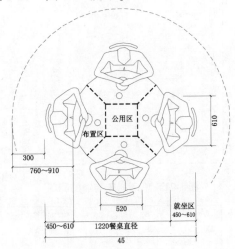

图1-28　餐桌设计（一）

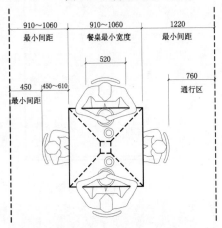

图1-29　餐桌设计（二）

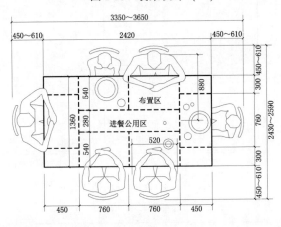

图1-30　餐桌设计（三）

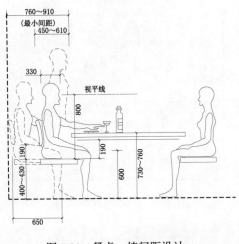

图1-31　餐桌、椅间距设计

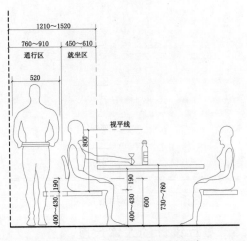

图1-32　餐厅走廊通行设计

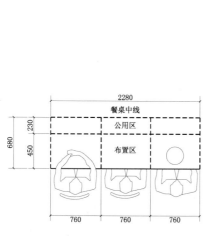

图1-33 餐桌设计（四）

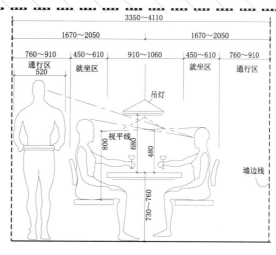

图1-34 桌厅/桌照明设计

1.2.6 厨房设计的人体尺度

在进行平面布置时，除考虑人体和家具尺寸外，还应考虑家具的活动范围尺寸大小。厨房设计常用的人体尺寸如图1-35～图1-38所示。

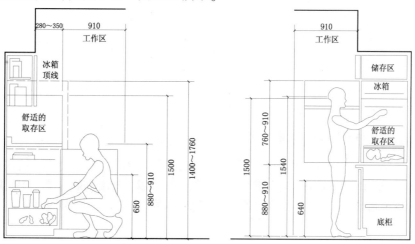

图1-35 冰箱布置立面图

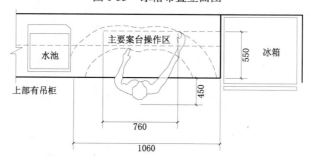

图1-36 调制备餐布置图

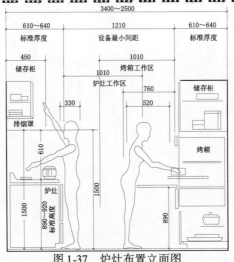

图 1-37　炉灶布置立面图

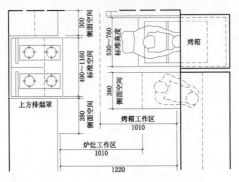

图 1-38　设备之间最小间距

1.2.7　卫生间设计的人体尺度

卫生间中洗浴部分应与坐便器部分分开。如不能分开，也应在布置上有明显的划分，并尽可能设置隔帘等。浴缸及坐便器附近应设置尺度适宜的扶手，以方便老弱病人的使用。如空间允许，洗脸梳妆部分应单独设置。其人体尺度及各设备之间的尺度如图 1-39 ～图 1-49 所示。

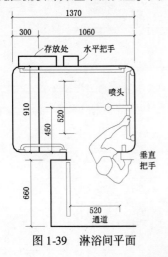

图 1-39　淋浴间平面

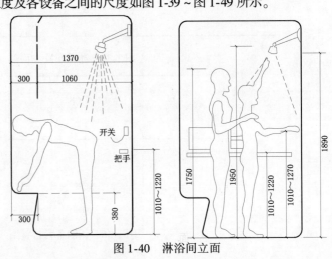

图 1-40　淋浴间立面

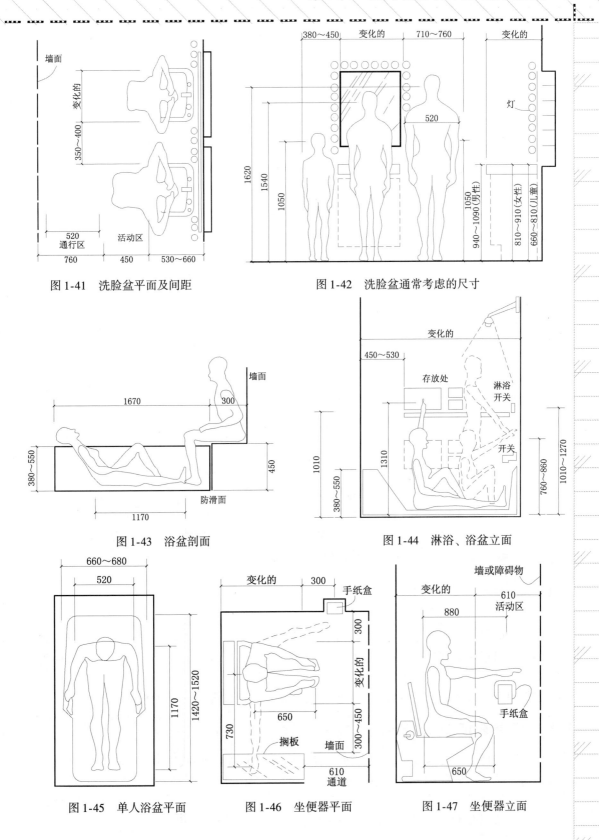

图1-41　洗脸盆平面及间距

图1-42　洗脸盆通常考虑的尺寸

图1-43　浴盆剖面

图1-44　淋浴、浴盆立面

图1-45　单人浴盆平面

图1-46　坐便器平面

图1-47　坐便器立面

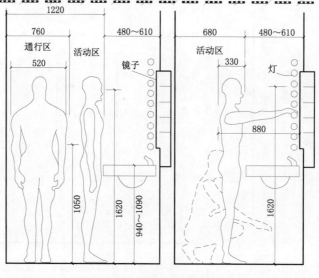

图 1-48　男性的洗脸盆尺寸

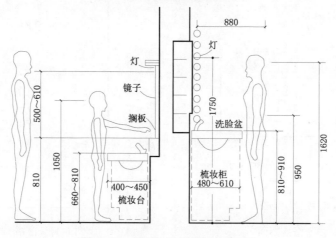

图 1-49　女性和儿童的洗脸盆尺寸

1.3　室内装潢设计的常用材料与计算

室内装饰材料是指用于建筑物内部墙面、顶棚、柱面、地面等的罩面材料，严格地说，应当称为室内建筑装饰材料。现代室内装饰材料不仅能改善室内的艺术环境，使人们得到美的享受，同时还兼有绝热、防潮、防火、吸声、隔声等多种功能，起着保护建筑物主体结构、延长其使用寿命以及满足某些特殊要求的作用，是现代建筑装饰不可缺少的一类材料。

1.3.1　室内装饰材料的分类

室内装饰材料种类繁多，按材质分类有：塑料、金属、陶瓷，玻璃、木材、无机矿物、涂料、纺织品、石材等种类；按功能分类有：吸声、隔热、防水、防潮、防火、防霉、耐酸碱、耐污染等种类；按装饰部位分类则有：墙面装饰材料、地面装饰材料、吊顶装饰材料。

（1）墙面装饰材料　其分类如图 1-50 所示。

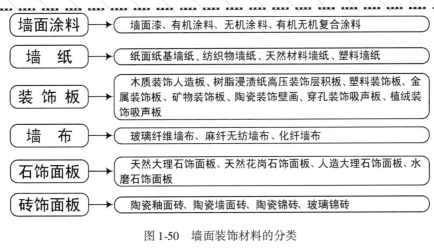

图 1-50　墙面装饰材料的分类

（2）地面装饰材料　其分类如图 1-51 所示。

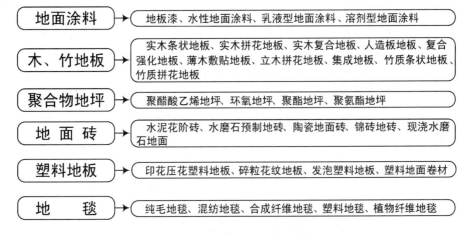

图 1-51　地面装饰材料的分类

（3）吊顶装饰材料　其分类如图 1-52 所示。

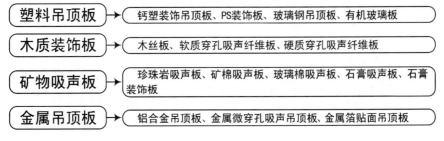

图 1-52　吊顶装饰材料的分类

1.3.2　室内常用装饰材料规格及计算

1. 实木地板

常见规格：900mm×90mm×18mm，750mm×90mm×18mm，600mm×90mm×18mm。

粗略计算方法：房间面积/地板面积×1.08＝使用地板块数。

精确计算方法：（房间长度/地板长度）×（房间宽度/地板宽度）＝使用地板块数。

计算举例：以长5m、宽3m的房间为例，选用900mm×90mm×18mm规格的地板，房间长5m/板长0.9m＝6块，房间宽3m/板宽0.09m＝34块，长6块×宽34块＝用板总量204块。但实木地板铺装中通常要有5%～8%的损耗。

2. 复合地板

常见规格：1200mm×190mm×12mm，1200mm×190mm×8mm。

粗略计算方法：房间面积/0.228×1.05＝地板块数。

精确计算方法：（房间长度/板长）×（房间宽度/板宽）＝地板块数。

计算举例：以长5m、宽3m的房间为例，选用1200mm×190mm×12mm规格的地板，房间长5m/板长1.2m＝5块，房间宽3m/板宽0.19m＝16块，长5块×宽16块＝用板总量80块。

3. 涂料乳胶漆

涂料乳胶漆的包装基本分为：5L和15L。

粗略计算方法：地面面积×2.5/35＝使用桶数。

精确计算方法：（长＋宽）×2×房高＝墙面面积，长×宽＝顶面面积，

（墙面面积＋顶面面积－门窗面积）/35＝使用桶数。

计算举例：以长5m、宽3m、高2.6m的房间为例，选用5L桶装涂料乳胶漆，墙面面积：（5m＋3m）×2×2.6m＝41.6m²，顶面面积：5m×3m＝15m²，涂料量：（41.6m²＋15m²）/35m²＝1.6桶。

4. 地砖

常见地砖规格：600mm×600mm、500mm×500mm、400mm×400mm、300mm×300mm。

粗略计算方法：房间面积/地砖面积×1.1＝用砖数量。

精确计算方法：（房间长度/砖长）×（房间宽度/砖宽）＝用砖数量。

计算举例：以长3.6m、宽3.3m的房间，采用300mm×300mm规格的地砖为例，房间长3.6m/砖长0.3m＝12块，房间宽3.3m/砖宽0.3m＝11块，长12块×宽11块＝用砖总量132块。

5. 地面石材

地面石材耗量与瓷砖大致相同，只是地面砂浆层稍厚。在核算时，考虑到切截损耗，搬运损耗，可加上1.2%左右的损耗量。铺地面石材时，每平方米所需的水泥和砂要根据原地面的情况来定。通常在地面铺15mm厚水泥砂浆层，其每平方米需普通水泥15kg、中砂0.05m³。

6. 墙面砖

对于复杂墙面和造型墙面，应按展开面积来计算。每种规格的总面积计算出后，再分别除以规格尺寸，即可得各种规格板材的数量（单位是块），最后加上1.2%左右的损耗量。

瓷砖的品种规格有很多，在核算时，应先从施工图中查出各种品种规格瓷砖的饰面位置，再计算各个位置上的瓷砖面积。然后将各处相同品种规格的瓷砖面积相加，即可得各种瓷砖的总面积，最后加上3%左右的损耗量。

一般墙面用普通工艺镶贴各种瓷砖，每平方米需普通水泥11kg、中砂33kg、石灰膏2kg。

柱面上用普通工艺镶贴各种瓷砖需普通水泥13kg、中砂27kg、石灰膏3kg。

墙面镶贴瓷砖时，水泥中常加入108胶水，用这种方法镶贴墙面，每平方米需普通水泥12kg、中砂13kg、108胶水0.4kg。如用这种方法镶贴柱面，每平方米需普通水泥14kg、中砂15kg、108胶水0.4kg。

7. 墙纸

常见墙纸规格为每卷长10m、宽0.53m。

粗略计算方法：地面面积×3＝墙纸的总面积，墙纸的总面积/（0.53×10）＝墙纸的卷数。

精确计算方法：墙纸总长度/房间实际高度＝使用的分量数，使用的分量数/使用单位的分量数＝使用墙纸的卷数。

因为墙纸规格固定，在计算它的用量时，要注意墙纸的实际使用长度，通常要以房间的实际高度减去踢角板以及顶线的高度。

这种计算方法适用于素色或细碎花的墙纸。墙纸的拼贴中要考虑对花，图案越大，损耗越大，因此要比实际用量多买10%左右。

8. 窗帘

普通窗帘多为平开帘，计算窗帘用料前，首先要根据窗户的规格来确定成品窗帘的大小。成品帘要盖住窗框左右各0.15m，并且打两倍褶，安装时窗帘要离地面1~2cm。

计算方法：（窗宽＋0.15m×2）×2＝成品帘宽度，成品帘宽度/布宽×窗帘高＝窗帘所需布料。

窗帘帘头计算方法：帘头宽×3倍褶/1.50m布宽＝幅数，（帘头高度＋免边）×幅数＝所需布料米数

计算举例：以窗帘帘头宽1.92m，高0.48m为例，用料米数为1.92m×3/1.50m＝3.84，即4幅布，4×（0.48m＋0.2m）＝2.72m。

9. 木线条

木线条的主材料即为木线条本身，核算时将各个面上木线条按品种规格分别计算。所谓按品种规格计算，即把木线条分为压角线、压边线和装饰线三类，其中又分为角线、半圆线、指甲线、凹凸线、波纹线等品种，每个品种又可能有不同的尺寸。计算时就是将相同品种和规格的木线条相加，再加上损耗量。一般对宽度为10~25mm的小规格木线条，其损耗量为5%~8%；宽度为25~60mm的大规格木线条，其损耗量为3%~5%。对一些较大规格的圆弧木线条，因为需要定做或特别加工，所以一般都需单项列出其半径尺寸和数量。

木线条的辅助材料是钉和胶。如用射钉来固定，每100m木线条需0.5盒，小规格木线条通常用20mm的钉枪钉。如用普通铁钉（俗称一寸圆钉），每100m需0.3kg左右。木线条的粘贴用胶，一般为白乳胶、309胶、立时得等，每100m木线条需用量为0.4~0.8kg。

1.3.3　装修工程预算表

对于任何一个装修工程，都应该有一个完善的工程预算表（图1-53），以及一个成本分析表（图1-54），这样才能完整准确地计算出该项装修工程的经济情况。

家居装修工程预算表(样本)

项目名称：

| 业 主： | 户号： | 套内面积： | m² | 造价师： | | 日期：2007.05.08 |

编号	项目名称	单位	数量	单价	主料费	辅料费	人工费	合价	备注
一	**楼地面工程**								
1	地面铺贴800mm×800mm地砖	m²		28.00		14.00	14.00	0.00	地维水泥,河砂,干贴法,人工费,甲供主材,拼花另计
2	地面铺贴600mm×600mm地砖	m²		28.00		14.00	14.00	0.00	地维水泥,河砂,干贴法,人工费,甲供主材,拼花另计
4	墙脚铺贴踢脚线	m		7.00		2.80	4.20	0.00	地维水泥,河砂,干贴法,人工费,甲供主材
5	强化木地板地面基础找平	m²		56.00	38.00	13.00	5.00	0.00	地维水泥,河砂,人工费
6	卫生间地面回填	m²		105.50	67.50	13.00	25.00	0.00	装修渣渣或矿渣,河砂,地维水泥,人工费
7	卫生间地面回填后用砂浆找平并做斜水	m²		18.00		13.00	5.00	0.00	地维水泥,河砂,人工费
8	砖混地台基础工程(15cm以下)	m		51.00	24.00	7.00	20.00	0.00	地维水泥,红砖,河砂,人工费
9	木华地台基础工程(15cm以下)	m²		118.00	80.00	3.00	35.00	0.00	天津木工板,30mm×40mm木条,人工费
10	厨房330mm×330mm防滑地砖	m²		50.88	23.88	14.00	13.00	0.00	地维水泥,河砂,干贴法,人工费,甲供主材,拼花另计
11	卫生间330mm×330mm防滑地砖	m²		27.00		14.00	13.00	0.00	地维水泥,河砂,干贴法,人工费,甲供主材,拼花另计
12	阳台300mm×300mm仿古地砖	m²		27.00		14.00	13.00	0.00	地维水泥,河砂,干贴法,人工费,甲供主材,拼花另计
13	门坎隔板石材安装	块		9.00		4.00	5.00	0.00	地维水泥,河砂,干贴法,人工费,甲供主材
14	厨房卫生间地面及墙面(0.4m)防水处理	m²		32.00	12.60	4.40	15.00	0.00	劳亚尔防水涂料,兑成砂浆,人工费
	小计							0.00	
二	**墙柱面工程**								
1	墙体整体打拆	m²		30.00			30.00	0.00	人工费
2	墙体打拆一半厚	m²		45.00			45.00	0.00	人工费
3	各项墙体补烂	项		150.00		80.00	70.00	0.00	辅材及人工费

图1-53 装修工程——预算表

家居装修工程预算表——成本分析表

一.楼地面基础工程		
1.铺贴500mm×500mm以上(含)规格的地砖		**28元/m²**
河砂		28.6kg×0.21元/kg=6元	1)不含主材。砖拼花、插色或斜铺45°角另加收5元/m²
水泥	地维或夏强	14.3kg×0.38元/kg=5.4元	
机械损耗		平均损耗:1.1元	2)除砖体自身几何尺寸不好或有凹凸翘曲外,施工不得有空鼓、对缝不直、不平整等质量问题
灰桶、钢丝球、毛巾等辅料		平均消耗:1.5元	
人工费		14元/m²	
小　计		28元/m²	
2.铺贴500mm×500mm以下(不含)规格的地砖		**27元/m²**
河砂		28.6kg×0.21元/kg=6元	1)不含主材。砖拼花、插色或斜铺45°角另加收5元/m²
水泥	地维或夏强	14.3kg×0.38元/kg=5.4元	
机械损耗		平均损耗:1.1元	2)除砖体自身几何尺寸不好或有凹凸翘曲外,施工不得有空鼓、对缝不直、不平整等质量问题
灰桶、钢丝球、毛巾等辅料		平均消耗:1.5元	
人工费		13元/m²	
小　计		27元/m²	
3.粘贴各种规格的陶瓷踢脚线		**7元/m**
河砂		4kg×0.21元/kg=0.84元	1)不含主材。砖拼花、插色或斜铺45°角另加收5元/m²
水泥	地维或夏强	2kg×0.38元/kg=0.76元	
机械损耗		平均损耗:0.4元	2)除砖体自身几何尺寸不好或有凹凸翘曲外,施工不得有空鼓、对缝不直、不平整等质量问题
灰桶、钢丝球、毛巾等辅料		平均消耗:0.8元	
人工费		4.2元/m	
小　计		7元/m	
4.强化木地板原始地面及所有回填表地面基础找平层		**18元/m²**
河砂		28.6kg×0.21元/kg=6元	1)弹线找水平
水泥	地维或夏强	14.3kg×0.38元/kg=5.4元	2)保持整个水平面平整,误差不超过0.5cm
灰桶、铁锹等辅料		平均消耗:1.6元	3)注意保护好已做好的木作家具群脚
人工费		5元/m²	
小　计		18元/m²	
5.下沉式卫生间地面回填		**105.5元/m²**
外购煤渣或装修废渣		0.45m³×150元/m²=67.5元	1)注意依据洁具尺寸确认回填高度
红砖		10块×0.6元/块=6元	2)回填之前用红砖将做好的给水排水管封严实

图1-54 装修工程——成本分析表

1.4 室内装潢设计的照明要求

室内照明设计是通过对建筑环境的分析,结合室内装潢设计的要求,合理地选择光源和灯具,确定照明设计方案,并通过适当的控制,使灯光环境符合人们的工作、生活等方面的要求,从而满足人们的需求。

1.4.1 室内照明供电的组成

室内供电一般由 5 路组成:照明电路、厨房插座、卫生间插座、空调插座、地插座。接线是并联接线,即总开关出来后分为 5 路,分别接 5 路电的供电端,然后输入到各个插座中,如图 1-55 所示。

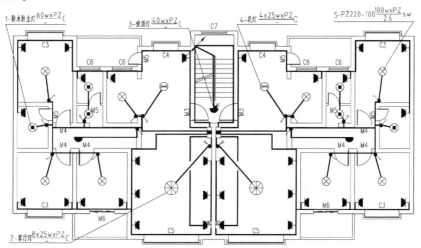

图 1-55 室内照明供电的组成

1.4.2 室内常用的光源类型

室内常用的光源类型有很多种,不同光源类型也应用在不同的场合和位置,如图 1-56 所示。

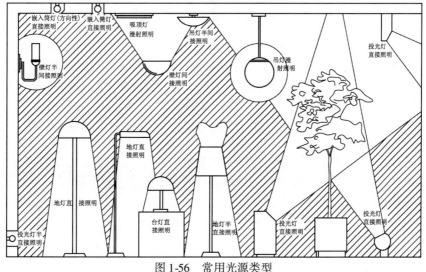

图 1-56 常用光源类型

1.4.3 室内常用的照明灯具类型

室内常用的照明灯具类型如图 1-57 所示。

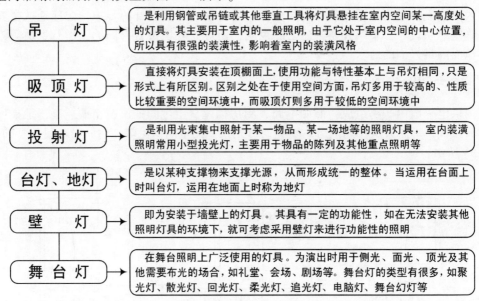

吊 灯　是利用钢管或吊链或其他垂直工具将灯具悬挂在室内空间某一高度处的灯具。其主要用于室内的一般照明，由于它处于室内空间的中心位置，所以具有很强的装潢性，影响着室内的装潢风格

吸顶灯　直接将灯具安装在顶棚面上，使用功能与特性基本上与吊灯相同，只是形式上有所区别。区别之处在于使用空间方面，吊灯多用于较高的、性质比较重要的空间环境中，而吸顶灯则多用于较低的空间环境中

投射灯　是利用光束集中照射于某一物品、某一场地等的照明灯具，室内装潢照明常用小型投光灯，主要用于物品的陈列及其他重点照明等

台灯、地灯　是以某种支撑物来支撑光源，从而形成统一的整体。当运用在台面上时叫台灯，运用在地面上时称为地灯

壁 灯　即为安装于墙壁上的灯具。其具有一定的功能性，如在无法安装其他照明灯具的环境下，就可考虑采用壁灯来进行功能性的照明

舞 台 灯　在舞台照明上广泛使用的灯具。为演出时用于侧光、面光、顶光及其他需要布光的场合，如礼堂、会场、剧场等。舞台灯的类型有很多，如聚光灯、散光灯、回光灯、柔光灯、追光灯、电脑灯、舞台幻灯等

图 1-57　常用照明灯具类型

1.4.4 室内主要房间照明设计

在室内装修过程中，应注意每个房间的照明要求及灯具选择，如图 1-58 所示。

门 厅　门厅要求光线明亮，以增加空间的开阔感，其照明的方式主要采用顶部照明，如设吸顶灯或设置光带、光槽、嵌入筒灯等

客 厅　客厅光线比较明亮，看电视时又要求光线柔和、亮度较低等；其次是满足空间对光环境创造的要求，常采用一般照明、装潢照明和重点照明相结合的方式

卧 室　卧室的灯光设计主要是创造一个安静、柔和、温馨的光环境

书 房　书房的光线既要明亮又要柔和，同时要避免眩光，常采用一般照明和局部照明相结合的照明方式

厨 房　厨房的照明主要是实用，应选择合适的照度和显色性较高的光源，一般可选白炽灯或荧光灯

餐 厅　餐厅的光线应保持明亮，但不刺眼，光色应偏暖色。餐厅的一般照明可采用直接照明的方式，选用显色性好的向下照射的配光灯具，安装在桌上方，距餐桌的适宜高度为 600～1000mm

卫生间　卫生间的照明应该是用明亮、柔和的光线均匀地照亮整个空间，所以可选用吸顶灯或设置发光顶棚，其灯具应选用防水型灯具

图 1-58　室内主要房间的照明

1.4.5　室内常用电气元件图形符号

在进行室内装潢的电气设计过程中，需要布置一些电气符号来表示相应的元件。Auto-CAD 中常用室内电气元件图形符号如表 1-1 所示。

表 1-1　常用室内电气元件图形符号

符号	说明	符号	说明	符号	说明
	墙面单座插座（距地300mm）	FW	服务呼叫开关	TL	台灯插座（距地300mm）
	地面单座插座	JJ	紧急呼叫开关	RF	冰箱插座（距地300mm）
WS	壁灯	YY	背景音乐开关	SL	落地灯插座（距地300mm）
	台灯		筒灯/根据选型确定直径尺寸	SF	保险箱插座（距地300mm）
喷淋　下喷　上喷　侧喷			草坪灯		客房插卡开关
S	烟感探头		直照射灯		三联开关
	顶棚扬声器		可调角度射灯		二联开关
D	数据端口		洗墙灯		一联开关
T	电话端口		防雾筒灯		温控开关
TV	电视端口		吊灯/选型		五孔插座
F	传真端口		低压射灯		电视插座
	风扇		地灯		网络插座
LCP	灯光控制板		灯槽	F	火警铃
T	温控开关		吸顶灯	DB	门铃
CC	插卡取电开关	A/C　A/C	下送风口/侧送风		600mm×600mm 格栅灯
DND	请勿打扰指示牌开关	A/R　A/R	下回风口/侧回风		600mm×1200mm格栅灯
SAT	人造卫星信号接收器插座	A/C　A/C	下送风口/侧送风		300mm×1200mm格栅灯
MS	微型开关	A/R　A/R	下回风口/侧回风		排风扇
SD	调光器开关	开关　单联　双联　三联		XHS	消火栓
					照明配电箱

●+MR　剃须插座（距地1250mm）　　●+HR　吹风机插座（距地1250mm）　　●+HD　烘手器插座（距地1400mm）

第2章 室内装潢制图规范快速上手

实践证明，其图形效果的美观、操作的灵活度、绘制的速度效率、是否符合制图的要求等，很大程度上取决于对制图规范的掌握。

在本章中，主要对室内装修施工图的制图规范进行详细的讲解，包括图纸幅面、标题栏、比例、线型与线宽、相关符号、尺寸标注等内容。

2.1 图纸幅面及标题栏

为了施工图样规范化的要求，都应有标准的图纸幅面及标题栏，从而能够快速地了解该工程图的名称、比例、设计单位等相关信息。

2.1.1 图纸幅面

图纸幅面是指图纸宽度与长度组成的图面。绘制图样时，应采用表中规定的图纸基本幅面尺寸，基本幅面代号有如表 2-1 所示的 A0、A1、A2、A3、A4 共 5 种。

表 2-1 幅面及图框尺寸

尺寸代号 \ 图纸幅面	A0	A1	A2	A3	A4
B×L	841mm×1189mm	594mm×841mm	420mm×594mm	297mm×420mm	210mm×297mm
c	10mm			5mm	
a	25mm				

同一项工程的图纸不宜多于两种幅面。如表 2-1 中代号的意义，对应如图 2-1 中的图纸图幅，有留或不留装订边的图框格式，或者是横式和竖式幅面两种。

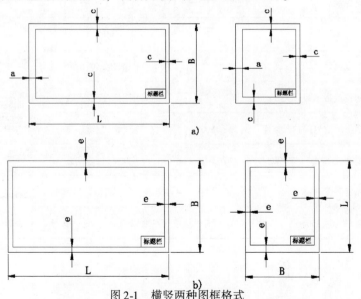

图 2-1 横竖两种图框格式

a) 留装订边的图框格式　b) 不留装订边的图框格式

图样空间由图框线和幅面线框组成，无论图纸是否装订，图框线必须用粗实线表示，图纸的短边一般不应加长，长边可以加长，但加长的尺寸应符合国标规定。

A0 图幅的面积为 $1m^2$，A1 图幅由 A0 图幅对裁而得，其他图幅依次类推，如图 2-2 所示。长边作为水平边使用的图幅称为横式图幅，短边作为水平边的图幅称为立式图幅。

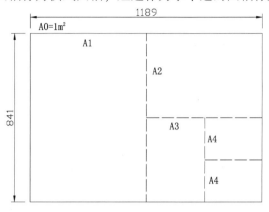

图 2-2　图纸幅面大小

提示：图样的尺寸

需要微缩复制的图样，其一边上应附有一段准确米制尺度，四个边上均附有对中标志，米制尺寸的总长应为 100mm，分格应为 10mm。对中标志应画在图样各边长的中点处，线宽应为 0.35mm，伸入框内应为 5mm。图幅以短边作为垂直边称为横式，以短边作为水平边称为竖式。一般 A0～A3 图纸宜横式使用。

2.1.2　标题栏

工程图样应有工程名称、图名、图号、工程号，设计人、绘图人、审批人的签名和日期等，把这些集中放在图样的右下角，称为图样标题栏，简称图标，如图 2-3 所示为某设计单位专用图样标题栏。

×××艺术设计院				工程号	
				图　别	建　施
审　定		专　业	工程名称 ×××房产开发有限公司办公楼	图　号	**01**
设　计		负责人			
总负责		设　计	图名	版　号	BS-GG
校　审		制　图	**二层平面布置图**	日　期	2014.10

图 2-3　标题栏

提示：涉外工程标题栏内容

对于涉外工程的标题栏内，各项主要内容的中文下方应附有译文，设计单位的上方或左方，应加"中华人民共和国"字样。在计算机制图文件中，当使用电子签名与认证时，应符合国家有关电子签名法的规定。

2.2　室内制图的比例

图样中图形与实物相对应的线性尺寸之比，称为比例。比例的大小，是指其比值的大小，如 1:50 大于 1:100。

比例的符号为"："，比例应以阿拉伯数字表示，如 1:1、1:2、1:100 等。

比例宜注写在图名的右侧，字的基准线应取平；比例的字高宜比图名的字高小一号或两号，如图 2-4 所示。

三层天花平面图 1:100

图名:7.0   图名:5.0

图 2-4   标注的比例

绘图所用的比例，应根据图样的用途与被绘对象的复杂程度，从表 2-2 中选用，并优先用表中常用比例。

表 2-2   绘图所用的比例

常用比例	1:1、1:2、1:5、1:10、1:20、1:50、1:100、1:150、1:200、1:500
可用比例	1:3、1:4、1:15、1:25、1:30、1:40、1:60、1:80、1:125、1:300、1:400

不同阶段及内容的比例设置，可参见如表 2-3 所示。

表 2-3   不同阶段的绘图比例

比　例	图样内容	图样类型
1:100 1:150 1:200	方案阶段　　总图阶段	平面图 顶面图
1:30 1:50 1:60	小型房间平面施工图（如卫生间、客房） 区域平面施工图阶段 区域平面图施工阶段	平面图 顶面图
1:50 1:30 1:20	顶标高在 2.8m 以上的剖立面施工图 顶标高在 2.5m 左右的剖立面 顶标高在 2.2m 以下的剖立面或特别复杂的立面	剖面图 立面图
1:10 1:5 1:4 1:2 1:1	2000mm 左右的剖立面（如从顶到地的剖面，大型橱柜剖面等） 1000mm 左右的剖立面（如吧台、矮隔断、酒水柜等剖立面） 500～600mm 左右的剖面（如大型门套的剖面造型） 180mm 左右的剖面（如踢脚、顶角线等线脚大样） 50～60mm 左右的剖面（如大型门套的剖面造型）	节点大样图

提示：涉外工程标题栏内容

对于绘制详图的比例设置，可依靠被绘对象的实际尺寸而定，如图 2-5 所示。

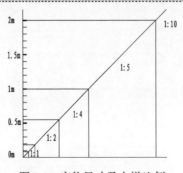

图 2-5   实物尺寸及大样比例

2.3　室内制图的线型与线宽

画在图样上的线条统称图线。工程图中，为了表示图中不同的内容，并且能够主次分明，通常采用不同粗细的图线，即图线要有不同的线型跟宽度之分。在工程建设制图中，应选用如表 2-4 所示的图线。

表 2-4　图线的线型、线宽及用途

名称		线型	线宽	一般用途
实线	粗		b	主要可见轮廓线 剖面图中被剖着部分的主要结构构件轮廓线、结构图中的钢筋线、建筑或构筑物的外轮廓线、剖切符号、地面线、详图标志的圆圈、图样的图框线、新设计的各种给水管线、总平面图及运输中的公路或铁路线等
	中		$0.5b$	可见轮廓线 剖面图中被剖着部分的次要结构构件轮廓线、未被剖面但仍能看到而需要画出的轮廓线、标注尺寸的尺寸起止 45° 短画线、原有的各种水管线或循环水管线等
	细		$0.25b$	可见轮廓线、图例线 尺寸界线、尺寸线、材料的图例线、索引标志的圆圈及引出线、标高符号线、重合断面的轮廓线、较小图形中的中心线
虚线	粗		b	新设计的各种排水管线、总平面图及运输图中的地下建筑物或构筑物等
	中		$0.5b$	不可见轮廓线 建筑平面图运输装置（例如桥式起重机）的外轮廓线、原有的各种排水管线、拟扩建的建筑工程轮廓线等
	细		$0.25b$	不可见轮廓线、图例线
单点长划线	粗		b	结构图中梁或框架的位置线、建筑图中的起重机轨道线、其他特殊构件的位置指示线
	中		$0.5b$	参考各有关专业制图标准
	细		$0.25b$	中心线、对称线、定位轴线 管道纵断面图或管系轴测图中的设计地面线等
双点长划线	粗		b	预应力钢筋线
	中		$0.5b$	参考各有关专业制图标准
	细		$0.25b$	假想轮廓线、成型前原始轮廓线
折断线			$0.25b$	断开界线
波浪线			$0.25b$	断开界线
加粗线			$1.4b$	地平线、立面图的外框线等

注意：图线的画法

在采用技术绘图时，尽量采用色彩（COLOR）来控制绘图笔画的宽度，尽量少用多段线（PLINE）等有宽度的线，以加快图形的显示，缩小图形文件。其打印出图笔号1号~10号线宽的设置如表2-5所示。

表2-5　打印出图线宽的设置

1号	红色	0.1mm	6号	紫色	0.1~0.13mm
2号	黄色	0.1~0.13mm	7号	白色	0.1~0.13mm
3号	绿色	0.1~0.13mm	8号	灰色	0.05~0.1mm
4号	浅蓝色	0.15~0.18mm	9号	灰色	0.05~0.1mm
5号	深蓝色	0.3~0.4mm	10号	红色	0.6~1mm

注：10号特粗线主要用于立面地坪线、索引剖切符号、图标上线、索引图标中表现索引图在本图的短线。

2.4　室内制图的符号设置

在进行各种建筑和室内装饰设计时，为了更加清楚、明确地表明图中的相关信息，将以不同的符号来表示。

2.4.1　平面剖切符号

平面剖切符号是用于在平面图中对各剖立面作出的索引符号。剖切符号由剖切引出线、剖视位置线和剖切索引号共同组成，如图2-6所示。

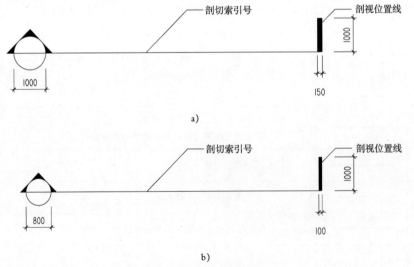

图2-6　平面剖切符号1
a）A0、A1、A2的幅面　b）A3、A4的幅面

1）剖切引出线由细实线绘制，贯穿被剖切的全貌位置。

2）剖视位置线的方向表示剖视方向，并同剖切索引号箭头指向一致，其宽度为150mm（A0、A1、A2幅面）或100mm（A3、A4幅面）。

3）剖切索引号由直径 ϕ1000mm（A0、A1、A2 幅面）或直径 ϕ800mm（A3、A4 幅面）的圆圈，以及表示投视方向的三角形共同组成。

4）剖切索引号上半圆标注剖切编号，以大写英文字母表示，下半圆标注被剖切的图样所在的图样号如图 2-7 所示。

5）上、下半圆表述内容不能颠倒，且三角箭头所指方向即剖视方向。

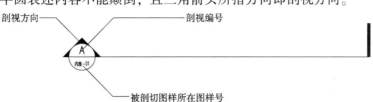

图 2-7　平面剖切符号 2

6）如图 2-8 表示，在同一剖切线上的两个剖视方向。

图 2-8　平面剖切符号 3

7）如图 2-9 表示，经转折后的剖切符号，转折位置即转折剖切线位置。

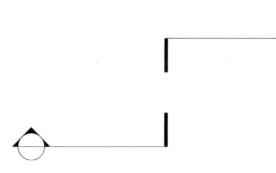

图 2-9　平面剖切符号 4

8）平面剖切符号的文字设置。

按 A0、A1、A2 幅面：上半圆字高为 300mm

下半圆字高为 180mm

按 A3、A4 幅面：上半圆字高为 250mm

下半圆字高为 120mm

2.4.2　立面索引符号

立面索引符号是用在平面中对各段立面做出的索引符号。

1）立面索引符号由直径 ϕ1000mm（A0、A1、A2 幅面）或直径 ϕ800mm（A3、A4 幅面）的圆圈，以及表示投视方向的三角形共同组成。

2）上半圆内的字母，表示立面编号，采用大写英文字母，如图 2-10 所示。

3）下半圆内的数字表示立面所在的图样号。

4）上、下半圆以一过圆心的水平直线分界。

5）三角所指方向为立面图投视方向。

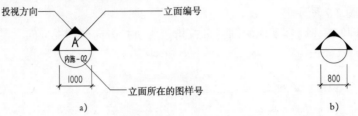

图 2-10　立面索引符号 1

a）A0、A1、A2 的幅面　b）A3、A4 的幅面

6）三角方向随立面投视方向而变，但圆中水平直线、数字及字母，永不变方向。上、下圆内表述内容不能颠倒，如图 2-11 所示。

图 2-11　立面索引符号 2

7）立面编号宜采用顺时针顺序连续排列，且可数个立面索引符号组合成一体，如图2-12所示。

图 2-12　立面索引符号 3

8）立面索引符号的文字设置。

按 A0、A1、A2 幅面：上半圆字高为 300mm

下半圆字高为 180mm

按 A3、A4 幅面：上半圆字高为 250mm

下半圆字高为 120mm

2.4.3　节点剖切索引符号

为了更清楚地表达出平、顶、剖、立面图中某一局部或构件，需另见详图，以剖切索引符号来表达，剖切索引符号即索引符号加上剖切符号，如图 2-13 所示。

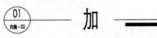

a）　　　　　　　　　　　　　　　　　b）

图 2-13　节点剖切索引符号 1

1）索引符号以细实线绘制，直径为 φ1000mm（A0、A1、A2 幅面）或 φ800mm（A3、A4 幅面）。索引符号上半圆中的阿拉伯数字表示节点详图的编号，下半圆中的编号表示节点

详图所在的图样号，如图2-14a）、b）所示。若被索引的详图与被索引部分在同一张图样上，可在下半圆用一段宽度为100mm（A0、A1、A2幅面）或80mm（A3、A4幅面）的水平粗实线表示，如图2-14c）所示。剖切线所在位置方向为剖视向。

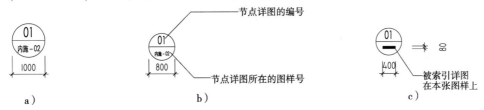

图2-14　节点剖切索引符号2

2）剖切索引详图，应在被剖切部位用粗实线绘制出剖切位置线，宽度为150mm（A0、A1、A2幅面）或100mm（A3、A4幅面），用细实线绘制出剖切引出线，引出索引符号。引出线与剖切位置线平行、对齐，相距为150mm（A0、A1、A2幅面）或100mm（A3、A4幅面）。剖切符号一侧表示剖切后的投视方向，即由引出线向剖切线方向剖视，并与索引符号的方向同视向，如图2-15所示。

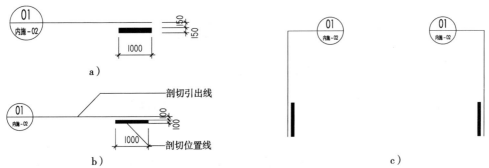

图2-15　节点剖切索引符号3
a）A0、A1、A2的幅面　b）A3、A4的幅面　c）剖切符号

3）若被剖切的断面较大时，则以两端剖切位置线来明确剖切面的范围，如图2-16所示，此符号常被用于对立面或剖立面的整体剖切，即从顶至地的整体断面图。

图2-16　节点剖切索引符号4

4）剖切节点索引符号的文字设置。

按A0、A1、A2幅面：上半圆字高为300mm

下半圆字高为180mm

按 A3、A4 幅面：上半圆字高为 250mm

下半圆字高为 120mm

2.4.4 大样图索引符号

为进一步表明图样中某一局部，需引出后放大，另见详图，以大样图索引符号来表示。大样图索引符号是由大样图符号加上引出符号构成，如图 2-17 所示。

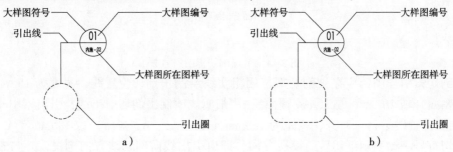

图 2-17 大样图索引符号 1

1）引出符号由引出圈和引出线组成。

2）引出圈以细虚线圈出需放样的大样图范围，范围较小的引出圈以圆形虚线绘制，范围较大的引出圈以倒弧角的矩形绘制，引出圈需将被引出的图样范围完整地圈入其中。

3）大样图符号与引出线用细实线绘制。

4）大样图符号直径为 $\phi1000mm$（A0、A1、A2 幅面）或 $\phi800mm$（A3、A4 幅面）。

5）大样图符号上半圆中的阿拉伯数字表示大样图编号，下半圆中的阿拉伯数字表示大样图所在的图样号。

6）若被索引的大样图与被索引部分在同一张图样上，可在下半圆用一条宽度为 80mm（所有幅面）的水平粗实线表示，如图 2-18 所示。

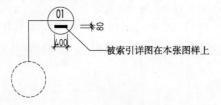

图 2-18 大样图索引符号 2

7）大样图索引符号的文字设置。

按 A0、A1、A2 幅面：上半圆字高为 300mm

下半圆字高为 180mm

按 A3、A4 幅面：上半圆字高为 250mm

下半圆字高为 120mm

2.4.5 图号

图号是被索引符号引出来表示本图样的标题编号。

1）图号由图号圆圈、编号、被剖切图所在图样的图样号、水平直线、图名、图别、比例读数共同组成，如图 2-19 所示。

图 2-19　图号 1

2）图号圆圈直径是 φ1200mm（A0、A1、A2 幅面）或 φ1000mm（A3、A4 幅面）。

3）图号的横向总尺寸长度等同于该图样的横向总尺寸。

4）图号水平直线为粗实线，粗实线的宽度为 150mm（A0、A1、A2 幅面）或 100mm（A3、A4 幅面），上端注明图别，水平直线下端注明图号名称和比例读数，且水平直线末端同比例读数末端对齐，如图 2-20 所示。

5）立面图上半圆以大写英文字母编号，节点大样图上半圆以阿拉伯数字为编号。

图 2-20　图号 2

6）图号的文字设置。

按 A0、A1、A2 幅面：上半圆字高为 350mm

下半圆字高为 200mm

图名、图别、比例读数字高均为 300mm

按 A3、A4 幅面：上半圆字高为 300mm

下半圆字高为 180mm

图名、图别、比例读数字高均为 250mm

2.4.6　图标符号

对无法体现图号的图样，在其图样下方以图标符号的形式表达，图标符号由两条长短相同的平行水平直线和图名、图别及比例读数共同组成。

1）上面的水平线为粗实线，下面的水平线为细实线，粗实线的宽度为 150mm（A0、A1、A2 幅面）或 100mm（A3、A4 幅面），两线相距是 150mm（A0、A1、A2 幅面）或 100mm（A3、A4 幅面），粗实线的左上部为图名、图别，右下部为比例读数。图名、图别用中文表示，比例读数用阿拉伯数字表示，如图 2-21 所示。

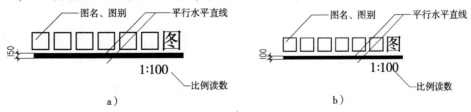

图 2-21　图标符号

a）A0、A1、A2 的幅面　b）A3、A4 的幅面

2）图号的文字设置。

按 A0、A1、A2 幅面：图名、图别字高为 500mm

比例读数字高为 400mm

按 A3、A4 幅面：图名、图别字高为 400mm

比例读数字高为 300mm

2.4.7　材料索引符号

材料索引符号用于表达材料类别及编号，以椭圆形细实线绘制，如图 2-22 所示。

1）材料索引符号尺寸为长轴 1000mm，短轴 500mm（A0、A1、A2 幅面）或长轴 800mm，短轴 400mm（A3、A4 幅面）。

2）符号内的文字由大写英文字母及阿拉伯数字共同组成，英文字母代表材料大类，后缀阿拉伯数字代表该类别的某一材料编号。

a）

b）

图 2-22　材料索引符号 1

a）A0、A1、A2 的幅面　b）A3、A4 的幅面

3）材料引出需由材料索引符号与引出线共同组成，如图 2-23 所示。

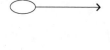

图 2-23　材料索引符号 2

4）材料索引符号的文字设置。

按 A0、A1、A2 幅面：字高为 250mm

按 A3、A4 幅面：字高为 200mm

2.4.8　灯光、灯饰索引符号

概念：灯光、灯饰索引符号用于表达灯光、灯饰的类别及具体编号，以矩形细实线绘制，如图 2-24 所示。

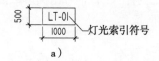
a）

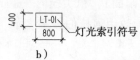
b）

图 2-24　灯光、灯饰索引符号 1

a）A0、A1、A2 的幅面　b）A3、A4 的幅面

1）灯光、灯饰索引符号尺寸分别为 1000mm×500mm（A0、A1、A2 幅面）和 800mm×400mm（A3、A4 幅面）两种。

2）符号内的文字由大写英文字母 LT、LL 及阿拉伯数字共同组成，英文字母 LT 表示灯

光，LL 表示灯饰，后缀阿拉伯数字表示具体编号。

3）符号引出由灯光、灯饰符号与引出线共同组成，如图 2-25 所示。

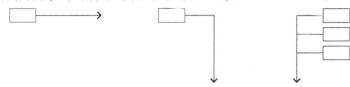

图 2-25 灯光、灯饰索引符号 2

4）灯光、灯饰索引符号的文字设置。

按 A0、A1、A2 幅面：字高为 250mm

按 A3、A4 幅面： 字高为 200mm

2.4.9 家具索引符号

家具索引符号用于表达家具的类别及具体编号，以六角形细实线绘制，如图 2-26 所示。

1）家具索引符号尺寸以过中心的水平对角线来表示，其长度为 800mm（A3、A4 幅面）或 1000mm（A0、A1、A2 幅面），如图 2-27 所示。

2）符号内文字由大写英文字母及阿拉伯数字共同组成，上半部分为阿拉伯数字，表示某一家具编号，下半部分为英文字母，表示某一家具类别。

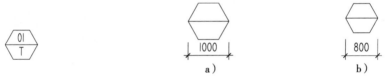

图 2-26 家具索引符号 1   图 2-27 家具索引符号 2

a）A0、A1、A2 的幅面 b）A3、A4 的幅面

3）符号引出由家具索引符号和引出线共同组成，如图 2-28 所示。

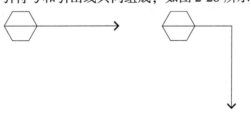

图 2-28 家具索引符号 3

2.4.10 引出线

为了保证图样的清晰、有条理，对各类索引符号、文字说明采用引出线来连接。

1）引出线为细实线，可采用水平引出、垂直引出、30°斜线引出，如图 2-29 所示。

图 2-29 引出线 1

2）引出线同时索引几个相同部分时，各引出线应互相保持平行，如图 2-30 所示。

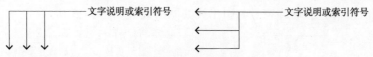

图 2-30　引出线 2

3）多层构造的引出线必须通过被引的各层，并保持垂直方向，文字说明的次序应与构造层次一致，为：由上而下，从左到右，如图 2-31 所示。

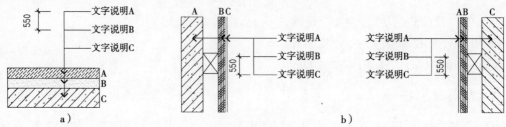

图 2-31　引出线 3

a）竖向多层构造　b）横向多层构造

4）引出线的一端为引出箭头或引出圈，引出圈以虚线绘制，另一端为说明文字或索引符号，如图 2-32 所示。

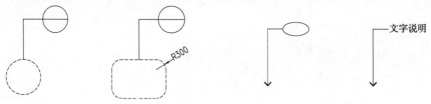

图 2-32　引出线 4

2.4.11　中心对称符号

中心对称符号表示图样中心对称。

1）中心对称符号由对称号和中心对称线组成，对称号以细实线绘制，中心对称线以细点划线表示，其尺寸如图所示，如图 2-33 所示。

2）当所绘对称图样，需表达出断面内容时，可以中心对称线为界，一半画出外形图样，另一半画出断面图样，如图 2-34 所示。

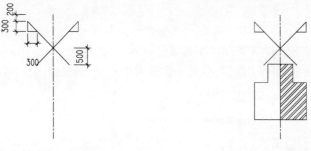

图 2-33　中心对称符号 1　　　　　图 2-34　中心对称符号 2

2.4.12　折断线

当所绘图样因图幅不够，或因剖切位置不必画全时，采用折断线来终止画面。

1）折断线以细实线绘制，且必须经过全部被折断的图面，如图 2-35 所示。

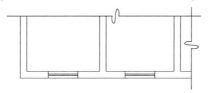

图 2-35　折断线 1

2）圆柱断开线：圆形构件需用曲线来折断，如图 2-36 所示。

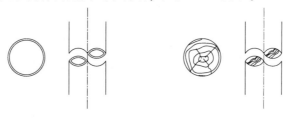

图 2-36　折断线 2

2.4.13　标高符号

标高符号是表达建筑高度的一种尺寸形式，如图 2-37 所示。

1）标高符号由一等腰直角三角形构成，三角形高为 200mm（A0、A1、A2 幅面）或 160mm（A3、A4 幅面），尖端所指是被标注的高度，尖端下的短横线为需标注高度的界线，短横线与三角形同宽，地面标高尖端向下，平顶标高尖端向上，长横线之上或之下注写标高数字，如图 2-38 所示。

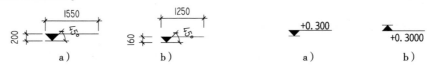

图 2-37　标高符号 1　　　　　　　　　　　　图 2-38　标高符号 2

a）A0、A1、A2 的幅面　b）A3、A4 的幅面　　　　a）地坪标高　b）平顶标高

2）标高数字以米为单位，标注写到小数点后第三位。

3）零点标高标注写成 ±0.000，正数标高应标注 "＋"，负数标高应标注 " － "，如图 2-39 所示。

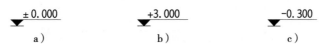

图 2-39　标高符号 3

a）零点标高　b）正数标高　c）负数标高

4）在图样的同一位置需表示几个不同的标高时，可按以下形式注写，如图 2-40 所示。

5）标高数字字高为 250mm（A0、A1、A2 幅面）或 200mm（A3、A4 幅面）。

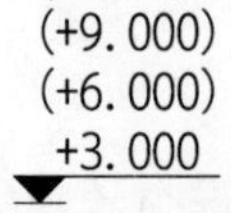

(+9.000)
(+6.000)
+3.000
▼

图 2-40　标高符号 4

2.4.14　比例尺

表示所绘制的方案图比例，可采用比例尺图示法表达，用于方案图阶段，如图 2-41 所示。

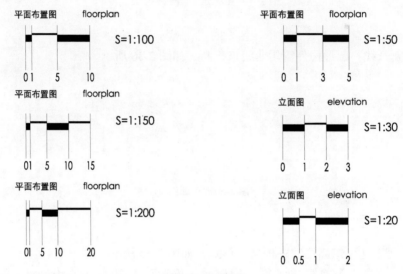

图 2-41　比例尺

2.5　室内制图的尺寸标注

2.5.1　尺寸界线、尺寸线、尺寸数字

图样尺寸由尺寸界线、尺寸线、起止符号和尺寸数字组成，如图 2-42 所示。

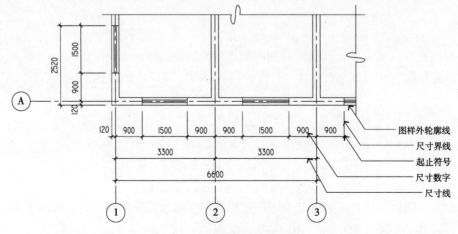

图 2-42　图样尺寸的组成

1）尺寸界线必须与尺寸线垂直相交。

2）尺寸界线必须与被注图形平行。

3）尺寸起止符号为45°粗斜线。

4）尺寸数字的高度为250mm（A0、A1、A2幅面）或200mm（A3、A4幅面）。

2.5.2 尺寸排列与布置

1）尺寸数字宜标注在图样轮廓线以外的正视方，不宜与图线、文字、符号等相交，如图2-43所示。

2）尺寸数字宜标注在尺寸线上的中部，如注写位置不够时，最外边的尺寸数字可注写在尺寸界线的外侧，中间的尺寸数字可上下错开注写或引出注写，如图2-44所示。

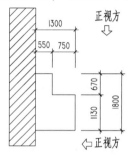

图2-43 尺寸排列与布置1

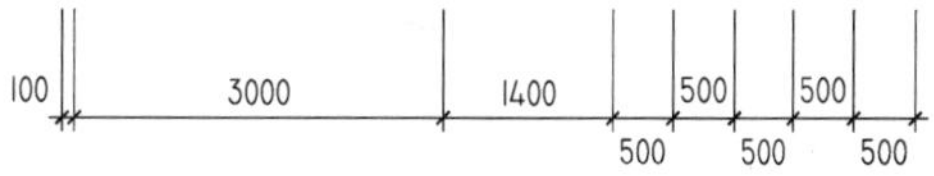

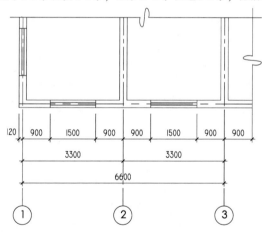

图2-44 尺寸排列与布置2

3）相互平行的尺寸线应从被标注的图样轮廓线由内向外排列，尺寸数字标注由最小分尺寸开始。由小到大，先小尺寸和分尺寸，后大尺寸和总尺寸，层层外推，如图2-45所示。

图2-45 尺寸排列与布置3

4）任何图线应尽量避免穿过尺寸线和尺寸文字。如不可避免时，应将尺寸线和尺寸数字处的其他图线断开。

5）尺寸线和尺寸数字尽可能标注在图样轮廓线以外，如确实需要标注在图样轮廓线以内时，尺寸数字处的图线应断开。

6）平行排列的尺寸线之间的距离为900mm（A0、A1、A2幅面）或700mm（A3、A4幅面）。

7）尺寸线与被标注长度平行，且应略超出尺寸界线100mm，如图2-46所示。

8）尺寸线应用细实线绘制，其一端应距图样轮廓线不小于100mm，另一端宜超出尺寸线100mm，如图2-47所示。

9）必要时，图样轮廓线也可用做尺寸界线，如图2-48所示。

10）图样上的尺寸单位，除标高以"m"为单位以外，其余均以"mm"为单位。

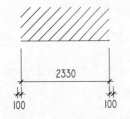 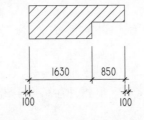 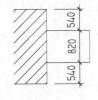

图2-46　尺寸排列与布置4　　　图2-47　尺寸排列与布置5　　　图2-48　尺寸排列与布置6

2.5.3　尺寸标注的深度设置

室内设计制图应在不同阶段和用不同绘制比例时，均对尺寸标注的详细程度作出不同要求。尺寸标注的深度是按制图阶段及图样比例这两方面因素来设置的，具体分为六种尺寸标注深度设置。

1. 六种尺寸设置的内容

1）土建轴线尺寸：反映结构轴号之间的尺寸。

2）总段尺寸：反映图样总长、宽、高的尺寸。

3）定位尺寸：反映空间内各图样之间的定位尺寸的关系和比例。

4）分段尺寸：各图样内的大结构图尺寸（如：立面的三段式比例尺寸关系、分割线的板块尺寸、主要可见构图轮廓线尺寸）。

5）局部尺寸：局部造型的尺寸比例（如：装饰线条的总高、门套线的宽度）。

6）节点细部尺寸：一般为详图上所进一步标注的细部尺寸（如：分缝线的宽度等）。

2. 六种尺寸设置的运用

1）当绘制建筑装饰总平面、总顶面图、方案图时，适用1:200、1:150、1:100的比例。

2）当绘制建筑装饰平面、顶面图、方案图时，适用1:100、1:80、1:60的比例。

3）当绘制建筑装饰分区平面、分区顶面施工图时，适用1:60、1:50的比例。

4）当绘制建筑装饰剖立面图、立面施工图时，适用1:50、1:30的比例。

5）当绘制特别复杂的建筑装饰立面图或断面图时，适用1:20、1:10的比例。

6）当绘制建筑装饰断面图、节点图、大样图时，适用1:10、1:5、1:2、1:1的比例。

注：上述设置可依具体情况由设计负责人针对某一项目进行合并或调整。

2.5.4　其他尺寸标注设置

1. 半径、直径、圆球

1）标注圆的半径尺寸时，半径数字前应加符号。半径尺寸线必须从圆心画起或对准圆心，如图2-49所示。

2）标注圆的直径尺寸时，直径数字前应加符号φ。

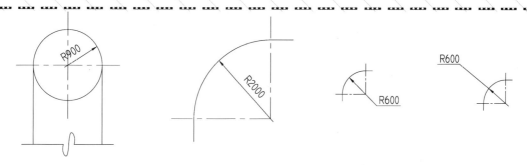

图 2-49　半径标注

3）直径尺寸线则通过圆心或对准圆心，如图 2-50 所示。

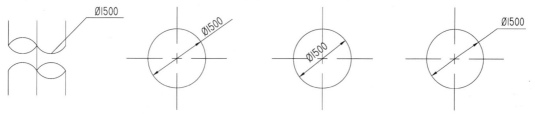

图 2-50　直径、圆球标注

4）半径数字、直径数字仍沿着半径尺寸或直径尺寸线来注写。当图形较小时，注写尺寸数字及符号的位置不够时也可以引入注写。

5）标注斜线，如图 2-51 所示。

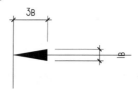

图 2-51　斜线标注

2. 角度、弧长、弦长

1）角度的尺寸线，应以弧线表示。该圆弧的圆心应是该角的顶点，角的两个边为尺寸界线。角度的起止符号应以箭头表示，如没有足够位置画箭头，可用圆点代替。角度数字应水平方向注写，如图 2-52 所示。

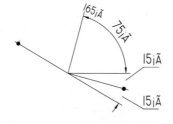

图 2-52　角度标注

2）标注圆弧的弧长时，尺寸线应用与所示图样的圆弧同心的圆弧线表示，尺寸界线应垂直于该弧的弦，起止符号应以斜线表示，弧长数字的上方应加注圆弧符号，如图 2-53 所示。

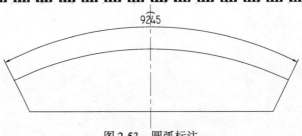

图 2-53　圆弧标注

3）标注圆弧的弦长时，尺寸线应以平行于该线来表示，尺寸界线应该平行于该弧线，起止符号应以箭头表示，如没有足够位置画箭头，可用圆点代替。角度数字应水平方向注写，如图 2-54 所示。

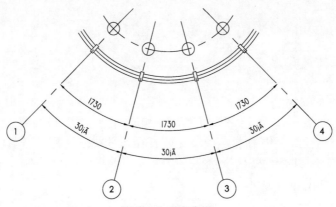

图 2-54　弦长标注

3. 坡度

1）标注坡度时，在坡度数字下，应加注坡度符号，坡度符号的箭头一般应指向下坡的方向。标注坡度时应沿坡度画指向下坡的箭头，在箭头的一侧或一端注写坡度数字，百分数、比例、小数均可，如图 2-55 所示。

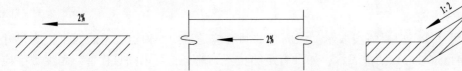

图 2-55　坡度标注

2）坡度也可以用直角三角形形式标注，如图 2-56 所示。

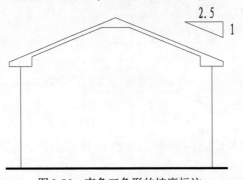

图 2-56　直角三角形的坡度标注

3）标注箭头，按 A0、A1、A2 幅面，字高为 250mm；按 A3、A4 幅面，字高为 200mm，如图 2-57 所示。

图 2-57　标注箭头

4. 网格法标注

复杂的图形，可用网格形式标注，如图 2-58 所示。

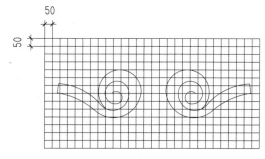

图 2-58　网格法标注

第3章 室内装潢配景图例的绘制

在进行室内设计时，常常需要绘制家具、洁具和厨具等各种设施，以便能真实和形象地表现装潢的效果。在本章中，首先通过 AutoCAD 软件来建立一个标准的 CAD 室内装修施工图的绘制样板文件，然后讲解室内装潢及其装潢图设计中一些常见的家具及电气设施的绘制方法，从而来创建一个万能的样板文件。

3.1 室内装潢样板文件的创建

绘图前，可以通过"新建"命令打开"选择样板"对话框，从中选择一个 AutoCAD 自带的样板文件开始图形绘制。但是，为了满足不同行业的需要，用户最好制作自己的样板文件，这样可避免重复劳动，提高绘图效率，同时保证了各种图形文件使用标准的一致性。

3.1.1 新建样板文件

1）正常启动 AutoCAD 软件，系统自动创建一个空白的 .dwg 文件。

2）在"快速访问"工具栏单击"另存为"按钮 ，将弹出"图形另存为"对话框，将该文件另存为"案例 \ 03 \ 室内设计样板 .dwt"文件，如图 3-1 所示。

3）接着弹出"样板选项"对话框，采用默认选项，然后单击"确定"按钮，完成样板文件的创建，如图 3-2 所示。

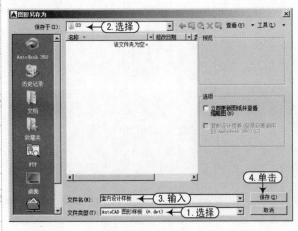

图 3-1 "图形另存为"对话框　　　　　　图 3-2 "样板选项"对话框

提示：保存图形文件

在计算机上绘制图形时，要养成随时保存文件的好习惯，以便出现电源故障或发生其他意外事故时，能够防止图形及其数据丢失，将所操作的最终结果完整保存下来。

在 AutoCAD 中保存文件时，系统以默认 Drawingl.dwg 文件进行命名，为了使绘制的 .dwg 图形文件易读、易识、易找，需要设置相应的路径、文件名称。

3.1.2　设置图形界限及单位

在样板文件的创建中，通过图形界限的设置，可以设置好样板文件的可用幅面大小。通过图形单位的设置，可以确定当前绘制图形时所使用的单位，如是否"公制"或"英制"。

1）执行"图形单位"命令（UN），打开"图形单位"对话框，将长度单位类型设定为"小数"，精度为"0.000"，角度单位类型设定为"十进制度数"，精度精确到"0.00"，如图3-3所示。

2）执行"图形界限"命令（LIM），依照提示，设定图形界限的左下角为（0，0）、右上角为（59400，42000）。

3）执行"缩放"命令（Z），依照提示，选择"全部（A）"项，使设置的图形界限区域全部显示在图形窗口内。

图3-3　"样板选项"对话框

提示：图形单位讲解

此处的单位精度是绘图时确定坐标的精度，而不是尺寸标注的单位精度。通常长度精度取小数点后三位，角度单位精度取小数点后两位。

3.1.3　规划并设置图层

在 AutoCAD 中，一个复杂的图形由许多不同类型的图形对象组成，而这些对象又都具有图层、颜色、线宽和线型四个基本属性，为了方便区分和管理，我们通过创建多个图层来控制对象的显示和编辑，从而提高绘制复杂图形的效率和准确性。

在绘制室内装修施工图时，其图层的规范可以参照表3-1所示来进行设置。

表3-1　图层设置

图层名	图层颜色	图层线型	图层线宽	打印样式
BZ-标注	绿	Continuous	——默认	Color_3
C-窗	红	Continuous	——默认	Color_1
DD-灯带	蓝	ACAD_ISO03W100	——默认	Color_5
DD-吊顶	红	Continuous	——默认	Color_1
Defpoints	白	Continuous	——默认	Color_7
DJ-灯具	74	Continuous	——默认	Color_74
DM-地面	250	Continuous	——0.30mm	Color_250
DQ-电气	红	Continuous	——默认	Color_1
FH-符号	洋红	Continuous	——默认	Color_6
JD-节点	红	Continuous	——默认	Color_1
JJ-家具	74	Continuous	——默认	Color_74
KG-开关线路	252	DOT	——0.25mm	Color_252
LM-立面	青	Continuous	——默认	Color_4

（续）

图层名	图层颜色	图层线型	图层线宽	打印样式
LT-楼梯	红	Continuous	——默认	Color_1
M-门	红	Continuous	——默认	Color_1
NH-绿化陈设	8	Continuous	——默认	Color_8
QT-墙体	250	Continuous	——0.30mm	Color_250
QT1-隔墙1	洋红	Continuous	——默认	Color_6
QT2-非承重墙	红	Continuous	——默认	Color_1
TC-填充	8	Continuous	——默认	Color_8
TQ-签	白	Continuous	——默认	Color_7
WZ-文字	250	Continuous	——默认	Color_250
ZS-注释	白	Continuous	——默认	Color_7
ZX-轴线	红	CENTER	——默认	Color_1
辅助线	251	DOT	——默认	Color_251

1）执行"图层"命令（LA），将打开"图层特性管理器"面板，根据前面如表 3-1 所示来设置图层的名称、线宽、线型和颜色等，如图 3-4 所示。

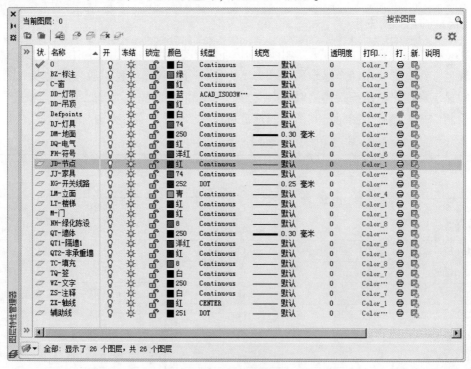

图 3-4　规划图层

2）对于需要设置线型的图层，单击相应图层名称右侧"线型"列对应的按钮，将弹出"选择线型"对话框，从"已加载的线型"列表框中选择需要的线型即可。

3）如果在"已加载的线型"列表框中没有所需的线型对象，则可以单击"加载"按钮，随后将弹出"加载或重载线型"对话框，选择需要的线型加载进去即可，如图3-5所示。

图3-5 选择并加载线型

4）同样，对于需要设线宽的图层，单击相应图层名称右侧"线宽"列对应的按钮，将弹出"线宽"对话框，然后选择相应的线宽即可，如图3-6所示。

5）对于设置了虚线、点划线的图层对象，如果线型比例因子过小，则显示不出虚线、点划线效果，那么这时应设置线型比例。执行"线型"命令（LT），打开"线型管理器"对话框，单击"隐藏细节"按钮，输入"全局比例因子"为"100"，然后单击"确定"按钮，如图3-7所示。

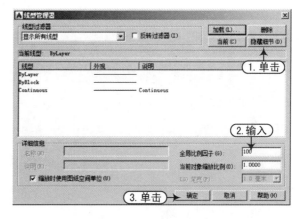

图3-6 设置图层线宽　　　　　图3-7 设置线型比例

要点：0 图层的使用

> 因为0层是默认层，白色是0层的默认色，因此，有时候看上去，显示屏上白花花一片。这样做，绝对不可取。0层上是不可以用来画图的，那0层是用来做什么的呢？是用来定义块的。定义块时，先将所有图元均设置为0层（有特殊时除外），然后再定义块，这样，在插入块时，插入时是哪个层，块就是哪个层了。

3.1.4 规划并设置文字样式

在室内装修施工图中，所涉及的文字对象包括尺寸文字、标高文字、图内说明、剖切号、轴标号、图名等，从而可以针对不同的对象选择不同的文字来进行标注，增强工程图的阅读性。

用户可以根据不同的要求来设置不同的文字样式，即设置不同的字体、字高、倾斜、宽度等。在文字样式中的高度为打印到图纸上的文字高度与打印比例倒数的乘积。在室内装修施工图中，其文字样式可以参照表3-2所示来进行设置。

表3-2 文字样式（比例为1:100）

文字样式名	打印到图纸上的 文字高度	图形文字高度 （文字样式高度）	宽度因子	字体 | 大字体
尺寸文字	3.5	0（由尺寸样式控制）	0.7	Tssdeng/gbcbig
图内说明	3.5	350		
图 名	7	700	1.0	黑体
轴号文字	5	500	1.0	complex

1）执行"文字样式"命令（ST），打开"文字样式"对话框，单击"新建"按钮，则打开"新建文字样式"对话框，样式名定义为"图内说明"，如图3-8所示。

2）此时，在"字体"下拉列表框中选择字体"tssdeng. shx"，选择"使用大字体"复选框，并在"大字体"下拉列表框中选择字体"gbcbig. shx"，在"高度"文本框中输入"350.0000"，在"宽度因子"文本框中输入"0.7"，单击"应用"按钮，完成该文字样式的设置，如图3-9所示。

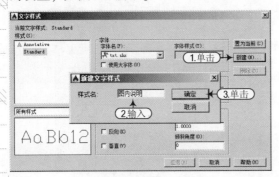
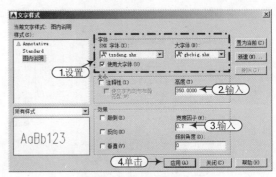

图3-8 新建文字样式　　　　　　　　　　图3-9 设置文字样式参数

3）重复前面的步骤，建立如表3-2所示中其他各种文字样式，如图3-10所示。

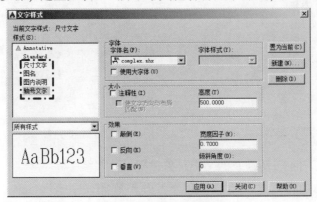

图3-10 其他文字样式

3.1.5 规划并设置标注样式

在室内装修施工图中，少不了对图形对象的尺寸标注，使阅读和施工人员有理有据，其尺寸标注的比例应和打印比例相同，这样才协调一致。

1）执行"标注样式"命令（D），将弹出"标注样式管理器"对话框，单击"新建"按钮，打开"创建新标注样式"对话框，将新样式名定义为"室内-100"，再单击"继续"按钮，如图 3-11 所示。

2）随后将打开"新建标注样式：XX"对话框，分别在各选项卡中设置相应的参数，如图 3-12 所示。

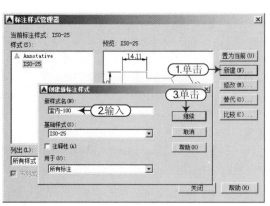

图 3-11 新建标注样式

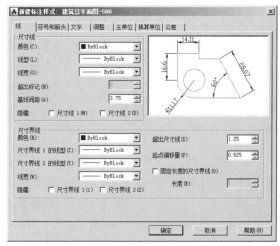

图 3-12 "新建标注样式：XX"对话框

3）对于每个选项卡的设置，用户可以按照表 3-3 所示来进行设置。

表 3-3 "室内-100"标注样式的参数设置

"线"选项卡	"符号和箭头"选项卡	"文字"选项卡	"调整"、"主单位"选项卡
尺寸线 颜色(C)：ByBlock 线型(L)：ByBlock 线宽(G)：ByBlock 超出标记(N)：0 基线间距(A)：3.75 隐藏：□尺寸线 1(M) □尺寸线 2(D) 超出尺寸线(X)：1.25 起点偏移量(F)：2 ☑固定长度的尺寸界线(O) 长度(E)：10	箭头 第一个：✓建筑标记 第二个：✓建筑标记 引线：◆实心闭合 箭头大小(I)：2 圆心标记 ○无(N) ●标记(M)　2.5 ○直线(E)	文字外观 文字样式(Y)：尺寸文字 文字颜色(C)：ByBlock 填充颜色(L)：□无 文字高度(T)：3.5 分数高度比例(H)：1 □绘制文字边框(F) 文字位置 垂直(V)：上 水平(Z)：居中 观察方向(D)：从左到右 从尺寸线偏移(O)：1 文字对齐(A) ○水平 ●与尺寸线对齐 ○ISO 标准	标注特征比例 □注释性(A) ○将标注缩放到布局 ●使用全局比例(S)：100 线性标注 单位格式(U)：小数 精度(P)：0 分数格式(M)：水平 小数分隔符(C)："."（句点） 舍入(R)：0 前缀(X)： 后缀(S)：

4）当然，如果对于某些图形对象，其比例不为 100，而是 50 之类的，这时用户可以在"室内-100"标注样式的基础上新建一个即可。

5）在"标注样式管理器"对话框中再次单击"新建"按钮，打开"创建新标注样式"对话框，新建样式名定义为"室内-50"，并选择"室内-100"为"基础样式"，单击"继续"按钮，如图 3-13 所示。

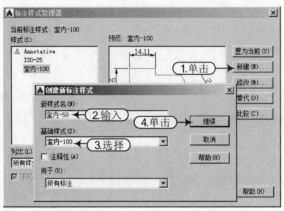

图 3-13 新建"室内-50"标注样式

6）随后将打开"新建标注样式：XX"对话框，其他参数不需要修改，只在"调整"选项卡的"使用全局比例"后的文本框修改为"50"即可，如图 3-14 所示。

图 3-14 调整全局比例

3.2 绘制各种图框

在室内装修施工图中，完善其图框对象可以使其施工图样更加规范、完善，而图框对象包括图样名称、单位名称、设计与制图人员、绘图比例、文件版本号等。

在室内或建筑施工图中，其图框的种类有多种式样，即从 A0 ~ A4，每种可分为横式和纵式两种，或者可分为有装订边和无装订边两种。下面就以 A4 图框的绘制为例，来讲解其绘制过程。

1）单击"图层"面板中的"图层控制"下拉框，将 0 图层置为当前图层。

2）使用矩形、直线、偏移、修剪等命令，绘制 A4（297mm×210mm）横式图框和标题效果，如图 3-15 所示。

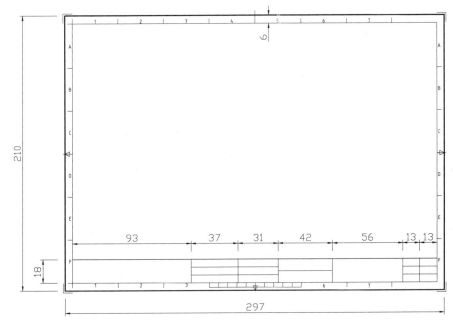

图 3-15　绘制 A4（横式）图幅

3）使用"单行文字"命令（DT），在标题栏分别输入相应的文字信息，如图 3-16 所示。

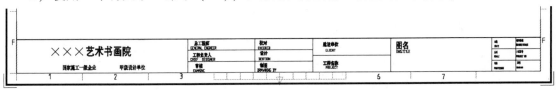

图 3-16　输入标题栏文字

4）执行"绘图｜块｜定义属性"命令，在相应的表格框内定义属性对象，如图 3-17 所示。

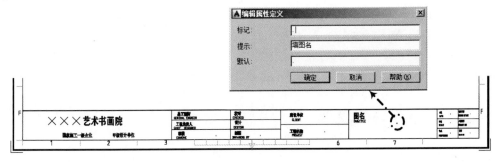

图 3-17　定义属性

5）执行"保存块"命令（B），将弹出"块定义"对话框，按照如图 3-18 所示来创建"A4 图框"内部图块对象。

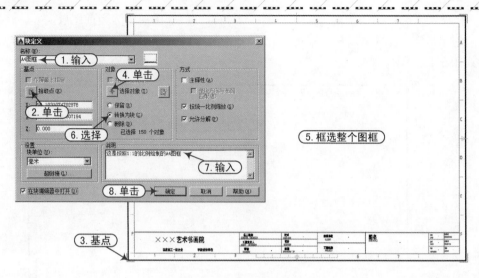

图 3-18　保存 A4 图框图块

6）当单击"确定"按钮后，将弹出"编辑属性"对话框，如图 3-19 所示，这里建议用户不作任何修改。当属性图块创建完成后，用户可以双击该标题栏，将弹出"增强属性编辑器"对话框，用户可以根据要求来修改属性的值，如图 3-20 所示。

图 3-19　"编辑属性"对话框

图 3-20　"增强属性编辑器"对话框

7）参照前面的方法，以此来创建标题栏在右侧的图幅，并添加文字及属性对象，然后保存为"A4 图框-2"图块，如图 3-21 所示。

8）对于其他 A0、A1、A2、A3 图框的绘制，用户可以以前面所创建的 A4 图框为例，来对其进行缩放即可。最后，用户可以按【Ctrl + S】组合键进行保存即可。

3.3　常用工程符号的绘制

在进行装饰施工图的设计中，常常需要绘制一些制图符号、门窗符号等图形对象，并且保存为相应的图块对象，待下次碰到类似的图形对象时，插入其图块对象，且只需改变其比例、方向、属性等即可作为当前图形使用。

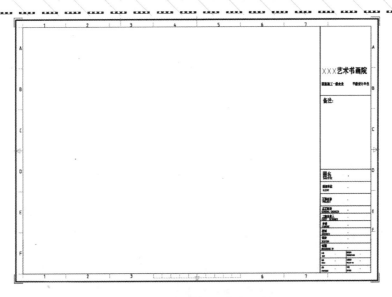

图 3-21 标题栏在右侧的图幅

为了使所绘制的工程符号继续保留在样板文件中，所以还是接着在前面所创建的"室内设计样板.dwt"文件中来进行绘制，待每绘制完一个工程符号后，执行"块"命令（B），将其保存在"室内设计样板.dwt"文件中即可。

3.3.1 绘制指北针符号

1）单击"图层"面板中的"图层控制"下拉框，将 0 图层置为当前图层。

2）执行"圆"命令（C），捕捉任意一点作为圆心，绘制半径为 12mm 的圆，如图 3-22 所示。

3）执行"多段线"命令（PL），根据如下命令行的提示，捕捉圆的上侧象限点为起点，设置起点宽度为 0，端点宽度为 3mm，捕捉下象限点以绘制箭头符号，如图 3-23 所示。

命令:_PLINE	\\执行"多段线"命令
指定起点:	\\选择圆的上侧象限点
指定下一个点或[圆弧(A)/半宽(H)/长度(L)/放弃(U)/宽度(W)]:W	\\输入 W,按 Enter 键
指定起点宽度 <0.0000>:0	\\输入 0,按 Enter 键
指定端点宽度 <0.0000>:3	\\输入 3,按 Enter 键
指定下一个点或[圆弧(A)/半宽(H)/长度(L)/放弃(U)/宽度(W)]:	\\选择圆的下侧象限点
指定下一点或[圆弧(A)/闭合(C)/半宽(H)/长度(L)/放弃(U)/宽度(W)]:	\\按 Enter 键

图 3-22 绘制圆   图 3-23 绘制多段线

技巧："特性"选项板的利用

如果用户在绘制多段线的过程中，忘记设置多段线的线宽，此时可以按【Ctrl + 1】组合键，将打开"特性"选项板，选中需要设置线宽的多段线对象，在"几何图形"区域中，设置"起始线段宽度"和"终止线段宽度"值分别为 0、3mm，同样也可绘制出箭头的效果。

4）执行"单行文字"命令（DT），根据提示输入大写的"N"，其文字的大小为"5"，再执行"移动"命令（M），将"N"移动到指北针的顶端。

5）执行"保存块"命令（B），将弹出"块定义"对话框，按照如图 3-24 所示来创建"指北针符号"内部图块对象。

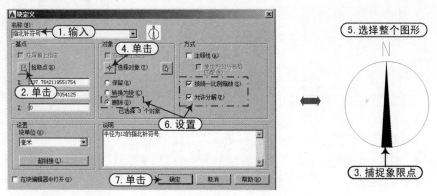

图 3-24　保存指北针符号图块

3.3.2　绘制标高符号

1）执行"矩形"命令（REC），绘制一个 6mm × 3mm 的矩形对象，如图 3-25 所示。

2）执行"直线"命令（L），捕捉矩形的第一个角点，将其与矩形的中点连接，再连接第二角点，如图 3-26 所示。

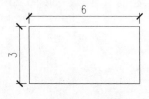

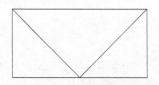

图 3-25　绘制矩形　　　　　　　　　　　　　　图 3-26　绘制直线

3）执行"分解"命令（X），将矩形分解，然后执行"删除"命令（E），将多余的线段删除，如图 3-27 所示。

4）执行"直线"命令（L），捕捉右上角的角点，向右绘制一条水平线段，长度为 8mm，如图 3-28 所示。

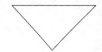

图 3-27　打散并删除操作　　　　　　　　　　　图 3-28　绘制直线

5）选择"绘图｜块｜定义属性"菜单命令，打开"属性定义"对话框，按照如图3-29 所示来设置属性值。

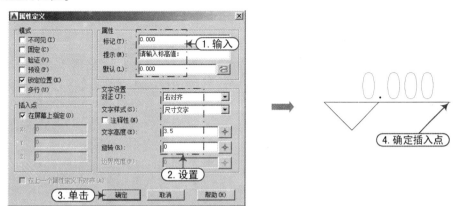

图3-29　定义标高属性

6）执行"保存块"命令（B），将弹出"块定义"对话框，按照前面的方法来创建"标高符号"内部图块对象。

3.3.3　绘制轴线标号

1）执行"圆"命令（C），绘制一个半径为400mm 的圆，如图3-30 所示。

2）选择"绘图｜块｜定义属性"菜单命令，打开"属性定义"对话框，按照如图3-31 所示来设置属性值。

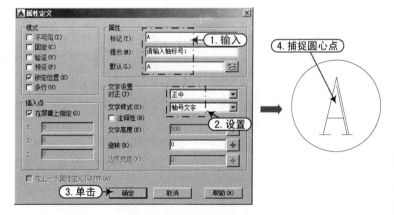

图3-30　绘制圆　　　　　　　　　　　　　图3-31　定义轴号属性

3）执行"保存块"命令（B），将弹出"块定义"对话框，按照前面的方法来创建"轴线标号"内部图块对象。

3.3.4　绘制索引符号

1）执行"圆"命令（C），绘制一个半径为500mm 的圆，并设置该圆的线宽为0.50mm，然后执行"直线"命令（L），绘制一条穿过圆心的直线，其长度为5000mm，如图3-32 所示。

2）执行"多段线"命令（PL），在直线的下方绘制两条多段线，其长度均为 1000mm，宽度为 50mm，如图 3-33 所示。

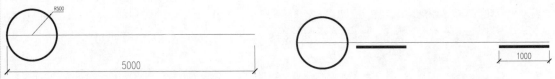

图 3-32　绘制的圆和直线　　　　　　　　　　　　图 3-33　绘制的多段线

3）选择"绘图｜块｜定义属性"菜单命令，打开"属性定义"对话框，按照如图 3-34 所示来设置属性值。

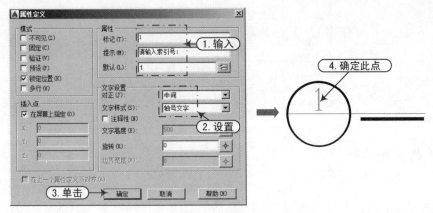

图 3-34　定义索引符号属性

提示：修改文字大小

由于此处所插入的文字大小为"500"，此时用户可以选择所定义的属性对象，并按【Ctrl + 1】组合键打开"特性"选项板，修改其文字大小为"350"。

4）执行"复制"命令（CO），将上一步创建的属性对象复制到水平线的下方。然后双击复制的属性对象，将弹出"编辑属性定义"对话框，重新设置标记及提示内容，如图 3-35 所示。

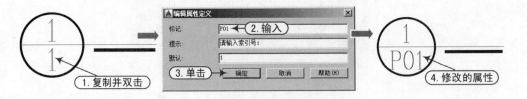

图 3-35　编辑属性

5）执行"保存块"命令（B），将弹出"块定义"对话框，按照前面的方法来创建"索引符号"内部图块对象。

要点：图样号"P01"详解

"P01"代表在第一页，其中 P 为"页"字的英文首写字母，代表了页数。

在索引符号圈内，上下圆的属性所代表的含义不同，上半圆的属性（如 1）代表着详图号，下半圆的属性（如 P01）代表着该详图所在的图样编号（1 号详图在第几页）。

3.3.5 绘制详图符号

1）执行"圆"命令（C），绘制一个半径为5mm的圆，如图3-36所示。
2）执行"偏移"命令（O），将圆对象向内偏移1，如图3-37所示。

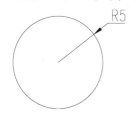

图3-36　绘制圆

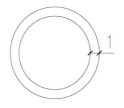

图3-37　偏移操作

3）选中内侧的圆对象，单击"常用"选项卡的"特性"面板，设置内圆的线宽为0.30mm，如图3-38所示。

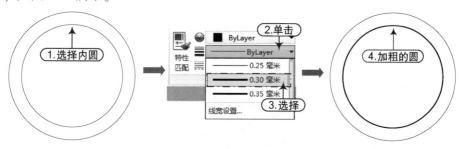

图3-38　线宽设置

提示：显示线宽

当用户设置了线宽后，应激活状态栏的"线宽"按钮 ≡ ，这样才能在视图中显示出所设置的线宽效果。

4）执行"直线"命令（L），以外圆的右侧象限点为起点，向右侧绘制一条长为10mm的直线，如图3-39所示。

5）选择"绘图 | 块 | 定义属性"菜单命令，打开"属性定义"对话框，在圆内创建属性文字，默认值为"5"，再在水平线段的右侧创建属性文字，如图3-40所示。

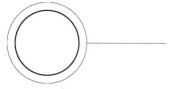

图3-39　绘制水平线段

图3-40　输入文字

6）执行"保存块"命令（B），将弹出"块定义"对话框，按照前面的方法来创建"详图符号"内部图块对象。

3.3.6 绘制内视符号

1）执行"直线"命令（L），绘制等腰三角形，其直角边长为10mm，如图3-41所示。
2）执行"圆"命令（C），捕捉下侧边的中点作为圆心点，绘制与直角边中点相切的圆，如图 3-42 所示。

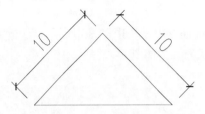
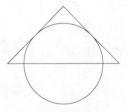

图 3-41 绘制三角形   图 3-42 绘制圆

3）执行"修剪"命令（TR），将与圆相交的直线段进行修剪，其得到效果如图 3-43 所示。

4）执行"图案填充"命令（H），使用"SOLID"图案填充指定的区域，如图 3-44 所示。

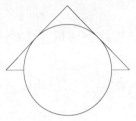
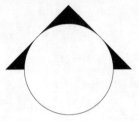

图 3-43 修剪操作   图 3-44 "图案填充"操作

5）选择"绘图｜块｜定义属性"菜单命令，打开"属性定义"对话框，按照如图 3-45 所示来设置属性值。

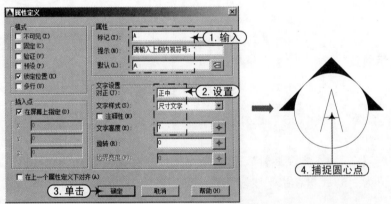

图 3-45 定义索引符号属性

6）执行"保存块"命令（B），将弹出"块定义"对话框，按照前面的方法来创建"单向内视符号"内部图块对象。

7）内视符号有单向内视符号、双向内视符号、三向内视符号和四向内视符号，这里就不再讲述其他内视符号的绘制方法，其最后绘制的效果如图 3-46 所示。

图 3-46 其他内视符号图形

提示：其他内视符号的创建方法

双向内视符号是通过将单向内视符号的黑三角进行镜像，然后旋转方向和修改字体而得。

四向内视符号和三向内视符号是通过将单向内视符号复制出多份，然后通过移动、旋转组合而成，最后修改文字的旋转角度即可。

8）执行"保存块"命令（B），将弹出"块定义"对话框，分别按照前面的方法来创建其他内视符号为内部图块对象。

3.4　常用平面图例的绘制

在进行装饰设计中，常常需要绘制家具、电器、洁具、厨具、灯具等各种设施的平面效果图，以便能够更加真实和形象地表示装饰的效果。

3.4.1　绘制组合沙发和茶几

根据要求，依次绘制三人沙发、两人沙发、单人沙发、沙发柜等，填充地毯对象，以及绘制中心位置的茶几。

1）执行"矩形"命令（REC），根据命令行提示，选择"圆角（F）"选项，设置圆角半径为100mm，绘制一个2100mm×800mm的圆角矩形对象，如图3-47所示。

2）执行"分解"命令（X），将矩形分解，然后执行"偏移"命令（O），将上侧的水平线段向下依次偏移150、50、400，将左侧的垂直线段向右侧依次偏移150、600、600、600，如图3-48所示。

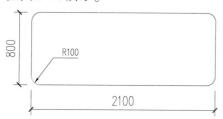

图3-47　绘制圆角矩形

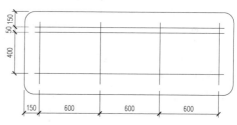

图3-48　偏移操作

3）执行"修剪"命令（TR），将多余的线段进行修剪，然后执行"延伸"命令（EX），将部分的线段进行延伸操作，其效果如图3-49所示。

4）执行"圆角"命令（F），将指定的位置进行半径为50mm的圆角操作，并且将多余的对象进行修剪和删除操作，其效果如图3-50所示。

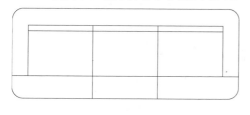

图3-49　修剪和延伸操作

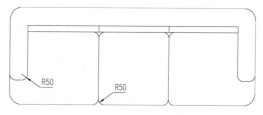

图3-50　圆角50mm

5）执行"圆角"命令（F），对图形上侧进行半径为20mm的圆角操作，从而形成三人沙发效果, 其效果如图 3-51 所示。

6) 执行 "复制" 命令 (CO), 将绘制的三人沙发水平向右复制一份, 然后执行 "拉伸" 命令 (S), 框选最右侧的沙发, 将其水平向左拉伸, 使之成为两座沙发效果, 如图 3-52 所示。

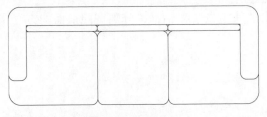
图 3-51 圆角 20mm

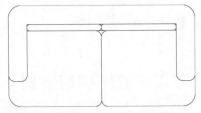
图 3-52 拉伸的沙发

提示: 步骤讲解

在 AutoCAD 2015 中, "拉伸" 命令 (S) 可以将选定的对象进行拉伸或移动, 但却不改变没有选定的部分, 同时也可以调整对象的大小。

用户在执行 "拉伸" 命令 (S) 操作时, 其框选的范围、拉伸的基点和目标点如图 3-53 所示。

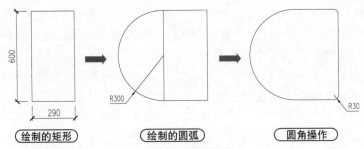
图 3-53 拉伸操作示意图

如上图所示, 在交叉框选范围内的对象将被移动, 与交叉框选范围相交的图形被拉伸。

7) 执行 "矩形" 命令 (REC), 绘制一个 290mm×600mm 的直角矩形, 再执行 "圆弧" 命令 (ARC), 绘制半径为 300mm 的圆弧对象, 以及进行半径为 30mm 的圆角操作, 如图 3-54 所示。

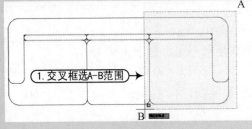
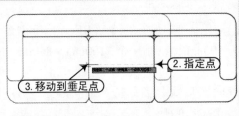
图 3-54 绘制的图形

8) 执行 "合并" 命令 (J), 将前面绘制的对象, 由单一的图元合并为一条多段线, 如图 3-55 所示。

9) 执行 "偏移" 命令 (O), 将创建的多段线向外侧偏移 25, 然后执行 "直线" 命令 (L) 和 "修剪" 命令 (TR), 对其多余的对象进行修剪操作, 如图 3-56 所示。

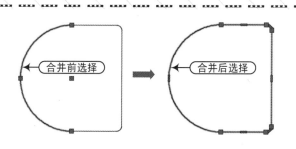
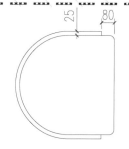

图 3-55　合并为多段线　　　　　　　　图 3-56　偏移和修剪

10）选择内圆弧对象，单击圆弧中间夹点，并按下方向键"↓"，在弹出的快捷命令中选择"复制（C）"选项，然后鼠标向右移动并输入复制距离为"50"，如图 3-57 所示复制出一份圆弧。

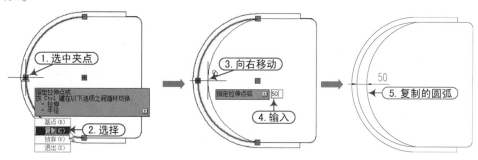

图 3-57　复制和修剪

提示：步骤讲解

这里在复制圆弧对象时，可先使用"分解"命令（X），将其内侧的多段线进行打散操作，然后再对内侧圆弧对象进行复制操作。

11）使用"旋转"命令（RO），将前面绘制的两人沙发和单人沙发进行相应地旋转，再使用移动和复制等命令，将绘制的几座沙发对象按照如图 3-58 所示进行布置。

12）执行"矩形"命令（REC），绘制 550mm×550mm 的矩形对象，从而形成沙发柜。

13）执行"直线"命令（L），过矩形的中心点绘制互相垂直的两条线段，再执行"圆"命令（C），绘制半径为 128mm 和 64mm 的同心圆，从而完成台灯的绘制，如图 3-59 所示。

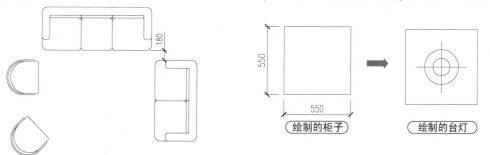

图 3-58　沙发的摆放　　　　　　　　图 3-59　绘制的沙发柜和台灯

14）执行"移动"（M）和"复制"（CO）等命令，将上一步所绘制沙发柜和台灯对象分别布置在三人沙发的左右两侧，如图 3-60 所示。

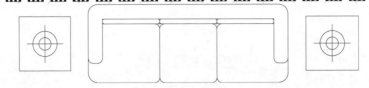

图 3-60　布置对象

15）执行"矩形"命令（REC），绘制一个 3220mm × 2510mm 的矩形对象，然后执行"偏移"命令（O），将矩形向内侧依次偏移 110、20、80 和 20，如图 3-61 所示。

16）执行"图案填充"命令（H），分别对矩形的指定区域进行图案填充，并将最外侧的矩形对象删除，从而完成地毯的绘制，如图 3-62 所示。

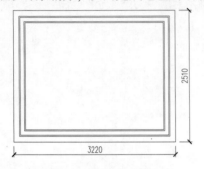

图 3-61　绘制并偏移矩形

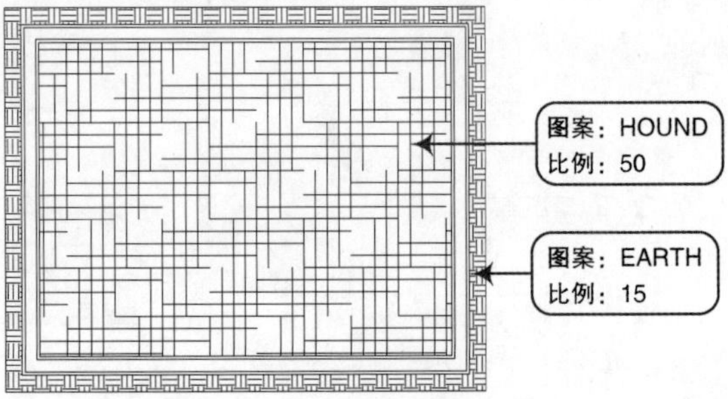

图 3-62　填充的图案

提示：步骤讲解

用户可以先将绘制和偏移的矩形对象移至沙发的相应位置，且将多余的线条进行修剪删除，然后再进行相应的图案填充。

17）执行"移动"命令（M），将绘制好的地毯对象移至组合沙发的下侧，然后通过分解、修剪和删除等命令，完成如图 3-63 所示效果。

18）执行"矩形"命令（REC），绘制 1000mm × 1000mm 的矩形对象，再执行"偏移"命令（O），将该矩形对象向内偏移 30，然后在矩形中间绘制半径为 300mm 的圆，再执行"图案填充"命令（H），将内部的圆填充"HONEY"图案，比例为"20"，然后将圆删除，从而完成茶几的绘制，如图 3-64 所示。

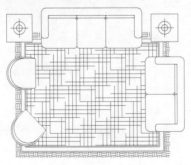

图 3-63　移动对象

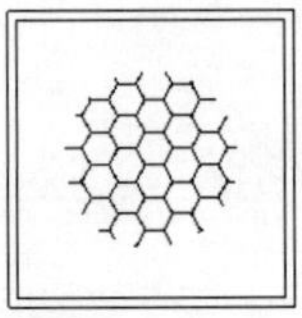

图 3-64　绘制茶几

19）执行"移动"命令（M），将绘制的茶几对象移至地毯中心位置，并进行相应的修剪和删除操作，其最终效果如图 3-65 所示。

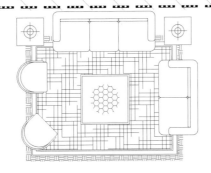

图 3-65 绘制好的沙发

20）执行"保存块"命令（B），将弹出"块定义"对话框，分别按照前面的方法来创建"组合沙发"为内部图块对象。

3.4.2 绘制单开门符号

1）执行"矩形"命令（REC），绘制一个 40mm×1000mm 的矩形对象。

2）执行"圆"命令（C），捕捉矩形左下角点作为圆心点，绘制半径为 1000mm 的圆。

3）执行"直线"命令（L），过圆心点绘制一条直线段。

4）执行"修剪"命令（TR），将多余的圆弧和线段进行修剪，如图 3-66 所示。

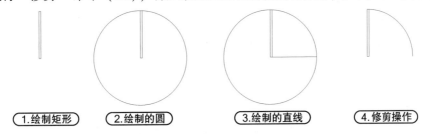

1.绘制矩形   2.绘制的圆   3.绘制的直线   4.修剪操作

图 3-66 绘制的单开门符号

5）执行"保存块"命令（B），将弹出"块定义"对话框，分别按照前面的方法来创建"单开门符号"为内部图块对象。

提示：平开门样式

在室内装饰设计中，其平开门的样式有多种，如图 3-67 所示。

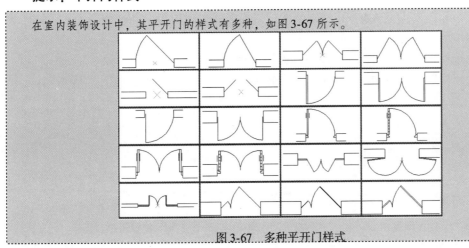

图 3-67 多种平开门样式

3.4.3 绘制餐桌

根据要求，使用矩形、圆弧等命令，绘制好椅子，然后使用矩形、偏移、图案填充等命令，对餐桌进行玻璃材质的填充，从而完成组合餐桌和椅子的绘制。

1）执行"矩形"命令（REC），根据命令行提示，选择"圆角（F）"选择项，设置圆角半径为35mm，绘制一个385mm×425mm的圆角矩形，如图3-68所示。

2）执行"偏移"命令（O），将圆角矩形向内偏移15，再执行"圆角"命令（F），设置圆角的半径为0，将外侧矩形右上角、右下角的两个角变为直角，如图3-69所示。

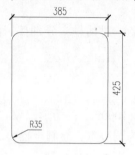

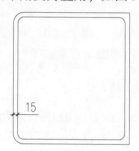

图3-68　绘制的圆角矩形　　　　　图3-69　偏移和圆角操作

3）执行"矩形"命令（REC），根据命令行提示，选择"圆角（F）"选项，设置圆角半径为5mm，在视图的指定位置绘制290mm×25mm的矩形，如图3-70所示。

4）执行"移动"命令（M），选择上一步绘制好的矩形，移动到大矩形合适的位置（其间隔大概为15mm），如图3-71所示。

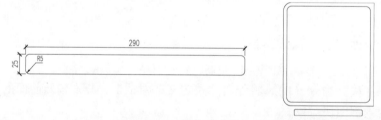

图3-70　绘制的圆角矩形　　　　　图3-71　组合后的矩形

5）执行"圆弧"命令（ARC），在适当的位置连接两个圆角矩形，并修剪掉多余的圆弧线，如图3-72所示。

6）执行"镜像"命令（MI），将刚画的弧线镜像到右边，如图3-73所示。

7）重复"镜像"命令（MI），将下半部分矩形和圆弧镜像到顶侧，如图3-74所示。

图3-72　绘制圆弧　　　　图3-73　镜像圆弧　　　　图3-74　镜像矩形和圆弧

提示：重复命令操作

在 AutoCAD 中，执行一个命令后，可直接按下"回车"键，或者按下"空格"键，或者右击鼠标，在弹出的快捷菜单中，选择最顶侧的"重复×××"，都可重复执行最近一次的命令。

8）执行"矩形"命令（REC），根据命令行提示，选择"圆角（F）"选项，设置圆角半径为0，在视图的指定位置绘制 30mm×30mm 的矩形，再对矩形填充"SOLID"图案，如图3-75所示。

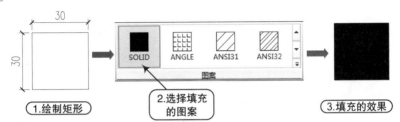

图 3-75 矩形填充

9）执行"移动"命令（M），将填充的矩形移动到右边中间的位置，然后执行"圆弧"命令（A）接连右上点和右下点，将圆弧调整到合适的位置。

10）执行"偏移"命令（O），将刚绘制的弧线向右偏移30，再执行"圆弧"命令（A），将两条弧线口闭合起来，并调整好弧线的位置，如图3-76所示。

图 3-76 靠背的绘制

11）执行"矩形"命令（REC），在视图的指定位置绘制 1250mm×670mm 的直角矩形，并将矩形向内偏移20，如图3-77所示。

12）执行"图案填充"命令（H），对内侧的矩形填充"ANSI34"图案，比例为"25"，如图3-78所示。

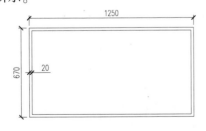

图 3-77 绘制矩形

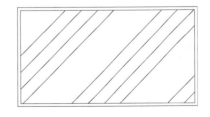

图 3-78 矩形的填充

13）执行"旋转"命令（RO），选择需要旋转的椅子对象，在命令行的提示中，输入"复制（C）"选项，输入 -90°，从而旋转和复制对象，如图3-79所示。

14）执行"移动"命令（M）和"复制"命令（CO），将椅子移动到如图3-80所示位置。

15）执行"镜像"命令（MI），捕捉到餐桌的中点，将椅子镜像到如图 3-81 所示的位置。

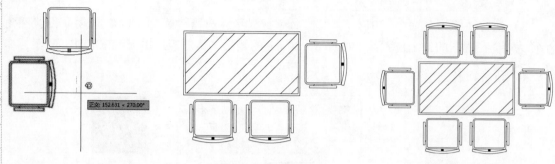

图 3-79　旋转座椅　　　　图 3-80　移动座椅　　　　图 3-81　镜像椅子

16）执行"保存块"命令（B），将弹出"块定义"对话框，分别按照前面的方法来创建"餐桌"为内部图块对象。

3.4.4　绘制双人床

根据要求首先绘制床面、床头柜、床头灯等，最后将它们组合在一起。

1）单击"图层"面板中的"图层控制"下拉框，将 0 图层置为当前图层。

2）执行"矩形"命令（REC），在视图的指定位置绘制一个 1800mm×2200mm 的矩形对象。

3）执行"圆角"命令（F），对矩形的底端两个直角，进行半径为 100mm 的圆角操作，再执行"偏移"命令（O），将矩形向内偏移 30，如图 3-82 所示。

提示：圆角的讲解

圆角，也称为过度圆角，是指用确定半径的圆弧来光滑地连接两个图形，分为"修剪"和"不修剪"两种模式。

4）执行"矩形"命令（REC），绘制一个 1720mm×400mm 的矩形对象，再执行"偏移"命令（O），将矩形向内偏移 50，如图 3-83 所示。

5）执行"圆"命令（C），分别绘制半径为 110mm、55mm、15mm 的三个同心圆，再执行"直线"命令（L），过圆心点绘制两条相互垂直的线段，从而完成台灯的绘制，如图 3-84 所示。

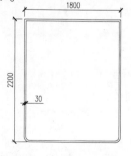
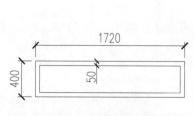
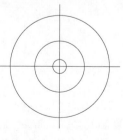

图 3-82　绘制和偏移矩形灯　　　图 3-83　绘制和偏移矩形　　　图 3-84　绘制台

6) 执行"矩形"命令（REC），绘制一个550mm×450mm的矩形对象作为床头柜，再执行"移动"命令（M），将上一步所绘制的台灯对象移至床头柜的中心位置，如图3-85所示。

7) 执行"移动"命令（M），将床头柜移动到床的左边，使其与床的定边对齐，再执行"镜像"命令（MI），以床的上下中点作为镜像点，将左侧的床头柜及台灯对象水平镜像到右边，如图3-86所示。

8) 执行"移动"命令（M），将之前绘制的矩形移动到床垫上合适的位置，如图3-87所示。

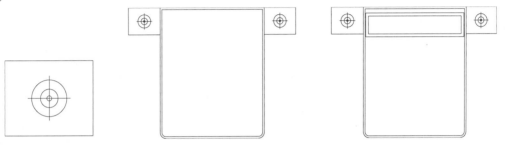

图3-85 绘制床头柜　　　　图3-86 组合床头柜　　　　图3-87 移动的矩形

9) 执行"样条曲线"命令（SPL），在视图的空白位置绘制一枕头，其枕头的尺寸大致为765mm×336mm，如图3-88所示。

10) 执行"移动"命令（M），将枕头对象移至床上侧的相应位置，再执行"镜像"命令（MI），将枕头对象水平镜像一份，再执行"修剪"命令（TR），将枕头下侧的线段进行修剪，从而形成双人枕头效果，如图3-89所示。

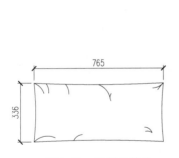

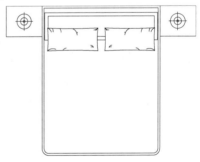

图3-88 绘制的枕头　　　　　　　图3-89 形成的双人枕头效果

11) 执行"保存块"命令（B），将弹出"块定义"对话框，分别按照前面的方法来创建"双人床"为内部图块对象。

3.4.5　绘制洗衣机

根据要求绘制洗衣机，首先绘制外轮廓对象，再绘制洗衣机面板，然后绘制洗衣的进水孔、控制按钮和电源开关，从而完成洗衣机的绘制。

1) 执行"矩形"命令（REC），绘制690mm×709mm的矩形，再执行"圆角"命令（F），对矩形下侧左右的拐角点按照半径为50mm进行圆角处理，如图3-90所示。

2) 执行"分解"命令（X），将矩形分解，然后执行"偏移"命令（O），将上侧的水平线段向下侧分别偏移36、109，如图3-91所示。

3）执行"偏移"命令（O），将左、右侧的垂直线段均向内偏移38，将下侧的水平线段向上偏移55，然后执行"修剪"命令（TR），将多余的线段进行修剪，再执行"圆角"命令（F），对拐角点按照半径为40mm的圆角处理，如图3-92所示。

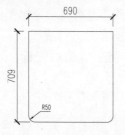

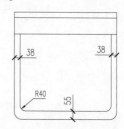

图3-90　绘制矩形并圆角　　　图3-91　进行偏移　　　图3-92　偏移并圆角处理

4）执行"直线"命令（L），绘制两条对角线段，再执行"圆"命令（C），以对角线的交点作为圆心点，绘制直径为74mm和64mm的两个同心圆，再执行"修剪"命令（TR），将多余的线段进行修剪，如图3-93所示。

5）执行"圆"（C）"矩形"（REC）和"椭圆"（EL）等命令，绘制洗衣机的进水孔、控制按钮、电源开关灯，其圆的直径为35mm，矩形按钮大小为20mm×35mm，椭圆大小长轴为100mm、短轴为35mm，然后通过复制、移动等命令，完成如图3-94所示效果。

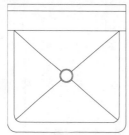
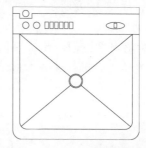

图3-93　绘制对角线和同心圆　　　图3-94　绘制面板轮廓及控制按钮

6）执行"保存块"命令（B），将弹出"块定义"对话框，按照前面的方法来创建"洗衣机"为内部图块对象。

3.4.6　绘制电视机

根据要求绘制电视机，首先绘制电视机面板轮廓，再绘制后盖轮廓，接着绘制凸屏圆弧，最后调整到相应位置即可。

1）执行"直线"命令（L），绘制等腰梯形，如图3-95所示。

2）执行"矩形"命令（REC），绘制955mm×228mm的矩形，如图3-96所示。

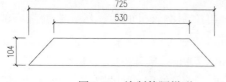
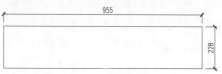

图3-95　绘制等腰梯形　　　图3-96　绘制矩形

3）执行"移动"命令（M），将绘制的等腰梯形移至矩形上侧的中间位置，如图 3-97 所示。

4）执行"圆弧"命令（ARC），绘制半径为 2870mm 的圆弧，从而完成电视机平面图的绘制，如图 3-98 所示。

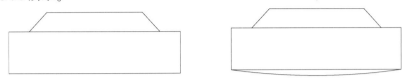

图 3-97　移动操作　　　　　　　　图 3-98　绘制圆弧

5）执行"保存块"命令（B），将弹出"块定义"对话框，分别按照前面的方法来创建"电视机"为内部图块对象。

3.4.7　绘制坐便器

根据要求绘制坐便器，首先绘制矩形及直线段，再对其进行修剪，接着绘制开水阀，进而完成坐便器水箱的绘制，然后绘制坐便器盖，最后移至相应的位置，从而完成整个坐便器的绘制。

1）执行"矩形"命令（REC），绘制一个 550mm × 255mm 大小的矩形，如图 3-99 所示，然后执行"分解"命令（X），将矩形分解。

2）执行"偏移"（O）、"直线"（L）和"修剪"（TR）等命令，绘制相应的坐便器水箱轮廓线，如图 3-100 所示。

3）执行"矩形"（REC）和"圆角"（F）等命令，绘制坐便器开水阀，完成坐便器水箱的绘制，如图 3-101 所示。

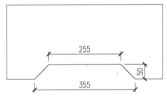
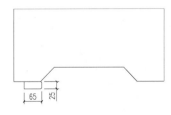

图 3-99　绘制矩形　　　　　　图 3-100　绘制轮廓　　　　　　图 3-101　绘制开水阀

4）执行"椭圆"命令（EL），绘制一个长轴为 600mm、短轴为 380mm 的椭圆，如图 3-102 所示。

5）执行"直线"命令（L），过椭圆左右两侧的象限点绘制一条水平线段，再执行"偏移"命令（O），将其水平线段向上分别偏移 180 及 30，如图 3-103 所示。

6）执行"直线"命令（L），绘制相应的直线段，然后执行"修剪"命令（TR），将多余的圆弧进行修剪，最后执行"圆角"命令（F），对相应位置进行倒圆角命令，如图 3-104 所示。

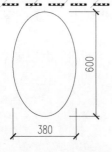 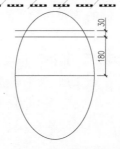 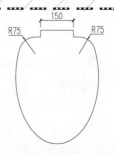

图 3-102　绘制椭圆　　　　图 3-103　绘制直线并偏移　　　图 3-104　绘制直线并倒圆角

7）执行"偏移"（O）"直线"（L）和"圆角"（F）等命令，完成坐便器盖的绘制，如图 3-105 所示。

8）执行"移动"命令（M），将绘制的坐便器盖移动到坐便器水箱的中点以下位置，如图 3-106 所示。

9）执行"圆弧"命令（ARC），在左侧绘制半径为 312mm 的圆弧，再执行"镜像"命令（MI），将圆弧进行水平镜像复制操作，如图 3-107 所示。

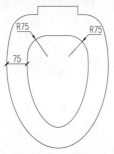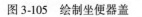  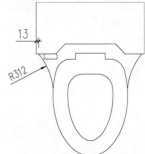

图 3-105　绘制坐便器盖　　　图 3-106　组合坐便器盖与水箱　　　图 3-107　绘制圆弧

10）执行"保存块"命令（B），将弹出"块定义"对话框，分别按照前面的方法来创建"坐便器"为内部图块对象。

3.4.8　绘制洗脸盆

根据要求绘制洗脸盆，首先绘制圆并进行修剪，再绘制矩形作为不出水管，接着绘制两个圆作为冷、热水开关，最后绘制大圆作为洗脸盆的外轮廓，从而完成洗脸盆的绘制。

1）执行"圆"命令（C），绘制一个直径为 395mm 的圆，如图 3-108 所示。

2）执行"直线"命令（L），过下侧象限点绘制一条水平线段，再执行"偏移"命令（O），将其水平线段向上偏移 335，如图 3-109 所示。

3）执行"修剪"命令（TR），修剪掉多余的线段，其得到效果如图 3-110 所示。

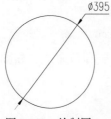 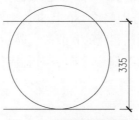 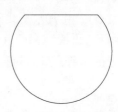

图 3-108　绘制圆　　　　图 3-109　绘制直线并偏移　　　图 3-110　修剪操作

4）执行"矩形"命令（REC），绘制 40mm×150mm 的矩形，并放置在图形对象中间位置，再执行"修剪"命令（TR），将多余的直线段进行修剪，如图 3-111 所示。

5）执行"圆"命令（C），绘制直径为 55mm 的圆，且放置在矩形的左侧，再执行"镜像"命令（MI），将该圆向矩形右侧进行镜像复制一份，如图 3-112 所示。

6）执行"圆"命令（C），绘制直径为 495mm 的圆，且放置在相应的位置，从而完成洗脸盆的绘制，如图 3-113 所示。

7）执行"保存块"命令（B），将弹出"块定义"对话框，分别按照前面的方法来创建"洗脸盆"为内部图块对象。

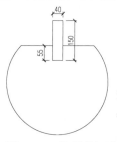
图 3-111 绘制的矩形

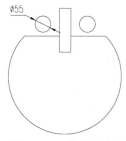
图 3-112 绘制的小圆

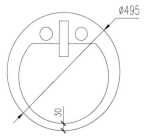
图 3-113 绘制的大圆

3.4.9 绘制天然气灶

根据要求绘制天然气灶，首先绘制矩形并偏移，完成天然气灶外轮廓的绘制，再绘制圆角矩形、同心圆和小矩形，完成灯芯的绘制，接着绘制小矩形、圆等，完成开关的绘制，最后将灯芯移至相应的位置，从而完成整个天然气灶的绘制。

1）执行"矩形"命令（REC），绘制一个 650mm×400mm 的矩形对象，再执行"分解"命令（X），将矩形进行打散操作。

2）执行"偏移"命令（O），将下侧的水平线段向上偏移 75，如图 3-114 所示。

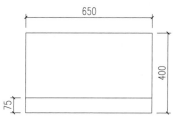
图 3-114 偏移线段

3）执行"矩形"命令（REC），绘制 572mm×266mm 的矩形，且放置在中间相应位置，从而完成天然气灶的外轮廓，如图 3-115 所示。

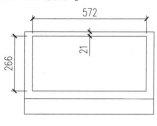
图 3-115 绘制小矩形

4) 执行 "矩形" 命令 (REC), 绘制一个 170mm × 170mm、半径为 40mm 的圆角矩形, 再执行 "偏移" 命令 (O), 将其向内偏移 10。

5) 执行 "圆" 命令 (C), 以圆角矩形的中心点作为圆心点, 绘制直径为 96mm 和 86mm 的两个同心圆。

6) 执行 "矩形" 命令 (REC), 绘制 23mm × 5mm 的直角矩形, 且放置在圆左侧象限点的中央位置, 再执行 "环形阵列" 命令 (arraypolar), 将该矩形进行环形阵列, 阵列的数量为 4, 然后将多余的圆弧进行修剪, 从而完成天然气灶芯的绘制, 如图 3-116 所示。

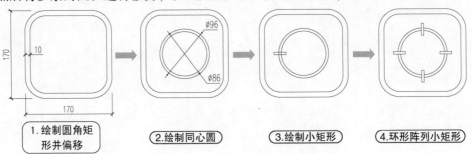

图 3-116 绘制天然气灶芯

7) 执行 "移动" (M) 和 "镜像" (MI) 等命令, 将绘制的灶芯移至天然气灶上侧的相应左、右两侧。

8) 执行 "矩形" 命令, 绘制 120mm × 30mm 的直角矩形, 且放置在下侧的中间位置。

9) 执行 "圆" 命令 (C), 绘制直径为 48mm 的圆, 再绘制 53mm × 7mm 的小矩形, 并将其斜放成 45°, 且与小圆相交, 然后将多余的线段进行修剪, 完成天然气灶开关的绘制。再执行 "镜像" 命令, 将绘制的开关进行水平镜像, 从而完成整个天然气灶的绘制, 如图 3-117 所示。

图 3-117 完成的天然气灶

10) 执行 "保存块" 命令 (B), 将弹出 "块定义" 对话框, 分别按照前面的方法来创建 "天然气灶" 为内部图块对象。

3.4.10 其他平面图例效果

1) 在室内设计中, 还有许多其他平面图图例, 这里就不再赘述, 最后绘制效果如图 3-118 所示。

2) 执行 "保存块" 命令 (B), 将弹出 "块定义" 对话框, 分别按照前面的方法来创建所有其他平面图例为内部图块对象。

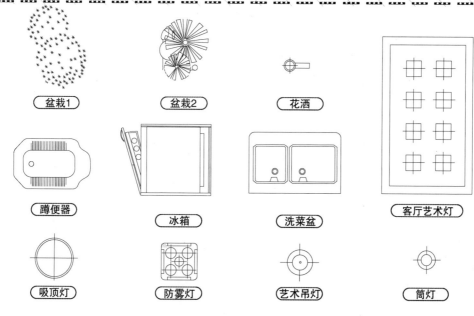

图 3-118　其他平面图例效果

3.5　常用立面图例的绘制

在进行装饰设计中，除了绘制室内平面布置图、顶棚图外，还需要绘制相应墙面的立面图。而在绘制立面图时，也同样需要绘制相应的立面图块，如立面家具、电器、洁具、厨具、灯具等，以便能够更加真实和形象地表示装修图的立面效果。

3.5.1　绘制立面冰箱

根据要求，分别使用矩形、分解、偏移、样条曲线、图案填充和移动等命令，从而完成立面冰箱的绘制。

1）执行"矩形"命令（REC），绘制两个 45mm×15mm 和一个 60mm×15mm 的直角矩形。

2）执行"图案填充"命令（H），填充其中一个 45mm×15mm 的矩形，其填充的图案为"ANSI31"，比例为"2"，形成"按钮"效果，如图 3-119 所示。

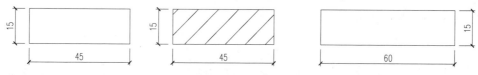

图 3-119　绘制和填充矩形

3）执行"矩形"命令（REC），根据提示，绘制一个 15mm×200mm 的直角矩形。执行"分解"命令（X），将矩形进行分解，再执行"偏移"命令（O），然后将左侧的垂直线段向右偏移10，右侧的垂直线段向左偏移1，表示冰箱的把手，如图 3-120 所示。

4）执行"矩形"命令（REC），绘制 555mm×1585mm 的矩形，再将矩形进行分解，然后执行"偏移"命令（O），将下侧水平线段依次向上偏移55、10、10、630、10、10、10、780、10、10、50，如图3-121所示。

5）执行"图案填充"命令（H），选择"ISO04W100"图案，设置角度45°，比例为"1"，对指定区域进行图案填充，如图3-122所示形成冰箱外轮廓。

6）执行"复制"（CO）和"移动"（M）等命令，将绘制的"按钮""把手"和"冰箱"三个图形组合在一起，如图3-123所示。

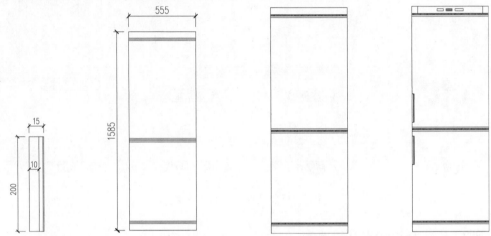

图3-120　绘制把手　　图3-121　冰箱外轮廓　　图3-122　图案填充　　图3-123　组合冰箱

7）执行"保存块"命令（B），将弹出"块定义"对话框，分别按照前面的方法来创建"立面冰箱"为内部图块对象。

提示：冰箱的相关知识

冰箱的构造：主要由压缩机、冷凝器、毛细管、蒸发器等组成。

其工作原理：压缩机将高温高压的气态的制冷剂，由排气管打出，经过冷凝器散热，此时的制冷剂已经变成中温中压的液体与气体的混合物，经过滤器与毛细管节流，以液态形式进入蒸发器，此时开始制冷达到我们所想要的效果。

3.5.2　绘制立面饮水机

根据要求，分别使用直线、偏移、修剪、填充、圆弧、镜像、移动和复制等命令，从而完成立面饮水机的绘制。

提示：饮水机的使用方法

1）新机首次使用时必须待热水龙头出水后才能接通加热电源开关，以免热罐缺水干烧，损坏电热元件盒热罐保温材料。

2）饮水机安装位置应考虑：距墙10cm以上，以便于通风散热，避免日光照射，应选择远离热源、清洁处。

3）用户长时间外出前，必须随手关掉饮水机的电源开关，这样既可节约能源又能防止电器起火等意外事故造成的损失。

4）缩短桶装水饮用周期，防止虫类杂物倒吸，减少饮水机的二次污染，一般应控制饮用周期为4天左右。

1）执行"直线"命令（L），绘制高 950mm 和长 310mm 的线段，然后执行"偏移"命令（O），将底侧的水平线段依次向上偏移 30、25、375、50、370、80 和 20，左侧的垂直线段依次向右偏移 30、250 和 30，如图 3-124 所示。

2）执行"修剪"命令（TR），修剪掉多余的线段，结果如图 3-125 所示。

3）执行"圆弧"命令（ARC），绘制半径为 525mm 的圆弧，如图 3-126 所示。

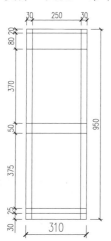
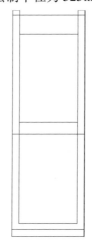
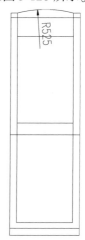

图 3-124　绘制外轮廓　　　　图 3-125　修剪线条　　　　图 3-126　绘制圆弧

4）执行"直线"（L）、"偏移"（O）和"修剪"（TR）等命令，按照图形的要求来绘制放水阀，其效果如图 3-127 所示。

5）执行"图案填充"命令（H），对指定的区域填充"JIS_W00D"图案，比例为"4"，如图 3-128 所示。

6）执行"移动"（M）和"复制"（CO）等命令，将上一步所绘制的放水阀安装在饮水机的相应位置，如图 3-129 所示。

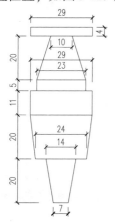

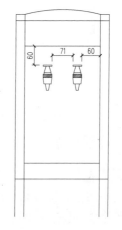

图 3-127　绘制放水阀　　　　图 3-128　填充图案　　　　图 3-129　安装放水阀

7）执行"直线"（L）、"偏移"（O）、"修剪"（TR）和"圆弧"（ARC）等命令，形成半个水桶效果，如图 3-130 所示。

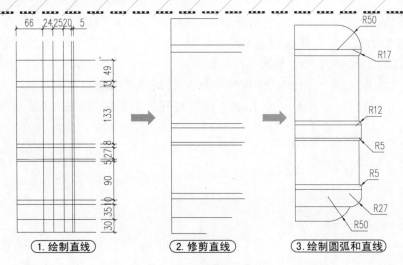

图 3-130　绘制的水桶

8）执行"镜像"命令（MI），将上一步所绘制的对象进行镜像，从而完成水桶的绘制，如图 3-131 所示。

9）执行"移动"命令（M），将水桶和引水机组合起来，从而完成饮水机的绘制，如图 3-132 所示。

10）执行"保存块"命令（B），将弹出"块定义"对话框，分别按照前面的方法来创建"立面饮水机"为内部图块对象。

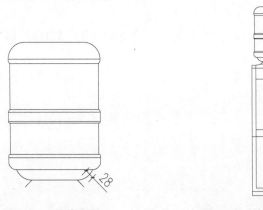

图 3-131　镜像水桶　　　　　图 3-132　绘制好的饮水机

3.5.3　绘制立面洗衣机

根据要求绘制立面洗衣机，首先绘制矩形并向内偏移，完成洗衣机的外轮廓，再绘制同心圆作为玻璃罩，接着绘制矩形作为脚垫，最后绘制矩形和圆，作为洗衣机的控制按钮，从而完成整个立面洗衣机的绘制。

1）执行"矩形"命令（REC），绘制 600mm × 733mm 的矩形，然后执行"偏移"命令（O），将其向内偏移 8，完成洗衣机轮廓的绘制。

2）执行"直线"命令（L），过最下侧的中点向上绘制一条长度为 347mm 的垂直线段，执行"圆"命令（C），分别绘制直径为 245mm 和 321mm 的两个同心圆，再执行"偏移"命令（O），分别将两个同心圆向内偏移8，完成洗衣机玻璃罩的绘制。

3）执行"矩形"命令（REC），绘制36mm×61mm的矩形，且放置在左下侧，再执行"镜像"命令（MI），将小矩形水平镜像，从而完成洗衣机脚垫的绘制，如图3-133所示。

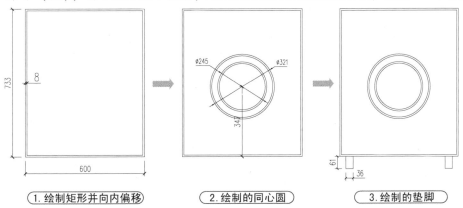

图3-133　绘制洗衣机外轮廓

4）执行"矩形"命令（REC），在相应位置分别绘制543mm×55mm和88mm×48mm的两个矩形。

5）执行"圆"命令（C），在长矩形相应位置绘制直径为80mm的圆并进行相应的修剪，再执行"单行文字"命令（DT），在小矩形内输入文字"SONY"字标。

6）执行"矩形"命令（REC），绘制19mm×9mm的小矩形，再执行"圆"命令（C），绘制直径为14mm的小圆，再执行"复制"命令（CO），将绘制的小矩形和小圆进行水平复制，从而形成洗衣机的控制按钮，如图3-134所示。

图3-134　绘制的控制按钮

7）执行"保存块"命令（B），将弹出"块定义"对话框，分别按照前面的方法来创建"立面洗衣机"为内部图块对象。

3.5.4　绘制立面液晶电视

根据要求绘制立面液晶电视。首先使用矩形、直线、偏移、填充等命令绘制中间的液晶电视，再使用矩形、圆、图案填充、镜像等命令绘制两侧的立面音箱，从而完成立面液晶电视的绘制。

1）执行"矩形"命令（REC），绘制900mm×650mm的矩形，再执行"偏移"命令（O），将其向内偏移40，完成液晶电视机的主轮廓。

2）执行"矩形"命令（REC），绘制一个300mm×200mm的矩形对象，再执行"直线"命令（L），在该矩形内绘制多条垂直的线段，完成支撑架的绘制。

3）执行"直线"命令（L），在显示屏中绘制多条斜线段，再执行"单行文字"命令（DT），在其右下角输入"SONY"和"49"，从而完成立面液晶电视的绘制，如图3-135所示。

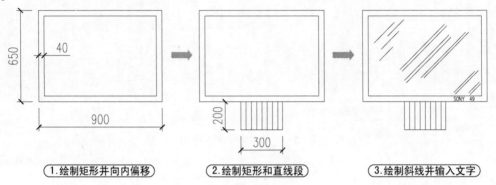

图3-135 绘制立面液晶电视

4）执行"矩形"命令（REC），绘制231mm×628mm的矩形对象，然后执行"分解"命令（X），将矩形分解，最后执行"偏移"命令（O），将矩形左、右两侧的垂直线段均向内偏移8。

5）执行"矩形"命令（REC），在适当位置绘制一个145mm×350mm的矩形对象，然后执行"圆"命令（C），在适当位置绘制直径为156mm的圆。

6）执行"图案填充"命令（H），对内部的矩形和圆用"AR-HBONE"图案进行填充，比例为"0.1"，从而完成立面音箱的绘制，如图3-136所示。

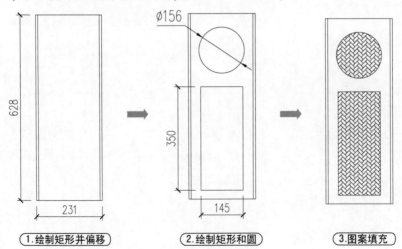

图3-136 绘制立面音箱

7）执行"移动"命令（M），将绘制的立面音箱移至立面液晶电视的左侧，且下侧水平线对齐，再执行"镜像"命令（MI），将立面音箱水平镜像，从而完成整个组合电视的绘制，如图 3-137 所示。

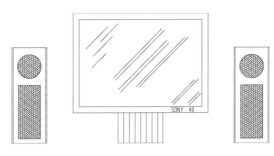

图 3-137 组合图形

提示：步骤讲解

在移动对象时，如果需要对图形进行对齐操作，可以先绘制一定数量的辅助线，当对齐操作完成后，再删除辅助线即可。

8）执行"保存块"命令（B），将弹出"块定义"对话框，分别按照前面的方法来创建"立面液晶电视"为内部图块对象。

3.5.5 绘制立面床

根据要求绘制立面床，首先绘制两个矩形进行圆角处理，从而完成床架及沙发的绘制，再绘制上侧的直线、圆弧、圆角矩形，从而完成床靠背的绘制，接着绘制床头柜及台灯对象，并移至床左侧的相应位置，然后进行水平镜像，从而完成整个立面床的绘制。

1）执行"矩形"命令（REC），分别绘制 1800mm × 220mm 和 1800mm × 156mm 的两个矩形，且以中线放齐，再执行"直线"命令（L），过中点绘制一条垂直辅助线。

2）执行"直线"命令（L），过下侧矩形的中点绘制一条水平线段，完成床垫座的轮廓。

3）执行"圆角"命令（F），按照半径为 30mm 对上侧矩形的四个角进行圆角处理，形成床垫效果，如图 3-138 所示。

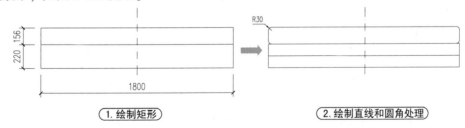

图 3-138 绘制矩形并进行圆角处理

4）执行"矩形"命令（REC），绘制 1740mm × 400mm 的矩形，再执行"分解"命令（X），将矩形分解。

5）执行"偏移"命令（O），将上侧的水平线段向下偏移 94。

6）执行"圆弧"命令（ARC），以上侧两条水平线相应点绘制一段圆弧，再执行"修剪"命令（TR），将多余的线段进行修剪处理，如图 3-139 所示。

7）将上侧的直线段和圆弧进行合并操作，再执行"偏移"命令（O），将合并的多段线向内偏移 15。

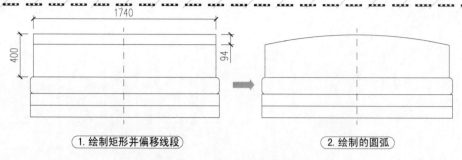

1. 绘制矩形并偏移线段   2. 绘制的圆弧

图 3-139　绘制的矩形和圆弧

8）执行"矩形"命令（REC），绘制尺寸为 1480mm×230mm、半径为 30mm 的圆角矩形，且放置在中央位置，如图 3-140 所示。

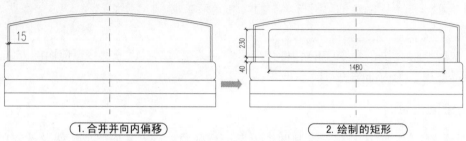

1. 合并并向内偏移   2. 绘制的矩形

图 3-140　偏移、合并线段并绘制圆角矩形

9）执行"直线"命令（L），绘制左侧的装饰轮廓线条。

10）执行"镜像"命令（MI），将左侧的装饰轮廓线条进行水平镜像。

11）执行"直线"命令（L），绘制上侧宽为 40mm、下侧宽为 20mm、高度为 75mm 的等腰梯形作为床脚，并水平镜像到右侧，如图 3-141 所示。

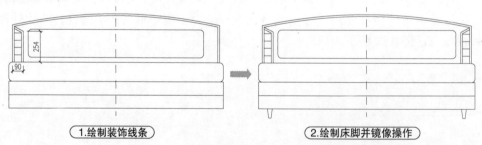

1. 绘制装饰线条   2. 绘制床脚并镜像操作

图 3-141　绘制装饰线条和床脚并水平镜像

12）执行"矩形"命令（REC），绘制 480mm×210mm 的矩形对象，再执行"分解"命令（X），将绘制的矩形打散，再执行"偏移"命令（O），将上侧的水平线段分别向下偏移 20 和 50。

13）执行"矩形"命令（REC），绘制 180mm×20mm 的矩形，且放置在上侧的中央位置，然后执行"偏移"命令（O），将指定的水平线段向上偏移 150。

14）执行"直线"命令（L），绘制上侧宽为 120mm、下侧宽为 300mm、高度为 150mm 的等腰梯形来作为台灯罩，再执行"圆弧"命令（ARC），绘制左、右两侧的圆弧对象，完成台灯柱，如图 3-142 所示。

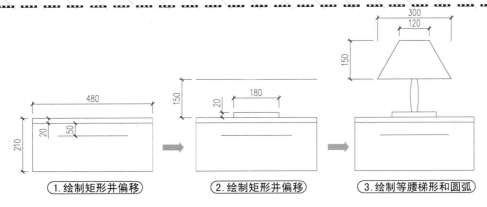

图 3-142　绘制的床头柜及台灯

15）执行"移动"命令（M），将绘制的床头柜及台灯对象移至床的左侧，再执行"镜像"命令（MI），将床头柜及台灯进行水平镜像，从而完成整个立面床的绘制，如图 3-143 所示。

16）执行"保存块"命令（B），将弹出"块定义"对话框，分别按照前面的方法来创建"立面床"为内部图块对象。

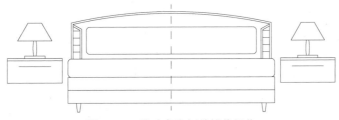

图 3-143　移动床头柜并镜像操作

3.5.6　绘制立面装饰画

根据要求，分别使用矩形、偏移、直线、圆、圆弧和图案填充等命令，从而完成立面装饰画的绘制。

1）执行"矩形"命令（REC），绘制 797mm × 823mm 的矩形，再执行"偏移"（O），将矩形依次向内偏移 16、48 和 58，如图 3-144 所示。

2）执行"直线"命令（L），绘制出连接中间两个矩形的斜线段，形成画框的轮廓，如图 3-145 所示。

3）执行"矩形"（REC）和"圆"命令（C），绘制出如图 3-146 所示的图形。

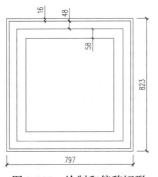

图 3-144　绘制和偏移矩形

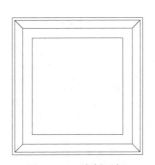

图 3-145　绘制画框

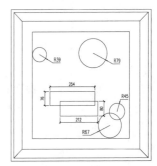

图 3-146　绘制矩形和圆

4）执行"样条曲线"命令（SPL），随意绘制 4 条样条曲线，其效果如图 3-147 所示。

5）执行"图案填充"命令（H），选择其填充的图案为"AR-SAND"，设置比例为"0.5"，填充图中指定位置，其效果如图 3-148 所示。

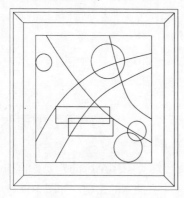
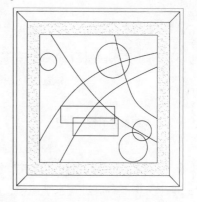

图 3-147　绘制样条曲线　　　　　　　　图 3-148　填充图案

6）执行"保存块"命令（B），将弹出"块定义"对话框，分别按照前面的方法来创建"立面装饰画"为内部图块对象。

3.5.7　其他立面图例效果

1）在室内设计中，还有许多其他立面图图例，这里就不再赘述，最后绘制效果如图 3-149 所示。

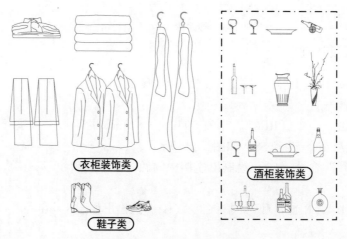

图 3-149　其他立面图例效果

2）执行"保存块"命令（B），将弹出"块定义"对话框，分别按照前面的方法来创建所有其他立面图例为内部图块对象。

3）至此，整个"室内设计样板.dwt"文件已经创建完成，按【Ctrl + S】组合键进行保存，然后选择"文件 | 关闭"菜单命令，将该样板文件退出。

注意：当前样板文件中的对象

在本章中，所设置的环境、样式、图层和图块对象，都保存在"室内设计样板.dwt"文件中，用户可以按【Ctrl +2】组合键打开"设计中心"面板，即可看到当前所创建的样式、图层、图块等，如图 3-150 所示。

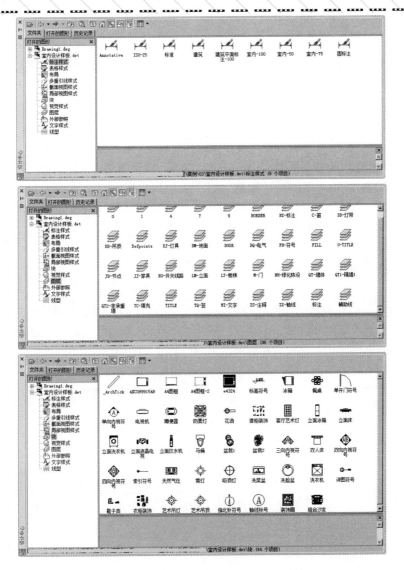

图 3-150 当前样板的样式、图层和图块

第4章 室内装潢平面施工图的绘制

在整个室内装修施工图中，其平面图的设计非常重要。建筑原始平面图是室内装修施工图的依据，而平面布置图可以很直观地反映出各个空间的家具摆设布置情况，尺寸及索引平面图可以更加详细地了解各个具体的轮廓尺寸，地面材质图可以看出每个空间的铺设材质，顶棚布置图可以了解各个空间的吊顶轮廓、材质、灯具及高度等。

在本章中，以某住宅室内装修平面图为例，分别详细讲解了建筑原始平面图、尺寸及索引号平面图、平面布置图、地面材质图和顶棚布置图的绘制方法与技巧。

4.1 清水房平面图的绘制

打开样板文件并另存为新的图形文件，修改一下绘图环境；再根据室内建筑平面图的要求，绘制轴网结构，并进行轴网和轴号的标注；再使用多段线命令绘制240mm宽的剪力墙，以及绘制120mm宽的空心砖隔墙结构；再修剪相应的门窗洞口，以及绘制飘窗、阳台及附属构件轮廓对象；最后对室内原始清水建筑平面图进行图内注释和图名注释，最终绘制效果如图4-1所示。

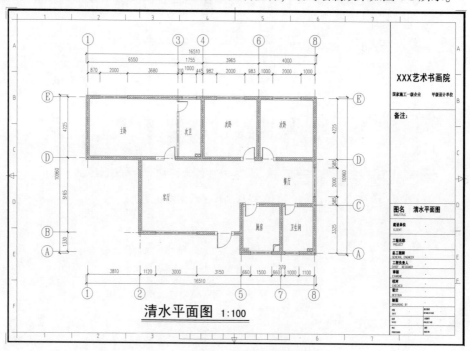

图4-1　住宅建筑原始平面图效果

4.1.1 调用绘图环境

在"案例\03\室内设计样板.dwt"文件中已经设置好了单位、图形界限、图层、标注样式、文字样式等，用户在绘制本实例过程中，只需根据需要对该样板文件的一些设置进行适当的修改即可。

1）启动 AutoCAD 2015 软件，按【Ctrl + O】组合键打开"案例 \ 03 \ 室内设计样板 . dwt"文件。

2）再按【Ctrl + Shift + S】组合键，将其另存为"案例 \ 04 \ 清水平面图 . dwg"文件，如图 4-2 所示。

图 4-2　样板另存为

注意：保存格式的转换

将"室内设计样板 . dwt"文件另存为案例文件时，格式由原来的" . dwt"转换为" . dwg"。

4.1.2　绘制建筑轴网

1）单击"图层"面板中的"图层控制"下拉框，将"ZX-轴线"图层置为当前图层。

2）执行"构造线"命令（XL），根据命令提示，在绘图区域绘制水平和垂直的构造线。

3）再执行"偏移"命令（O），将垂直构造线向右各偏移 3810、2740、1755、2775、1190、1630、2370；再将水平构造线向上各偏移 1330、1995、3170、4225，如图 4-3 所示形成轴网效果。

4）执行"修剪"命令（TR），修剪掉多余的线段，如图 4-4 所示。

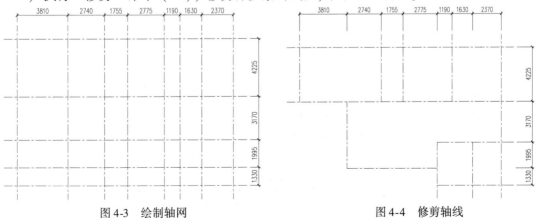

图 4-3　绘制轴网　　　　　　　　　　　　　图 4-4　修剪轴线

提示：轴网的修剪

在修剪轴网时，应根据平面图的结构，将不需要的轴线进行修剪，从而形成别墅平面图实际的轴网线结构。

4.1.3 绘制墙体结构

1）单击"图层"面板中的"图层控制"下拉框，将"QT-墙体"图层置为当前图层。

2）执行"多线样式"命令（MLSTYLE），打开"多线样式"对话框，单击"新建"按钮，新建名为"Q240"的多线样式，然后单击"继续"按钮，如图4-5所示。

3）单击"继续"按钮后，将打开"新建多线样式：Q240"对话框，选择"直线"封口方式，然后设置"图元"的偏移量分别为120和–120，再单击"确定"按钮，如图4-6所示。

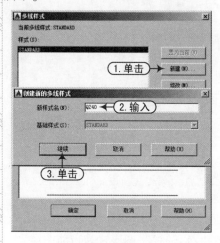
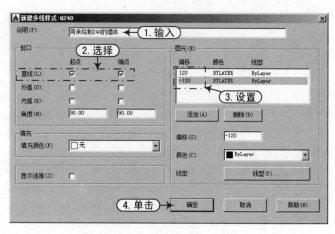

图 4-5　新建多线样式　　　　　　　　　　图 4-6　设置多线样式参数

4）返回到"多线样式"对话框时，将"Q240"样式置为当前。

5）使用相同的方法，在Q240多线样式的基础上，新建"Q120"多线样式，其图元的偏移量分别为60和–60，如图4-7所示。

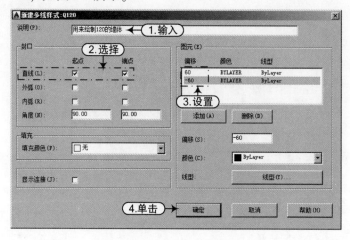

图 4-7　设置"Q120"多线样式

6）开启"正交"模式，执行"多线"命令（ML），根据如下命令行提示设置多线的参数，分别捕捉轴线的交点绘制240mm的墙体，如图4-8所示。

```
命令:_MLINE                                    \\执行"多线"命令
当前设置:对正 = 上,比例 = 20.00,样式 = Q240
指定起点或[对正(J)/比例(S)/样式(ST)]:S         \\输入S,按 Enter 键
输入多线比例 < 20.00 > :1                       \\输入1,按 Enter 键
当前设置:对正 = 上,比例 = 1.00,样式 = Q240
指定起点或[对正(J)/比例(S)/样式(ST)]:J         \\输入J,按 Enter 键
输入对正类型[上(T)/无(Z)/下(B)] < 上 > :Z       \\输入Z,按 Enter 键
当前设置:对正 = 无,比例 = 1.00,样式 = Q240       \\调整好的多线模式
指定起点或[对正(J)/比例(S)/样式(ST)]:          \\捕捉轴线交点开始绘制墙体
```

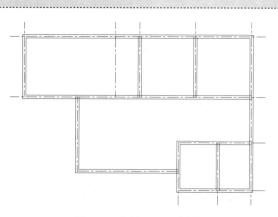

图 4-8　绘制 240mm 墙体

提示：多线的比例设置

> 默认状态下，多线的比例为"20"，在这里我们需要进行更改设置为"1"（1×240mm），才能绘制出的 240mm 宽的多线。

7）将"QT1-隔墙1"图层置为当前图层，使用相同的方法，执行"多线"命令（ML），根据命令行提示，设置多线样式为"Q120"，对正方式为"无"，比例为"1"，分别捕捉轴线的交点绘制120mm的墙体，然后将"轴线"图层关闭，效果如图4-9所示。

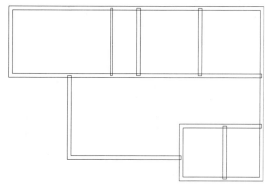

图 4-9　绘制 120mm 墙体

提示：多线的讲解

在 AutoCAD 中，"多线"命令主要用于绘制任意多条平行线的组合图形，一般用于电子线路图、建筑墙体的绘制等。

执行多线命令后，命令行会提示"指定起点或 [对正 (J) /比例 (S) /样式 (ST)]:"，其中各主要选项具体说明如下：

1) "对正 (J)"：此项用于指定绘制多线时的对正方式，共有 3 种对正方式。其中"上 (T)"是指在光标下方绘制多线，因此在指定点处将会出现具有最大正偏移值的直线；"无 (Z)"是指将光标作为原点绘制多线；"下 (B)"是指在光标上方绘制多线，因此在指定点处将出现具有最大负偏移值的直线，如图 4-10 所示。

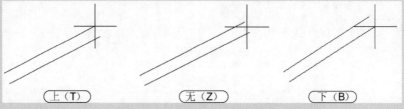

图 4-10　多线的对正区别

2) "比例 (S)"：此项用于设置多线的平行线之间的距离，可输入 0、正值或负值，输入 0 时平行线重合，输入负值时平行线的排列将倒置，如图 4-11 所示。

图 4-11　多线的比例区别

3) "样式 (ST)"：此项用于设置多线的绘制样式。默认样式为标准型 (STANDARD)，用户可以根据提示输入所需多线样式名。

8）执行"多线编辑"命令 (MLEDIT)，或者双击任意一条多线，则打开如图 4-12 所示的"多线编辑工具"对话框，各个按钮图标上显示了多线编辑的效果，单击"T 形打开"按钮，根据提示依次选择需要打开的多线，以进行打开操作。

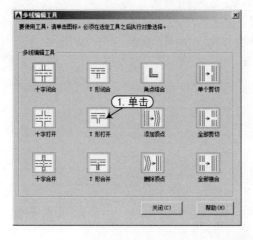
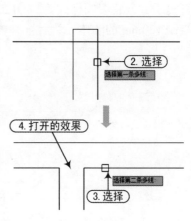

图 4-12　多线编辑工具

9）根据上步骤的操作方法，分别对其指定的交点进行 T 形打开操作，编辑后的墙体如图 4-13 所示。

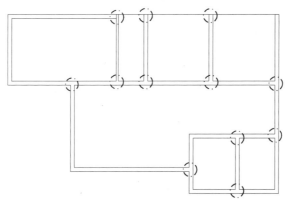

图 4-13 编辑墙体

提示：多线的编辑

在 AutoCAD 中，可以通过编辑多线不同的交点对其进行修改，以完成各种绘制的需要。在"多线编辑工具"对话框中，各主要选项具体功能如下：

1）"十字闭合"：在两条多线之间创建闭合的十字交点。

2）"十字打开"：在两条多线之间创建打开的十字交点。打断将插入第一条多线的所有元素和第二条多线的外部元素。

3）"十字合并"：在两条多线之间创建合并的十字交点。选择多线的次序并不重要。"十字闭合""十字打开"和"十字合并"效果如图 4-14 所示。

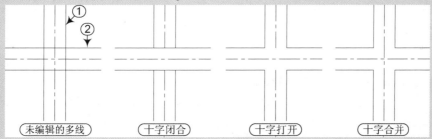

图 4-14 十字编辑操作

4）"T 形闭合"：在两条多线之间创建闭合的 T 形交点。将第一条多线修剪或延伸到与第二条多线的交点处。

5）"T 形打开"：在两条多线之间创建打开的 T 形交点。将第一条多线修剪或延伸到与第二条多线的交点处。

6）"T 形合并"：在两条多线之间创建合并的 T 形交点。将多线修剪或延伸到与另一条多线的交点处。"T 形闭合""T 形打开"和"T 形合并"如图 4-15 所示。在 T 形编辑的过程中，应该注意选择多线的顺序，顺序不同，打开的效果也不同。

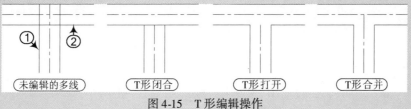

图 4-15 T 形编辑操作

7)"角点结合"：在多线之间创建角点结合。将多线修剪或延伸到它们的交点处。如图 4-16 所示。

8)"添加顶点"：向多线上添加一个顶点。如图 4-17 所示。

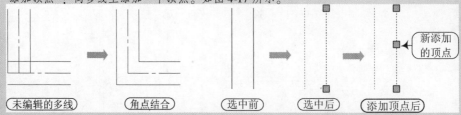

图 4-16　角点结合　　　　　　　　　图 4-17　添加顶点

9)"删除顶点"：从多线上删除一个顶点。如图 4-18 所示。

10)"单个剪切"：在选定多线元素中创建可见打断。

11)"全部剪切"：创建穿过整条多线的可见打断。

12)"全部接合"：将已被剪切的多线线段重新接合起来。如图 4-19 所示。

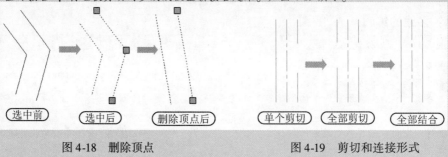

图 4-18　删除顶点　　　　　　　　　图 4-19　剪切和连接形式

4.1.4　绘制门窗

1)执行"直线"（L）、"偏移"（O）和"修剪"（TR）等命令，按照如图 4-20 所示的尺寸，偏移和修剪线段，从而开启门窗洞口。

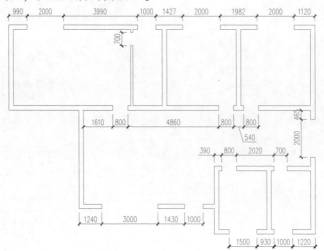

图 4-20　开启门窗洞

2)单击"图层"面板中的"图层控制"下拉框，将"M-门"图层置为当前图层。

3）执行"插入"命令（I），打开"插入"对话框，然后单击"名称（N）"选项右侧的倒三角按钮 ▼，选择"单开门符号"内部图块，将其插入到图中相应位置，如图4-21所示。

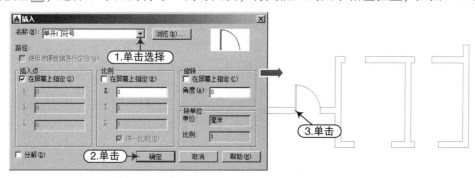

图4-21　插入1000mm门块

4）重复"插入"命令（I），同样选择"单开门符号"内部图块，设置比例为"0.8"，插入到相应的门洞位置，再使用"旋转""移动"和"镜像"等命令，在其他相应门洞位置安装800mm的门，如图4-22所示。

提示：缩放图块

> 用户在插入块时，如果实际门宽度为"800"，而之前的"门"图块为"1000"，则应该设置图块的缩放比例为 800÷1000=0.8。

5）再次执行"插入"命令（I），选择"单开门符号"内部图块，设置比例为"0.7"，插入到相应的位置，再使用"旋转""镜像"和"移动"等命令，在相应门洞处安装700mm的门，如图4-23所示。

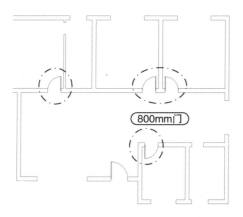

图4-22　插入800mm门块

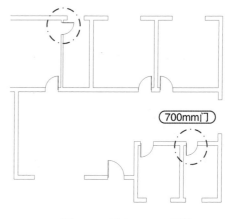

图4-23　插入700mm门块

6）将"C-窗"图层置为当前图层，执行"多线样式"命令（MLSTYLE），打开"多线样式"对话框，单击"新建"按钮，新建名为"C"的多线样式，然后单击"继续"按钮，将打开"新建多线样式：C"对话框，然后设置"图元"的偏移量分别为"120""-120""40"和"-40"，再单击"确定"按钮，如图4-24所示。返回到"多线样式"对话框时，将"C"样式置为当前。

7）开启"正交"模式，执行"多线"命令（ML），分别捕捉门洞的中点，从而绘制出四线窗对象，如图4-25所示。

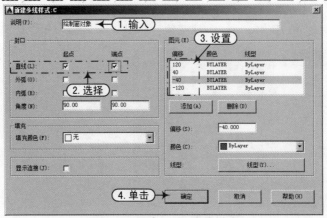

图 4-24　新建 "C" 多线样式

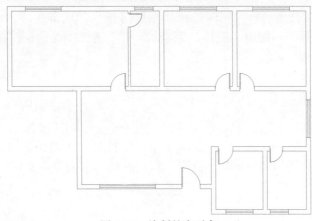

图 4-25　绘制的窗对象

4.1.5　绘制其他附属构件

1）单击 "图层" 面板中的 "图层控制" 下拉框，将 "QT2-非承重墙" 图层置为当前图层。

2）执行 "直线"（L）、"偏移"（O）和 "修剪"（TR）等命令，在卫生间和厨房位置绘制管道井（水平线段长 400mm，垂直线段长 200mm），如图 4-26 所示。

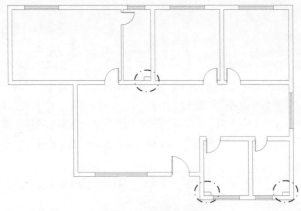

图 4-26　绘制管道井

3）执行"圆"命令（C），在上步绘制的卫生间管道井内绘制两个半径为75mm的圆作为卫生间管道，在厨房管道井内绘制两个半径为50mm的圆作为厨房管道，如图4-27所示。

4）执行"直线"（L）、"偏移"（O）和"修剪"（TR）等命令，在厨房位置绘制烟道，如图4-28所示。

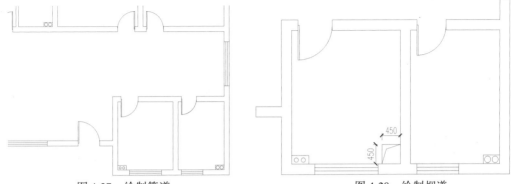

图4-27　绘制管道　　　　　　　　　　　　图4-28　绘制烟道

5）由于该外墙为剪力墙，所以应执行"图案填充"命令（H），对外墙填充"Steel"图案，填充比例为30，并且将填充的对象转换为"TC-填充"图层，如图4-29所示。

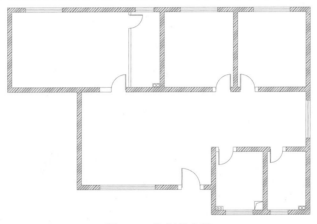

图4-29　绘制剪力墙

提示：偏移的讲解

在AutoCAD中，偏移命令可以偏移直线、圆弧、圆、椭圆和椭圆弧、二维多段线、构造线、射线和样条曲线等对象，但是点、图块、属性和文本不能被偏移。

使用"偏移"命令复制对象时，复制结果不一定与原对象相同，例如，对圆或椭圆作偏移后，新圆、新椭圆与旧圆、旧椭圆有同样的圆心，但新圆的半径和新椭圆的轴长要发生变化，如图4-30所示。

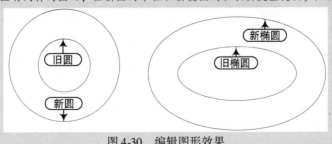

图4-30　编辑图形效果

4.1.6　建筑平面图的标注

1）单击"图层"面板中的"图层控制"下拉框，将"ZS-注释"图层置为当前图层。

2）单击"注释"选项卡下"文字"面板中的"文字样式"列表框，在其下拉列表框中选择"图内说明"文字样式，如图4-31所示。

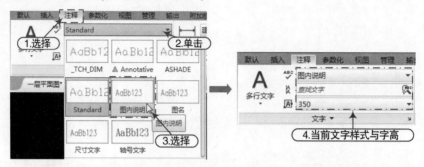

图4-31　设置当前文字样式

3）执行"单行文字"命令（DT），在每个空间位置进行名称注释，如图4-32所示。

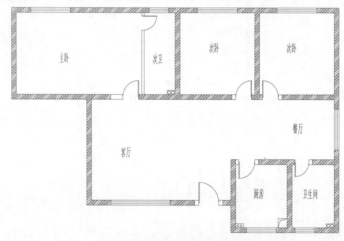

图4-32　空间名称的注释

提示：文字大小设置

由于"图内说明"文字的大小已经设置为"350"，使用单行文字时，就不能设置高度。用户可在"文字"面板先将其文字样式的字体大小修改为"500"，然后再执行单行文字命令；或者选择标注好的单行文字，然后在"特性"面板中修改文字大小为"500"。

4）单击"图层"面板中的"图层控制"下拉框，将"BZ-标注"图层置为当前图层，然后将"轴线"图层显示。

5）执行"线性标注"（DLI）和"连续"（DCO）等命令，对平面图进行尺寸标注，如图4-33所示。

提示：步骤讲解

在进行尺寸标注时，首先指定左侧或右侧的位置进行第一个线性（DLI）标注，再进行连续（DCO）标注，从而可以快速地完成尺寸标注。

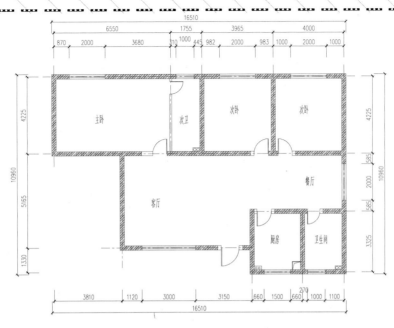

图4-33 尺寸标注

6）在"图层控制"下拉列表，选择"FH-符号"图层为当前图层。

7）执行"插入"命令（I），打开"插入"对话框，选择"轴线标号"内部图块，插入到图中相应的位置；然后结合直线、移动和复制等命令，对平面图进行轴号标注，其效果如图4-34所示。

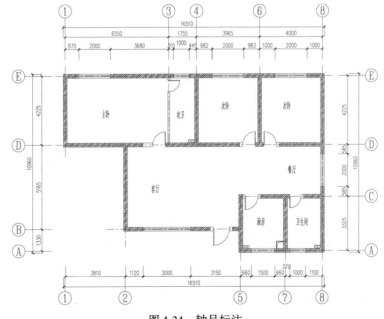

图4-34 轴号标注

提示：步骤提示

　　首先将轴标号分别以圆心为基点移动复制到轴线的延长线上，然后使用直线命令，由轴号象限点向对应的尺寸线上绘制连接线，然后双击各轴号进行属性值的修改。

8）将"ZS-注释"图层置为当前图层，然后单击"注释"选项卡下"文字"面板中的"文字样式"列表框，在其下拉列表框中选择"图名"文字样式。

9）执行"单行文字"命令（DT），在平面图下侧位置输入"清水平面图"和比例"1∶100"，然后分别选择相应的文字对象，按【Ctrl+1】组合键打开"特性"面板，修改文字大小为"700"和"500"。

10）执行"多段线"命令（PL），在图名的下侧绘制两条水平多段线，并设置上侧线段宽度为50mm，下侧线段宽度为1mm，如图4-35所示。

清水平面图 1∶100

图 4-35　图名标注

11）将"TQ-签"图层置为当前图层，执行"插入"命令（I），选择"A4图框-2"内部图块，设置插入比例为"100"，插入到图中以框住平面图，然后双击图框，在弹出的"增强属性编辑器"对话框中，填充图名为"清水平面图"，完成效果如图4-36所示。

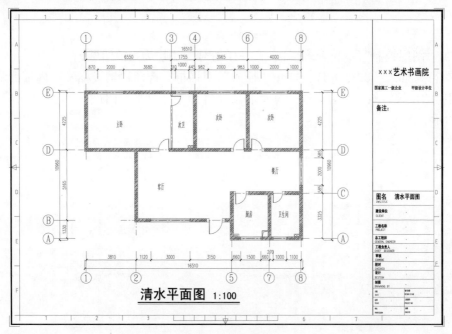

图 4-36　插入图框

12）至此，该室内建筑清水平面图绘制完成，按【Ctrl+S】组合键进行保存，然后选择"文件｜关闭"菜单命令，将该图形文件退出。

4.2　尺寸及索引平面图的绘制

打开前面绘制好的清水平面图文件，并另存为新的文件；再将多余的图层隐藏，并修改图名；再对图形中的细节部分进行详细的尺寸标注；最后对指定的空间给出视图立面索引序号，其效果如图4-37所示。

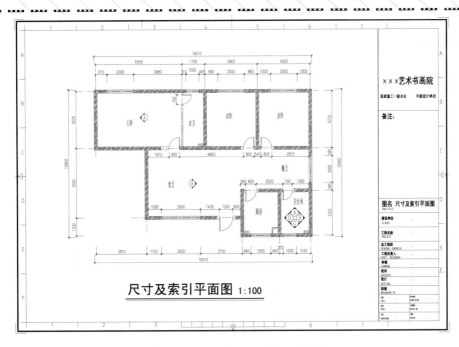

图 4-37 室内尺寸及索引平面图效果

1）启动 AutoCAD 2015 软件，按【Ctrl + O】组合键打开 "案例 \ 04 \ 清水平面图 . dwg"
文件；再按【Ctrl + Shift + S】组合键，将其另存为 "案例 \ 04 \ 尺寸及索引平面图 . dwg"
文件。

2）删除轴号标注，将下侧的图名和图框上的图名注释部分进行适当的修改，调整后的
图形效果如图 4-38 所示。

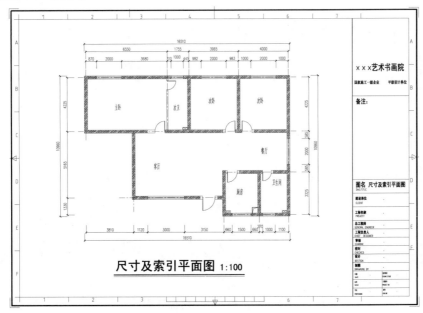

图 4-38 调整后的图形效果

3）将"BZ-标注"图层置为当前图层，执行"线性标注"（DLI）和"连续"（DCO）等命令，对图形的细节轮廓对象进行尺寸标注，如图 4-39 所示。

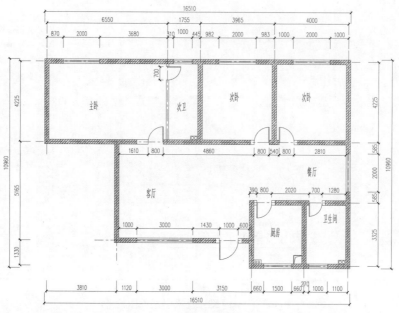

图 4-39　细节轮廓的尺寸标注

技巧：标注样式的选择

如果"室内-100"标注样式的尺寸过大的话，可以修改该标注样式的全局比例因子。

4）将"FH-符号"图层置为当前图层，执行"插入"命令（I），选择"四向内视符号"内部图块，设置比例为"100"，插入到卫生间处，并对属性值进行调整如图 4-40 所示。

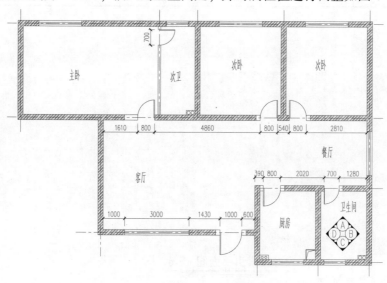

图 4-40　插入四向内视符号

5）通过复制、分解、删除等命令，将四向内视符号复制出一份，然后将其中左和右方向的符号分别复制到相应的房间内，并修改相应的属性，如图 4-41 所示。

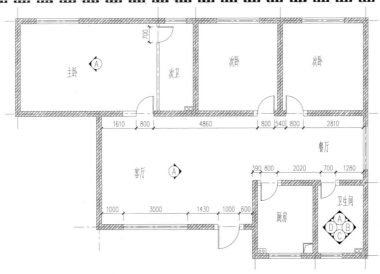

图 4-41　插入四向内视符号

6）至此，该室内建筑尺寸及索引平面图绘制完成，按【Ctrl + S】组合键进行保存，然后选择"文件 | 关闭"菜单命令，将该图形文件退出。

4.3　室内平面布置图的绘制

打开前面绘制好的清水平面图文件，并另存为新的文件；再将多余的图层隐藏，并修改图名，再在每个空间位置绘制相应的装修轮廓，并插入事先准备好的图块对象，再对指定的细节位置注释说明，其效果如图 4-42 所示。

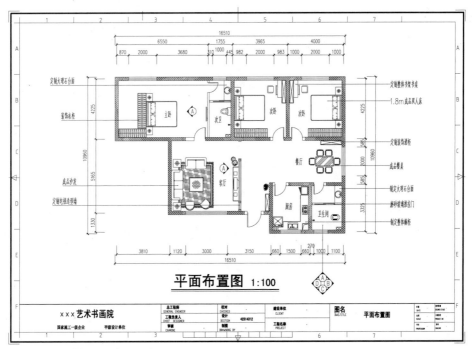

图 4-42　住宅室内平面布置效果

提示：平面布置图的内容

在室内装饰平面布置图中，主要应该清楚地表达以下这些内容：
1）建筑结构与构造的平面形式和基本尺寸。
2）墙体、门窗、隔断、空间布局、室内家具、家电与陈设、室内环境绿化、人流交通路线、地面材料（也可单独绘制地面材料平面图）。
3）标注房间尺寸、家具、地面材料与陈设尺寸。相对复杂的公共建筑，应标注轴线编号。
4）标注房间名称及室内家具名称。
5）标注室内地面标高。
6）标注详图索引符号、图例、立面内视符号。
7）标注图名和比例。
8）标注材料及施工工艺的文字说明，如需要还应提供统计表格。

4.3.1 调用绘图环境

1）启动 AutoCAD 2015 软件，按【Ctrl + O】组合键打开"案例 \ 04 \ 清水平面图 . dwg"文件；再按【Ctrl + Shift + S】组合键，将其另存为"案例 \ 04 \ 平面布置图 . dwg"文件。

2）删除轴号标注、图框对象，再将图形下侧的图名进行修改，调整后的图形效果如图4-43 所示。

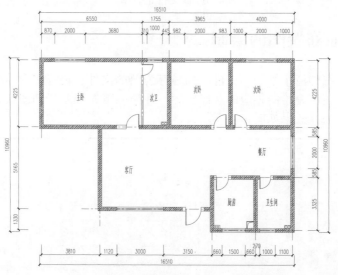

平面布置图 1:100

图 4-43　调整后的图形效果

提示：步骤解析

由于绘制完成平面布置图以后（图4-42），图形的两边有文字注释部分，使得原来的侧边栏图框已经不合适了，那么可将原图框删除，在绘制完成图形后插入下边栏图框以适合当前的图形。

4.3.2 布置客厅与门厅

1）单击"图层"面板中的"图层控制"下拉框，将"JJ-家具"图层置为当前图层。并隐藏"轴线"图层。

2）执行"矩形"（REC）、"直线"（L）、"偏移"（O）和"修剪"（TR）等命令，在客厅绘制电视造型墙和电视柜，如图4-44所示。

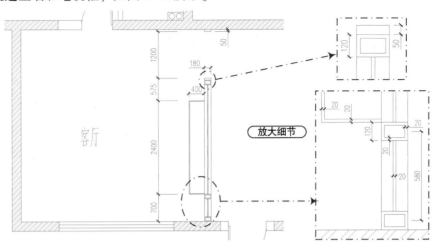

图4-44　绘制电视造型墙和电视柜

3）执行"矩形"命令（REC），在门厅绘制一个300mm×1200mm的矩形对象；然后执行"偏移"命令（O），将矩形向内偏移20；最后执行"直线"命令（L），连接矩形的对角点，作为门厅鞋柜图形，如图4-45所示。

技巧：柜子的表示区别

采用一条斜线段连接柜对角点的，表示高柜，采用两条斜线段连接柜对角点的，表示矮柜。

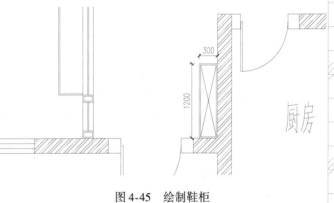

图4-45　绘制鞋柜

4）执行"插入"命令（I），打开"插入"对话框，选择"沙发""盆栽""电视机"等相应内部图块，插入到客厅内，并通过移动、旋转等命令摆放相应的位置，效果如图4-46所示。

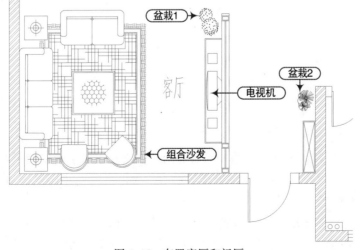

图4-46　布置客厅和门厅

4.3.3 布置次卧和餐厅

1）执行"矩形"命令（REC），在餐厅右上角绘制一个 1500mm×300mm 的矩形对象，然后执行"偏移"命令（O），将矩形向内偏移20，最后执行"直线"命令（L），连接矩形的对角点，作为餐厅酒柜图形，如图 4-47 所示。

2）执行"插入"命令（I），打开"插入"对话框，然后单击"名称（N）"选项右侧的倒三角按钮▼，选择"餐桌"内部图块，将其插入到餐厅相应位置，如图 4-48 所示。

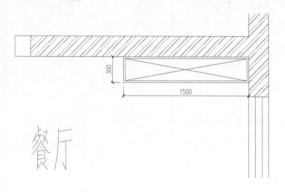

图 4-47　绘制酒柜

图 4-48　插入餐桌

3）执行"矩形"命令（REC），在两次卧中间墙体处分别绘制 300mm×1600mm 的矩形对象，然后执行"偏移"命令（O），将矩形向内偏移20，最后执行"直线"命令（L），连接矩形的对角点，作为卧室书柜对象，如图 4-49 所示。

4）执行"直线"（L）、"矩形"（REC）、"移动"（M）和"镜像"（MI）等命令，在书柜处绘制电脑桌，如图 4-50 所示。

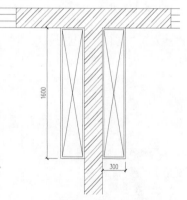

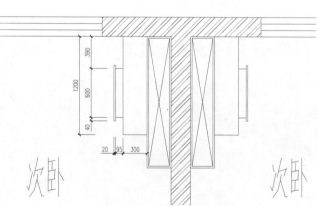

图 4-49　绘制书柜

图 4-50　绘制电脑桌

5）通过矩形、分解、偏移、圆角和修剪等命令，绘制出椅子效果如图 4-51 所示。

6）执行"移动"命令（M）和"镜像"命令（MI），将椅子图形分别布置到两次卧相应位置处，如图 4-52 所示。

7）执行"矩形"（REC）、"直线"（L）和"偏移"（O）等命令，绘制 2400mm×580mm 的衣柜外轮廓，并向内偏移20，再绘制一条水平中线，如图 4-53 所示。

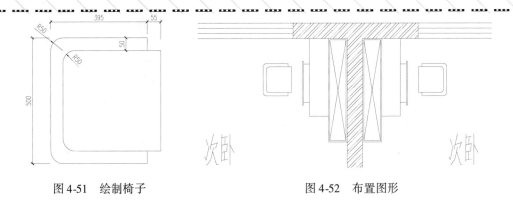

图 4-51　绘制椅子　　　　　　　　　　图 4-52　布置图形

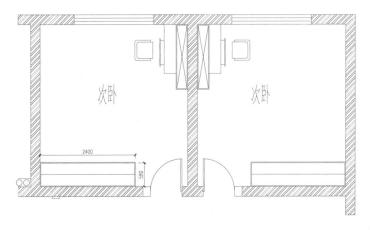

图 4-53　绘制衣柜轮廓

8）执行"椭圆"（EL）和"复制"（CO）等命令，绘制衣柜平面衣架效果，如图 4-54 所示。

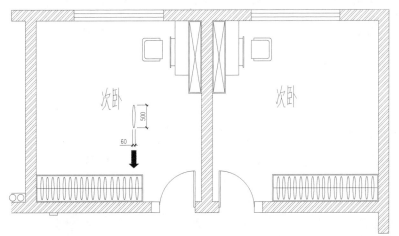

图 4-54　绘制衣柜效果

9）执行"插入"命令（I），打开"插入"对话框，然后单击"名称（N）"选项右侧的倒三角按钮，选择"双人床"内部图块，将其插入到次卧相应位置，如图 4-55 所示。

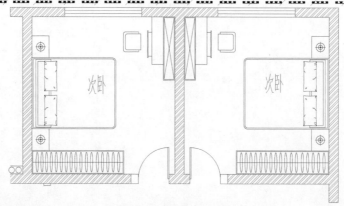

图 4-55   插入双人床

提示：圆角的讲解

在 AutoCAD 中，执行"圆角"命令可以按指定半径的圆弧并与对象相切来连接两个对象，这两个对象可以是圆弧、圆、椭圆、直线、多段线等。

例如，利用"圆角"命令完成如图 4-56 所示图形的绘制，其操作步骤如下：

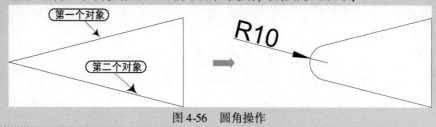

图 4-56   圆角操作

4.3.4　布置主卧和次卫

1）根据前面衣柜的绘制方法，执行"矩形"（REC）、"偏移"（O）、"直线"（L）、"椭圆"（EL）和"复制"（CO）等命令，在主卧绘制衣柜对象，如图 4-57 所示。

2）将"0"图层置为当前图层，执行"直线"命令（L），在次卫右上侧墙体位置绘制洗手台对象，如图 4-58 所示。

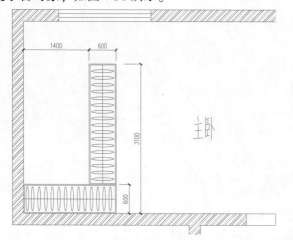

图 4-57   绘制衣柜   图 4-58   绘制洗手台

3）将"M-门"图层置为当前图层，执行"直线"（L）、"偏移"（O）、"矩形"（REC）

和"复制"（CO）等命令，在次卫位置绘制 800mm×40mm 的推拉门和 120mm 隔墙对象，如图 4-59 所示。

4）将"DQ-电气"图层置为当前图层，执行"矩形"（REC）和"直线"（L）等命令，在次卫左侧的房间墙上绘制液晶电视，如图 4-60 所示。

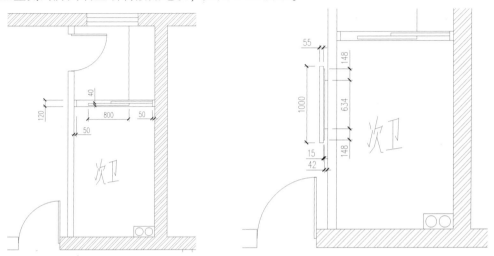

图 4-59　绘制推拉门　　　　　　　　　　图 4-60　绘制液晶电视

5）将"JJ-家具"图层置为当前图层，执行"插入"命令（I），打开"插入"对话框，然后单击"名称（N）"选项右侧的倒三角按钮▼，选择"双人床""坐便器""洗手盆"和"花洒"等内部图块，将其插入到主卧和次卫相应位置，如图 4-61 所示。

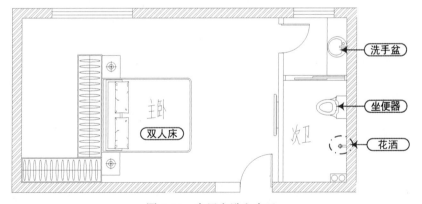

图 4-61　布置主卧和次卫

提示：矩形的讲解

在 AutoCAD 中，绘制矩形最简单的方法就是使用系统自身提供的"矩形"（REC）命令来进行绘制，矩形的各边不可单独进行编辑，它们是一个整体的闭合多段线。

执行"矩形"命令时，可以指定矩形的基本参数，如长度、宽度、旋转角度，并可控制角的类型，如圆角、倒角或直角等。通过选择不同的选项可以绘制不同类型的矩形，如图 4-62 所示。

图 4-62　绘制矩形的类型

4.3.5 布置厨房和卫生间

1）单击"图层"面板中的"图层控制"下拉框，将"0"图层置为当前图层。

2）执行"直线"（L）、"偏移"（O）和"修剪"（TR）等命令，在厨房和卫生间绘制灶台和大理石台面，如图 4-63 所示。

3）将"M-门"图层置为当前图层，执行"直线"（L）和"矩形"（REC）等命令，在卫生间绘制 800mm×40mm 的推拉门和 120mm 隔墙，如图 4-64 所示。

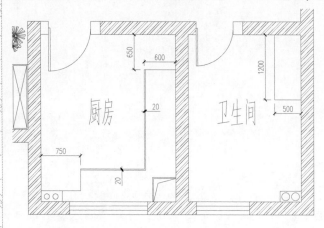

图 4-63 绘制灶台和洗手台

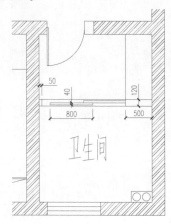

图 4-64 绘制推拉门

4）将"DQ-电气"图层置为当前图层，执行"插入"命令（I），选择"冰箱""洗衣机""天然气灶"和"洗菜盆""洗脸盆""蹲便器"和"花洒"等内部图块，将其插入到厨房和卫生间相应位置，如图 4-65 所示。

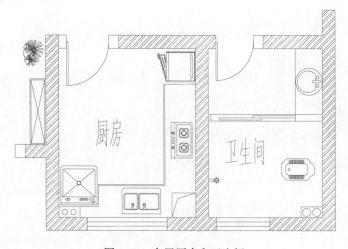

图 4-65 布置厨房和卫生间

4.3.6 平面布置图的标注

1）单击"图层"面板中的"图层控制"下拉框，将"ZS-注释"图层置为当前图层。

2）执行"多重引线管理器"命令（MLS），打开"多重引线样式管理器"对话框，单击"新建"按钮，新建名为"圆点"的多重引线样式，然后单击"继续"按钮，如图4-66所示。

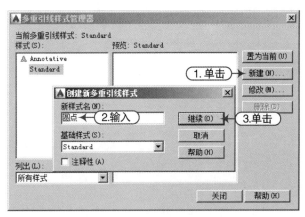

图4-66　新建多重引线样式

3）单击"继续"按钮后，将弹出"修改多重引线样式：圆点"对话框，对多重引线样式进行设置，如图4-67所示的虚线框内容为设置的参数。

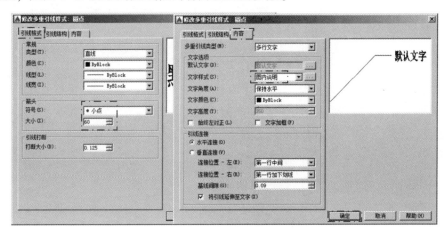

图4-67　设置多重引线样式

4）单击"确定"按钮后，将返回"多重引线样式管理器"对话框，将"圆点"多重引线样式置为当前。

5）执行"多重引线"命令（MLD），指定水平两点后，弹出文字格式对话框，设置字高为500，根据要求对室内平面布置图进行文字注释，如图4-68所示。

6）将"FH-符号"图层置为当前图层，执行"插入"命令（I），打开"插入"对话框，选择"四向内视符号"内部图块，设置比例为"100"，插入到卫生间的下方，然后使用"多重引线"命令（MLD），绘制指引线。

7）再使用复制、移动、分解、删除等命令，将"四向内视符号"复制到相应位置，并删除掉多余的部分，在主卧和客厅处进行符号标注，效果如图4-69所示。

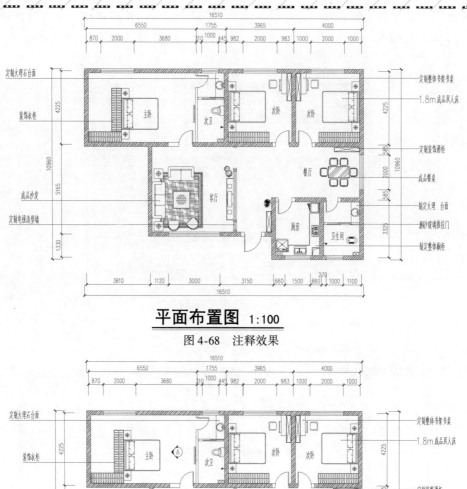

平面布置图 1:100

图4-68 注释效果

平面布置图 1:100

图4-69 插入内视符号

8）将"TQ-签"图层置为当前图层，执行"插入"命令（I），选择"A4图框"内部图块，设置插入比例为"100"，插入到图中以框住平面图，然后双击图框，填写图名内容，效果如图4-70所示。

9）至此，该室内平面布置图绘制完成，按【Ctrl＋S】组合键进行保存，然后选择"文件｜关闭"菜单命令，将该图形文件退出。

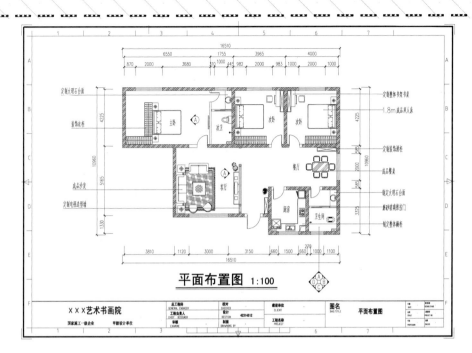

图 4-70　插入图框

4.4　室内地面布置图的绘制

本实例调用"平面布置图"文件，将多余的图形对象进行删除，并另存为地面布置图文件，根据绘制地面布置图要求来绘制地面轮廓，再进行图案填充和文字注释，其效果如图 4-71 所示。

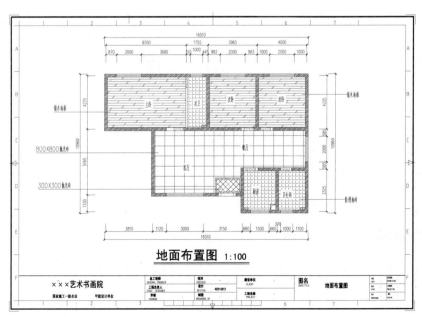

图 4-71　地面布置图效果

4.4.1 调用绘图环境

1）启动 AutoCAD 2015 软件，按【Ctrl + O】组合键打开"案例 \ 04 \ 平面布置图 . dwg"文件，再按【Ctrl + Shift + S】组合键，将其另存为"案例 \ 04 \ 地面布置图 . dwg"文件。

2）根据作图需要，执行"删除"命令（E），将图形中的文字注释、门、家具对象和内视符号进行删除，并修改图名为"地面布置图"，调整后的图形效果如图 4-72 所示。

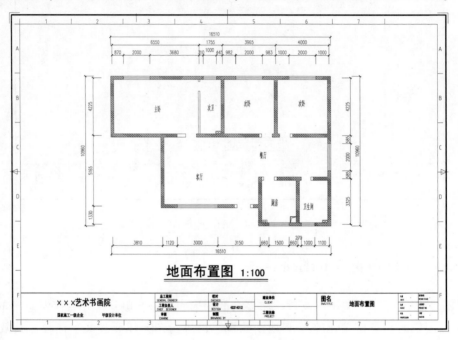

图 4-72　整理图形效果

提示：室内铺设木板的分类

室内铺设的木板按照不同的类型可分为实木地板、实木复合地板、复合地板、竹地板和软木地板等。

1）实木地板：用天然木材直接切割后加工而成，完全保留了天然实木漂亮的花纹和肌理，有木材的天然性质、无污染性。

2）实木复合地板：不仅具有实木地板的优点且还有良好的弹性、不易翘曲和开裂。

3）复合地板（也称强化木地板）：自然本色、美观环保、安装快捷方便、价格便宜、耐冲击性、酸碱性好。

4）竹地板：色泽淡雅统一、不变形、保留了竹的天然性质。

5）软木地板：良好的保温性、柔软性、吸振性、耐磨/压等，是高档装饰工程中理想的高级装饰材料。

4.4.2 填充地面材质

1）单击"图层"面板中的"图层控制"下拉框，将"DM-地面"图层置为当前图层。

2）执行"直线"命令（L），将门洞进行封闭，其效果如图 4-73 所示。

3）执行"直线"（L）和"偏移"（O）等命令，在门厅的鞋柜处绘制如图 4-74 所示轮廓。

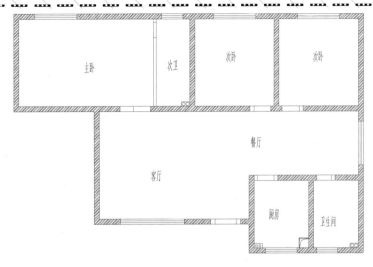

图 4-73　封闭门洞

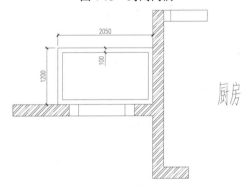

图 4-74　绘制门厅图案

4）将"TC-填充"图层置为当前图层，执行"图案填充"命令（H），选择图案"AR-CONC"，比例为"1"，对波导线进行填充，如图 4-75 所示。

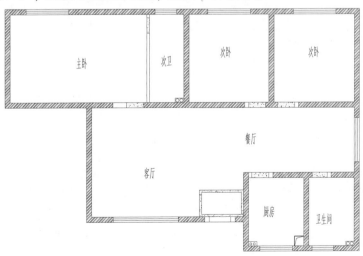

图 4-75　填充门槛石

5）使用相同的方法，执行"图案填充"命令（H），分别按要求设计填充图案和比例，对其他空间进行相应的填充操作，如图4-76所示。

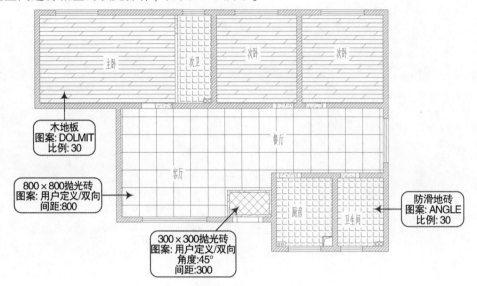

图4-76　填充效果

4.4.3　对室内地面布置图进行标注

根据设计需要，需要借助文字说明，从而能更清楚地表达出设计师的设计意图。

1）单击"图层"面板中的"图层控制"下拉框，将"ZS-注释"图层置为当前图层。

2）执行"多重引线"命令（MLD），设置字高为"500"，根据要求对室内地面布置图进行文字注释，如图4-77所示。

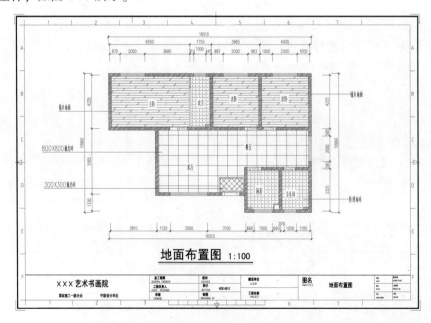

图4-77　注释效果

3）至此，该室内地面布置图绘制完成，按【Ctrl + S】组合键进行保存，然后选择"文件｜关闭"菜单命令，将该图形文件退出。

提示：装修的知识

墙砖、地砖有别，装修不可混用。

选择厨房使用的瓷砖，与客厅或浴室的瓷砖应有所不同。选择厨房砖之前，应先选好橱柜和配套吊顶，再根据其式样与颜色来购买瓷砖，并且应尽量一次买足，以避免因产品批号不同而出现色差。

墙砖属陶制品，而地砖属瓷制品，它们的物理特性不同。陶质砖吸水率在10%左右，比吸水率只有0.5%的瓷质砖要高出许多倍，地砖的吸水率低，适合地面铺设。

墙砖是釉面陶制的，含水率较高，它的背面较粗糙，这样利于黏合剂把它贴上墙。地砖不易在墙上贴牢固，墙砖用在地面会吸水太多不易清洁。厨房和卫生间都属水汽较大的地方，因此在厨卫空间不宜混用墙地砖。

此外还要注意厨卫瓷砖的选择。一般厨卫空间比较小，应当选择规格小的砖，这样在铺贴时可减少浪费。业内人士建议，最好铺贴亚光瓷砖，不但非常容易清洗，而且其细腻、朴实的光泽能使厨房和卫生间的装修效果更加自然。

4.5　室内顶棚布置图的绘制

本实例主要对顶棚布置图进行绘制，首先将平面布置图打开，通过整理，保留需要的轮廓，再来绘制顶棚造型，并插入灯具，最后进行文字注释和标注，布置效果图如图4-78所示。

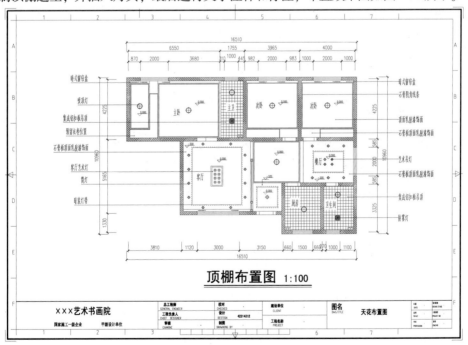

图 4-78　顶棚布置效果

4.5.1　调用绘图环境

1）启动 AutoCAD 2015 软件，按【Ctrl + O】组合键打开"案例 \ 04 \ 平面布置图 . dwg"

文件；再按【Ctrl + Shift + S】组合键，将其另存为"案例 \ 04 \ 顶棚布置图 . dwg"文件。

2）根据作图需要，执行"删除"命令（E），将图形中的文字注释、门、家具对象和内视符号进行删除，并修改图名为"顶棚布置图"，调整后的图形效果如图 4-79 所示。

图 4-79　整理图形效果

提示：步骤讲解

　　在绘制顶棚造型图时，需要整理、删除图形里面多余的家具，此时需要考虑到隔墙家具部分。由于他们是以划分空间来形成功能房间的区分，在绘制吊顶的时候，则将以它们形成固定参照，在其外部进行吊顶。因此，此步骤的电视造型墙轮廓被保留。

4.5.2　绘制吊顶对象

整理好图形以后，根据绘制顶棚要求，执行相应的命令来绘制出顶棚造型轮廓。

1）单击"图层"面板中的"图层控制"下拉框，将 0 图层置为当前图层。

2）执行"直线"命令（L），将门洞进行封闭，其效果如图 4-80 所示。

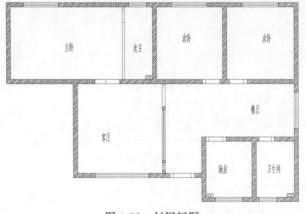

图 4-80　封闭门洞

3）执行"图层"命令（LA），新建一个"LZ-梁柱"图层，设置线型为"ACAD-ISO03W100"，并将图层设置为当前图层，如图4-81所示。

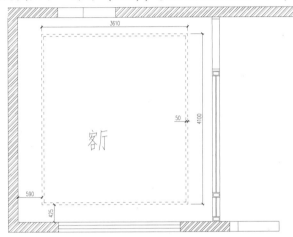

图4-81　新建的图层

4）执行"矩形"命令（REC），在客厅相应位置绘制3610mm×4100mm的矩形，再执行"偏移"命令（O），将矩形向内偏移50，且将偏移后的矩形转换为"DD-灯带"图层。

5）执行"线型比例因子"命令（LTS），修改线型比例为"5"，效果如图4-82所示。

图4-82　绘制客厅吊顶

6）使用相同的方法，在门厅位置处绘制宽50mm的灯带轮廓，如图4-83所示。

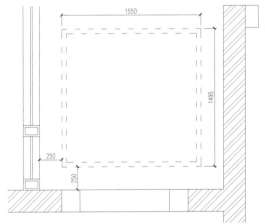

图4-83　绘制门厅吊顶

7）继续使用相同的方法，在餐厅位置处绘制宽50mm的灯带轮廓，如图4-84所示。

8）将"DD-吊顶"图层置为当前图层，执行"直线"命令（L），在客厅与餐厅之间的过道绘制吊顶轮廓，如图4-85所示。

9）使用相同的方法，在两间次卧位置处绘制吊顶轮廓，如图4-86所示。

提示：步骤讲解

在进行卧室吊顶设计时，应将放置衣柜的空间留出来。这里先以平面布置图中衣柜的尺寸，绘制出衣柜的边的轮廓，然后排除衣柜轮廓来绘制吊顶轮廓。

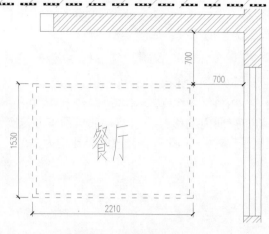

图 4-84　绘制餐厅吊顶

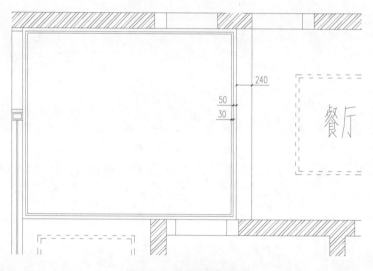

图 4-85　绘制过道吊顶

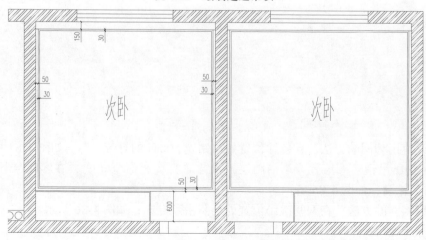

图 4-86　绘制次卧吊顶

10）继续使用相同的方法，在主卧位置处绘制吊顶轮廓，如图4-87所示。

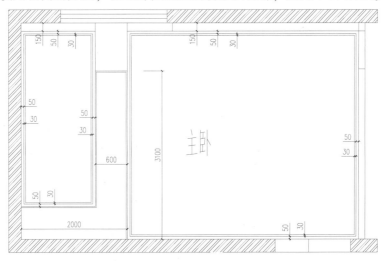

图4-87 绘制主卧吊顶

11）将"TC-填充"图层置为当前图层。执行"图案填充"命令（H），选择"自定义"，勾选"双向"，设置间距为200mm，对厨房和两个卫生间进行填充，形成铝扣板吊顶图如图4-88所示。

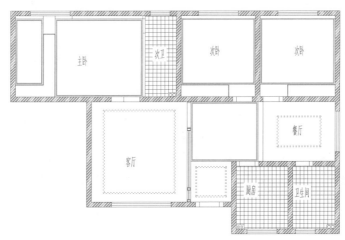

图4-88 填充厨房卫生间吊顶

提示：厨房吊顶材料

厨卫吊顶材料主要有PVC塑料扣板、铝扣板和铝塑板三种，其中铝扣板最为昂贵。

PVC塑料扣板：其耐水、耐擦洗性能很强，相对成本较低，重量轻、安装简便、防水、防蛀虫、表面的花色图案变化也非常多，并且耐污染、易清洗，有隔声、隔热的良好性能，特别是其中加入阻燃材料，使其能够遇火即灭，不足之处是与金属材质的吊顶材料相比使用寿命相对较短。

铝扣板：铝合金扣板和传统的吊顶材料相比，质感和装饰感方面更优，铝合金扣板分为吸声板和装饰板两种。吸声板孔型有圆孔、方孔、长圆孔、长方孔、三角孔、大小组合孔等，其特点是具有良好的防腐、防振、防水、防火、吸声性能，表面光滑，地板大都是白色或铝灰色。按形状分有条形、方形、格栅形等，但格栅形是不能用于厨房、卫生间吊顶的，长方形板的最大规格有600mm×300mm，大居室选用长条形整体感更强，对小房间的装饰一般选用300mm×300mm的，由于金属板的绝热性能较差，为了获得一定的吸声、绝热功能，在选择金属板进行吊顶时，可以利用内加玻璃棉、岩棉等保温吸声材质的办法达到绝热、吸声的效果。

铝塑板：由铝材与塑料合制而成，具有防水、防火、防腐蚀等特点，长2.44m、宽1.22m的整块板材，可以整块吊顶，也可以根据自己的需要随意裁切它的大小，在吊一些异形顶时比较灵活。

4.5.3 布置顶棚灯饰对象

在顶棚造型轮廓布置好以后，接着进行灯具的插入与布置。

1）单击"图层"面板中的"图层控制"下拉框，将"辅助线"图层置为当前图层。

2）执行"直线"命令（L），在需要安装灯具的地方，通过绘制辅助线的方式来确定灯具的中心位置，如图4-89所示。

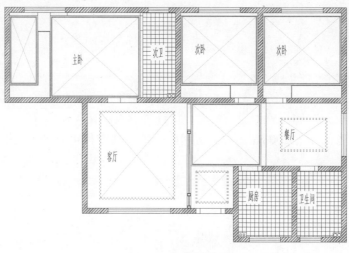

图4-89 绘制辅助线

3）将"DJ-灯具"图层置为当前图层。执行"插入"命令（I），打开"插入"对话框，然后单击"名称（N）"选项右侧的倒三角按钮，选择"客厅艺术灯""艺术吊灯""吸顶灯""筒灯"和"防雾灯"等内部图块，将其插入到图形当中，并结合"移动"（M）、"复制"（CO）和"旋转"（RO）等命令，完成如图4-90所示图形，并将"辅助线"图层关闭。

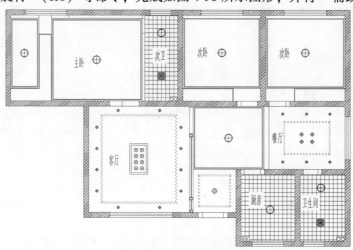

图4-90 插入灯具效果

4.5.4　进行文字标注和标高说明

在灯具布置好以后，用户就可以对顶棚布置图进行文字注释、尺寸和标高说明。

1）单击"图层"面板中的"图层控制"下拉框，将"ZS-注释"图层置为当前图层。

2）执行"多重引线"命令（MLD），在拉出一条直线以后，弹出文字格式对话框，设置字高为"500"，根据要求对室内顶棚布置图进行文字注释，如图4-91所示。

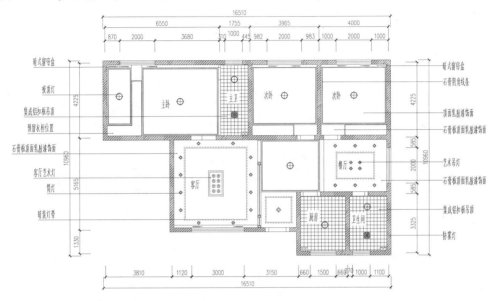

图4-91　注释效果

提示：灯光的选择

不同空间的不同灯光功能需求如下：

1）门厅：往往需要更明亮些的灯光，以便刚走近屋里感受到室内的温暖。

2）客厅：需要更多功能复合照明，既要有能照亮整个房间的灯光，又要有适合阅读的灯，还要有看电视的辅助灯光，或许还要有打亮艺术品的射灯。

3）餐厅：直接照射餐桌的明亮的吊灯或许是最合适的。

4）卧室：不宜选择太亮的灯光，最好是能对亮度进行调节，此外，还应该有台灯、夜灯配合使用。

5）卫生间：既应有顶灯供应一般照明，又应该有镜前灯，方便处理仪容时使用。

6）厨房：需要明亮的便于操作的照明，最好在操作处还有照明以防止背光，如灶具和案板上方。

3）将"FH-符号"图层置为当前图层。执行"插入"命令（I），打开"插入"对话框，然后单击"名称（N）"选项右侧的倒三角按钮▼，选择"标高符号"内部图块，设置比例为"50"，将其插入到图形相应位置，并修改标高值，如图4-92所示。

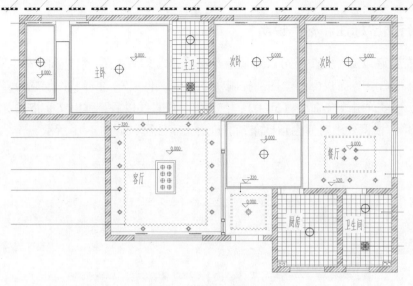

图 4-92　插入标高符号

4）至此，该室内顶棚布置图绘制完成，按【Ctrl + S】组合键进行保存，然后选择"文件 | 关闭"菜单命令，将该图形文件退出。

提示：吊顶的类型

随着人们对房屋设计装修的要求不断个性化、风格化，吊顶也在慢慢地走进我们的视线。吊顶按实用性来说，一般用于厨房、卫生间，吊顶宜采用金属、塑料等材质。

吊顶一般有平板吊顶、异型吊顶、局部吊顶、格栅式吊顶、藻井式吊顶等五大类型。

1）平板吊顶：一般是以 PVC 板、石膏板、矿棉吸声板、玻璃纤维板、玻璃等材料组成。

2）异型吊顶：异型吊顶是局部吊顶的一种，主要适用于卧室、书房等房间，在楼层比较低的房间，客厅也可以采用异型吊带。

3）局部吊顶：局部吊顶是为了避免居室的顶部有水、暖、气管道，而且房间的高度又不允许进行全部吊顶的情况下，采用的一种局部吊顶的方式。

4）格栅式吊顶：先用木材作成框架，镶嵌上透光或磨砂玻璃，光源在玻璃上面，这也属于平板吊顶的一种，但是造型要比平板吊顶生动和活泼，装饰的效果比较好。一般适用于居室的餐厅、门厅，它的优点是光线柔和、轻松和自然。

5）藻井式吊顶：这类吊顶的前提是房间必须有一定的高度（高于 2.85m），且房间较大。

第 5 章 室内装潢立面施工图的绘制

前面第 4 章讲解了室内装潢设计中平面布置图、地面布置图和顶棚布置图的绘制，而一个完整的室内装潢施工图还需要有相应的立面图以及构造详图等。室内立面图是将房屋的室内墙面按内视投影符号的指向，向直立投影面所作的正投影图。它用于反映室内空间垂直方向的装饰设计形式、尺寸与做法、材料与色彩的选用等内容，是装修工程图中的首要详图之一，是确定墙面做法的首要依据。房屋室内立面图的名称应根据平面布置图中内视投影符号的编号或字母确定。

在本章中，首先以住宅卫生间为基础，详细讲解了其 A、B、C 立面图的不同绘制方法和技巧，再将其 D 立面图提取出来，让用户自行去演练。其次，以住宅客厅与主卧的立面图为基础，让用户参照前面卫生间 A、B、C 立面图的方法来演练客厅 A 立面图与主卧 A 立面图。

5.1 卫生间 A 立面图的绘制

打开前面绘制好的平面布置图文件，并另存为新的文件。再将除卫生间轮廓外的对象进行修剪及删除，以及绘制折断线，再捕捉相应的墙角点来绘制投影线，并根据层高来确定该立面图轮廓的高度，其最终绘制效果如图 5-1 所示。

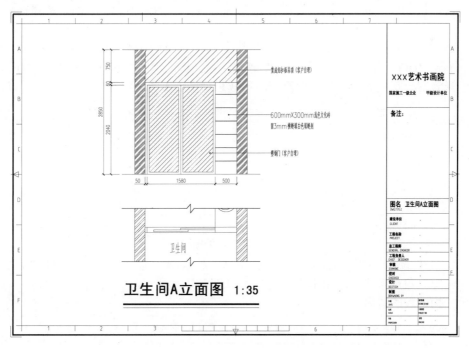

图 5-1 卫生间 A 立面图效果

5.1.1　绘制立面图

1）启动 AutoCAD 2015 软件，按【Ctrl + O】组合键打开"案例 \ 04 \ 平面布置图 . dwg"文件，如图 5-2 所示。

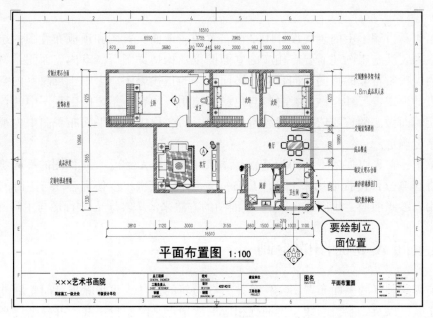

图 5-2　打开的图形

2）再按【Ctrl + Shift + S】组合键，将其另存为"案例 \ 05 \ 卫生间 A 立面图 . dwg"文件。

3）执行"复制"命令（CO），将平面布置图右下角的卫生间单独提取出来，再使用"修剪"命令（TR），将多余的对象进行修剪并删除，再使用"多段线"命令（PL），在图形的上、下侧分别绘制一折断符号，保留的图形效果如图 5-3 所示。

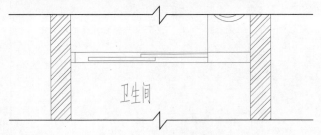

图 5-3　处理后的图形

4）将"QT-墙体"图层置为当前图层，执行"构造线"命令（XL），分别捕捉卫生间上侧的相应轮廓线角点来绘制多条垂直构造线，如图 5-4 所示。

提示：构造线的讲解

> 构造线是两端无限延伸的直线。在建筑绘图中，主要用于绘制轴线、定位线和引申线等。

5）同样，使用"构造线"命令（XL），在图形的上侧绘制一条水平构造线，再使用"偏移"命令（O），按照整个卫生间的高度来偏移 2850，如图 5-5 所示。

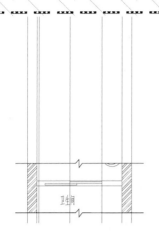

图 5-4　绘制垂直构造线

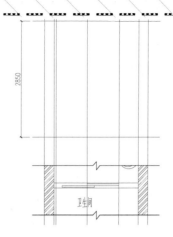

图 5-5　绘制水平构造线

6）执行"修剪"命令（TR），将多余的构造线进行修剪，再使用"图案填充"命令（H），分别将图形左、右两侧的位置填充"ANSI34"图案，填充比例为"5"，使之成为墙体对象，如图 5-6 所示。

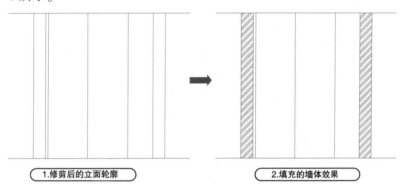

图 5-6　修剪并填充后的墙体

7）执行"偏移"命令（O），将上侧水平线段向下分别偏移 750 和 60，然后执行"修剪"命令（TR），修剪掉多余的线段，如图 5-7 所示。

8）将"TC-填充"图层置为当前图层，执行"图案填充"命令（H），对图形上侧相应位置填充"ANSI31"图案，填充比例为"30"，作为铝扣板吊顶，如图 5-8 所示。

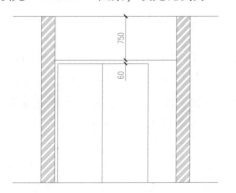

图 5-7　偏移和修剪操作

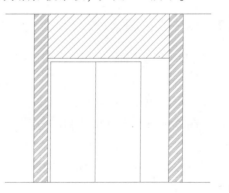

图 5-8　图案填充操作

9）将"M-门"图层置为当前图层，执行"偏移"（O）和"修剪"（TR）等命令，绘制门框宽 50mm 的推拉门轮廓，并将前面绘制的门框也转换为"M-门"图层，如图 5-9 所示。

10）执行"图案填充"命令（H），对上步绘制的推拉门填充"SACNCR"图案，填充比例为"30"，如图 5-10 所示。

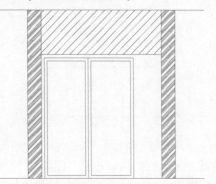
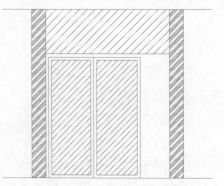

图 5-9　绘制推拉门轮廓　　　　　　　　　　　　图 5-10　填充门对象

11）执行"偏移"命令（O），将最下侧水平线段向上分别偏移 300、5、300、5、300、5、300、5、300、5、300 和 5，然后将偏移后的线段转换为 0 图层，如图 5-11 所示。

12）执行"修剪"命令（TR），修剪掉多余的线段，如图 5-12 所示。

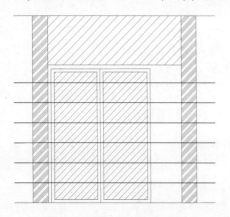
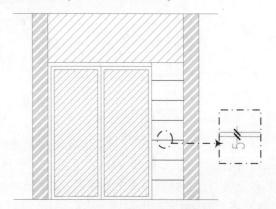

图 5-11　偏移操作效果　　　　　　　　　　　　图 5-12　修剪多余线段

5.1.2　标注立面图

1）单击"图层"面板中的"图层控制"下拉框，将"BZ-标注"图层置为当前图层。

2）在"注释"选项板的"标注"面板中单击 按钮，将弹出"标注样式管理器"对话框，选择"室内-100"标注样式，并单击"修改"按钮，弹出"修改标注样式：室内-100"对话框，在"调整"选项卡中修改全局比例为"35"，然后单击"确定"按钮返回，如图 5-13所示。

3）执行"线性标注"（DLI）和"连续标注"（DCO）等命令，对立面图进行尺寸标注，如图 5-14 所示。

4）将"ZS-注释"图层置为当前图层，执行"多重引线"命令（MLD），在拉出一条直

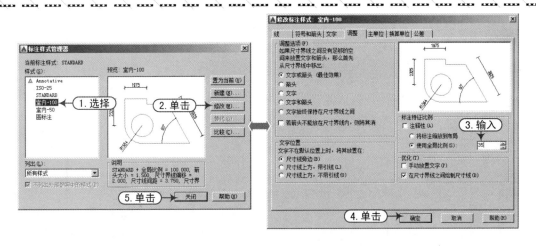

图 5-13　修改标注的比例因子

线以后，弹出文字格式对话框，设置字高为"150"，根据要求对卫生间 A 立面图进行文字注释，如图 5-15 所示。

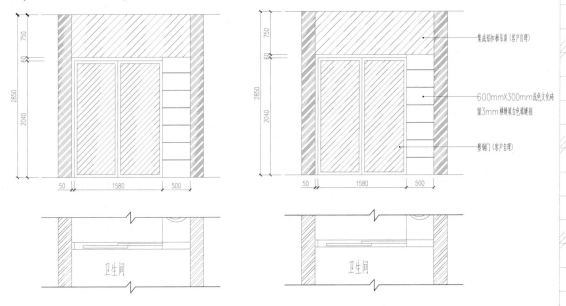

图 5-14　尺寸标注效果　　　　　　　图 5-15　文字注释

5）执行"插入"命令（I），选择"A4 图框-2"内部图块，设置插入比例为"35"，插入以框住立面图，且将插入的图框转换为"TQ-签"图层。

6）再执行"多行文字"命令（MT），在图形下方拖出文本框，在"文字编辑器"选项卡中，设置"图名"样式，设置字高分别为"250"和"200"，进行图名和比例的标注，然后执行"多段线"命令（PL），图名下方绘制两条宽度分别为 30mm 和 0 的等长水平多段线，如图 5-16 所示。

7）至此，该室内卫生间 A 立面图绘制完毕，按【Ctrl＋S】组合键进行保存，然后选择"文件｜关闭"菜单命令，将该图形文件退出。

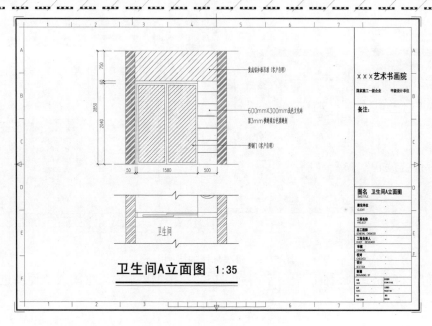

图 5-16　插入图框并注写图名

5.2　卫生间 B 立面图的绘制

打开前面绘制好的平面布置图文件，并另存为新的文件，再将除卫生间轮廓外的其他对象进行修剪及删除，以及绘制折断线，再捕捉相应的墙角点来绘制投影线，并根据层高来确定该立面图轮廓的高度，其最终绘制效果如图 5-17 所示。

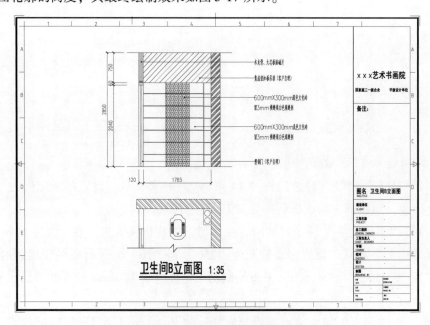

图 5-17　卫生间 B 立面图效果

5.2.1　绘制立面图

1）启动 AutoCAD 2015 软件，按【Ctrl + O】组合键打开"案例 \ 04 \ 平面布置图 . dwg"文件，再按【Ctrl + Shift + S】组合键，将其另存为"案例 \ 05 \ 卫生间 B 立面图 . dwg"文件。

2）执行"复制"命令（CO），将平面布置图右下角的卫生间单独提取出来，再使用"修剪"命令（TR），将多余的对象进行修剪并删除，接着使用"多段线"命令（PL），在图形的左侧绘制一折断符号，如图 5-18 所示。

3）执行"旋转"命令（RO），将保留的图形旋转 90°，效果如图 5-19 所示。

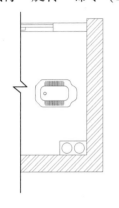
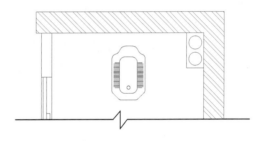

图 5-18　处理后的图形　　　　　　　　　　图 5-19　旋转图形效果

4）将"QT-墙体"图层置为当前图层，执行"构造线"命令（XL），分别捕捉卫生间上侧的相应轮廓线角点来绘制多条垂直构造线，如图 5-20 所示。

5）同样，再使用"构造线"命令（XL），在图形的上侧绘制一条水平构造线，再使用"偏移"命令（O），按照整个卫生间的高度来偏移 2850，如图 5-21 所示。

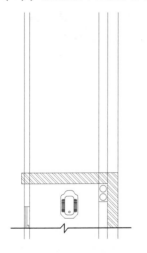

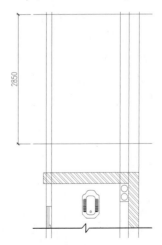

图 5-20　绘制垂直构造线　　　　　　　　图 5-21　绘制水平构造线

6）执行"修剪"命令（TR），将多余的构造线进行修剪，再使用"图案填充"命令（H），将图形右侧的对象填充"ANSI34"图案，填充比例为"5"，使之成为墙体对象，如图5-22 所示。

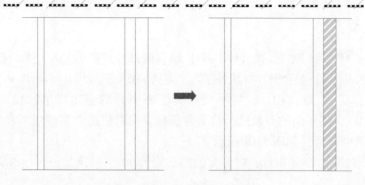

图 5-22　修剪并填充后的墙体

7）执行"偏移"命令（O），将上侧水平线段向下分别偏移 750 和 60，然后执行"修剪"命令（TR），修剪掉多余的线段，如图 5-23 所示。

8）将"TC-填充"图层置为当前图层，执行"图案填充"命令（H），对图形上侧相应位置填充"ANSI31"图案，填充比例为"30"，作为铝扣板吊顶，如图 5-24 所示。

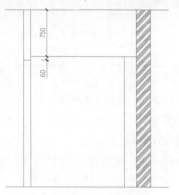

图 5-23　偏移和修剪操作

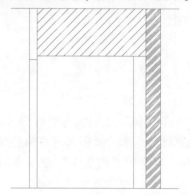

图 5-24　图案填充操作

9）将"M-门"图层置为当前图层，执行"直线"（L）、"偏移"（O）和"修剪"（TR）等命令，绘制左侧的门轮廓，如图 5-25 所示。

10）将 0 图层置为当前图层，绘制墙砖对象，执行"直线"命令（L），在图形中绘制 3 条垂直线，如图 5-26 所示。

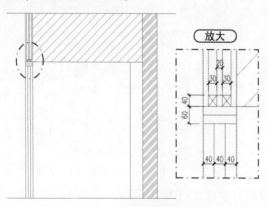

图 5-25　绘制左侧门轮廓

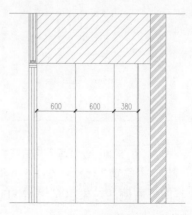

图 5-26　绘制垂直线

11）执行"偏移"命令（O），将最下侧的水平直线段依次向上偏移300、5、300、5、300、5、300、5、300、5、300和5，如图5-27所示。

12）执行"修剪"命令（TR），修剪掉多余的线段，如图5-28所示。

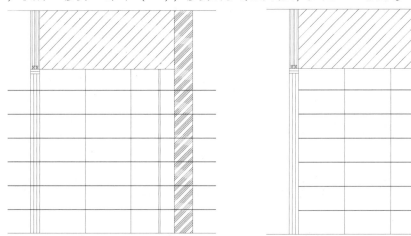

图5-27 偏移操作　　　　　　　　　图5-28 修剪操作

13）执行"移动"命令（M），将卫生间管道井上绘制的墙砖向下移动5mm，形成视觉错位感，如图5-29所示。

14）将"TC-填充"图层置为当前图层，执行"图案填充"命令（H），对图形中相应位置填充"BOX"图案，填充比例为"4"，如图5-30所示。

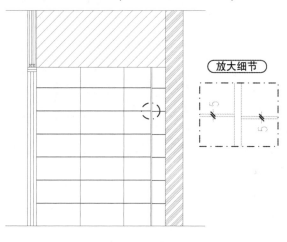

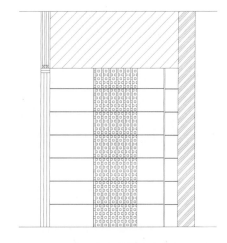

图5-29 移动操作　　　　　　　　　图5-30 图案填充效果

5.2.2 标注立面图

1）单击"图层"面板中的"图层控制"下拉框，将"BZ-标注"图层置为当前图层。

2）在"注释"选项板的"标注"面板中单击 按钮，在弹出的"标注样式管理器"对话框中，选择"室内-100"标注样式，并单击"修改"按钮，弹出"修改标注样式：室内-100"对话框，在"调整"选项卡中修改全局比例为"35"，然后单击"确定"按钮返回，如图5-31所示。

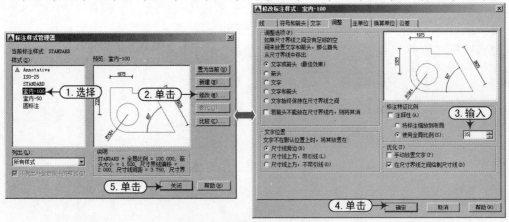

图 5-31　修改标注的比例因子

3）执行"线性标注"（DLI）和"连续标注"（DCO）等命令，对立面图进行尺寸标注，如图 5-32 所示。

4）将"ZS-注释"图层置为当前图层，执行"多重引线"命令（MLD），在拉出一条直线以后，弹出文字格式对话框，设置字高为"150"，根据要求对卫生间 B 立面图进行文字注释，如图 5-33 所示。

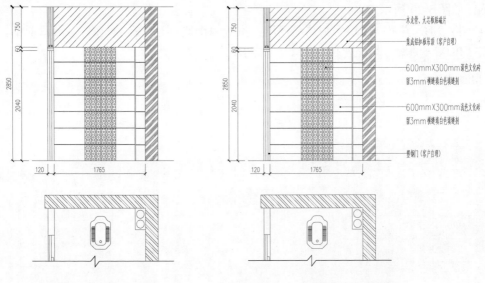

图 5-32　尺寸标注效果　　　　　　　　　图 5-33　文字注释

5）执行"插入"命令（I），选择"A4 图框-2"内部图块，设置插入比例为"35"，插入以框住立面图，且将插入的图框转换为"TQ-签"图层。

6）再执行"多行文字"命令（MT），在图形下方拖出文本框，在"文字编辑器"选项卡中，设置"图名"样式，设置字高分别为"250"和"200"，进行图名和比例的标注，然后执行"多段线"命令（PL），图名下方绘制两条宽度分别为 30mm 和 0 的等长水平多段线，如图 5-34 所示。

7）至此，该室内卫生间 B 立面图绘制完毕，按【Ctrl＋S】组合键进行保存，然后选择"文件｜关闭"菜单命令，将该图形文件退出。

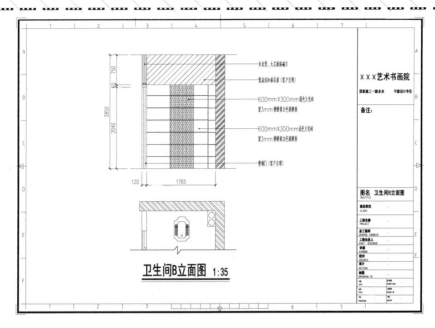

图 5-34　插入图框注写图名

5.3　卫生间 C 立面图的绘制

打开前面绘制好的平面布置图文件,并另存为新的文件,再将除卫生间轮廓外的对象进行修剪及删除,以及绘制折断线,再捕捉相应的墙角点来绘制投影线,并根据层高来确定该立面图轮廓的高度,其最终绘制效果如图 5-35 所示。

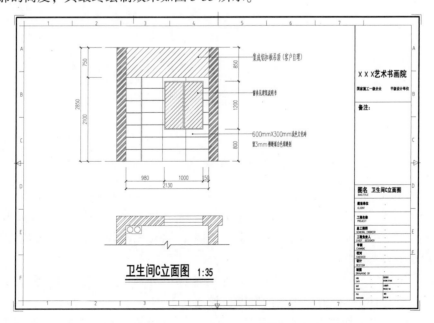

图 5-35　卫生间 C 立面图效果

5.3.1 绘制立面图

1）启动 AutoCAD 2015 软件，按【Ctrl + O】组合键打开"案例 \ 04 \ 平面布置图 . dwg"文件，再按【Ctrl + Shift + S】组合键，将其另存为"案例 \ 05 \ 卫生间 C 立面图 . dwg"文件。

2）执行"复制"命令（CO），将平面布置图右下角的卫生间单独提取出来，再使用"修剪"命令（TR），将多余的对象进行修剪并删除，再使用"多段线"命令（PL），在图形的上侧绘制一折断符号，如图 5-36 所示。

3）执行"旋转"命令（RO），将保留的图形旋转 180°，效果如图 5-37 所示。

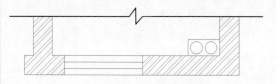
图 5-36 处理后的图形

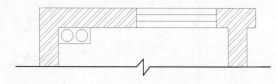
图 5-37 旋转图形

4）将"QT-墙体"图层置为当前图层，执行"构造线"命令（XL），分别捕捉卫生间上侧的相应轮廓线角点来绘制多条垂直构造线，如图 5-38 所示。

5）同样，再使用"构造线"命令（XL），在图形的上侧绘制一条水平构造线，再使用"偏移"命令（O），按照整个卫生间的高度来偏移 2850，如图 5-39 所示。

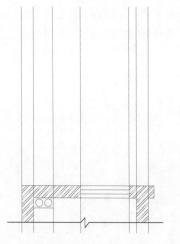

图 5-38 绘制垂直构造线

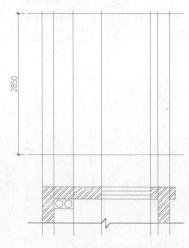
图 5-39 绘制水平构造线

6）执行"修剪"命令（TR），将多余的构造线进行修剪，再使用"图案填充"命令（H），将图形左右两侧的对象填充"ANSI34"图案，填充比例为"5"，使之成为墙体对象，如图 5-40 所示。

7）执行"偏移"命令（O），将上侧水平线段向下分别偏移 750、100 和 1200，然后执行"修剪"命令（TR），修剪掉多余的线段，如图 5-41 所示。

8）将"TC-填充"图层置为当前图层，执行"图案填充"命令（H），对图形上侧相应位置填充"ANSI31"图案，填充比例为"30"，作为铝扣板吊顶，如图 5-42 所示。

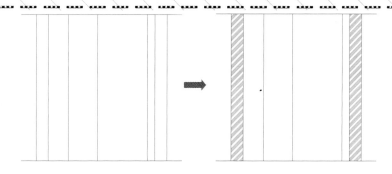

图 5-40　修剪并填充后的墙体

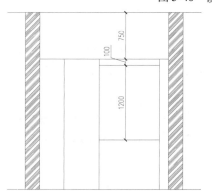

图 5-41　偏移和修剪操作

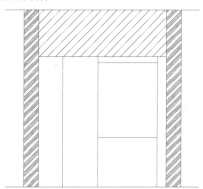

图 5-42　图案填充操作

9）将"C-窗"图层置为当前图层，执行"直线"（L）、"偏移"（O）和"修剪"（TR）等命令，绘制右侧的窗轮廓，如图 5-43 所示。

10）执行"图案填充"命令（H），对上步绘制的窗对象填充"SACNCR"图案，填充比例为"30"，如图 5-44 所示。

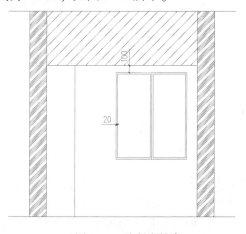

图 5-43　绘制窗轮廓

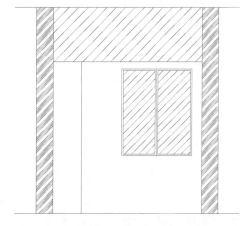

图 5-44　填充窗对象

11）执行"偏移"命令（O），将最下侧的水平直线段依次向上偏移 300、5、300、5、300、5、300、5、300、5、300 和 5，如图 5-45 所示。

12）执行"修剪"命令（TR），修剪掉多余的线段，如图 5-46 所示。

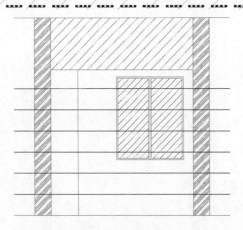

图 5-45 偏移操作

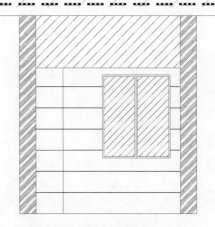

图 5-46 修剪操作

13）执行"直线"（L）和"修剪"（TR）等命令，在图中绘制两条垂直线段，如图5-47所示。

14）执行"偏移"命令（O）和"修剪"命令（TR），将垂直线条向左偏移15，并进行相应的修剪操作，再执行"移动"命令（M），将卫生间管道井上绘制的墙砖向下移动5mm，形成视觉错位感，如图5-48所示。

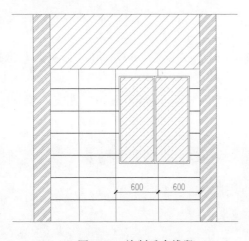

图 5-47 绘制垂直线段

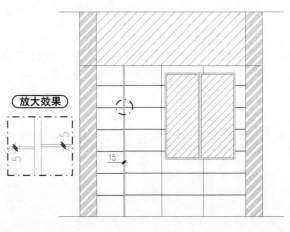

图 5-48 移动操作

5.3.2 标注立面图

1）单击"图层"面板中的"图层控制"下拉框，将"BZ-标注"图层置为当前图层。

2）在"注释"选项板的"标注"面板中单击　按钮，在弹出的"标注样式管理器"对话框中选择"室内-100"标注样式，并单击"修改"按钮，弹出"修改标注样式：室内-100"对话框，在"调整"选项卡中修改全局比例为"35"，然后单击"确定"按钮返回，如图5-49所示。

3）执行"线性标注"（DLI）和"连续标注"（DCO）等命令，对立面图进行尺寸标注，如图 5-50 所示。

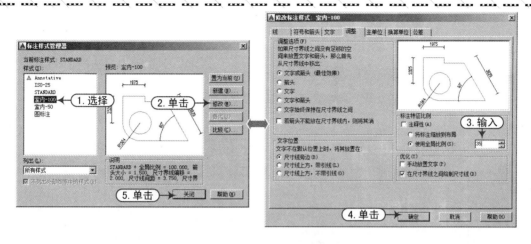

图 5-49　修改标注的比例因子

4）将"ZS-注释"图层置为当前图层，执行"多重引线"命令（MLD），在拉出一条直线以后，弹出文字格式对话框，设置字高为"200"，根据要求对卫生间 C 立面图进行文字注释，如图 5-51 所示。

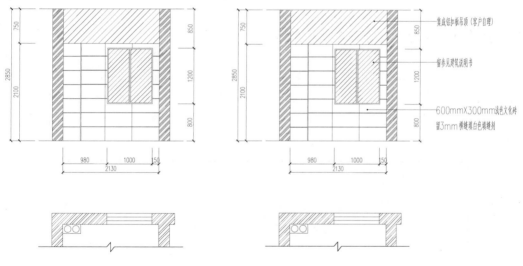

图 5-50　尺寸标注效果　　　　　　　图 5-51　文字注释

5）执行"插入"命令（I），选择"A4 图框-2"内部图块，设置插入比例为"35"，插入以框住立面图，且将插入的图框转换为"TQ-签"图层。

6）再执行"多行文字"命令（MT），在图形下方拖出文本框，在"文字编辑器"选项卡中，设置"图名"样式，设置字高分别为"250"和"200"，进行图名和比例的标注，然后执行"多段线"命令（PL），图名下方绘制两条宽度分别为 30mm 和 0 的等长水平多段线，如图 5-52 所示。

7）至此，该室内卫生间 C 立面图绘制完毕，按【Ctrl + S】组合键进行保存，然后选择"文件 | 关闭"菜单命令，将该图形文件退出。

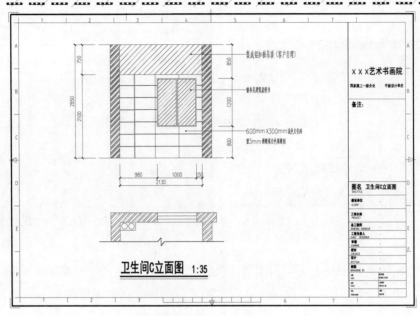

图 5-52   插入图框

5.4   卫生间 D 立面图的绘制效果

根据前面绘制卫生间 A、B、C 立面图的方法，首先打开前面绘制好的平面布置图文件，并另存为新的文件，然后将需要绘制立面的部位进行截取，再通过截取的平面轮廓绘制出立面轮廓，接着进行尺寸、文字的标注，最后插入图框，完成卫生间 D 立面图的绘制。其效果如图 5-53 所示。

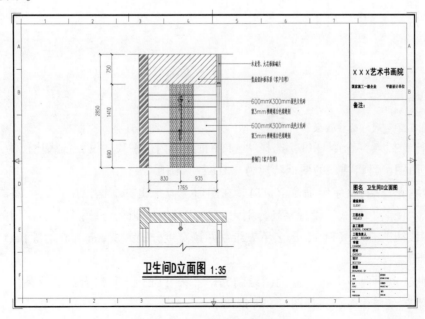

图 5-53   卫生间 D 立面图效果

5.5　客厅 A 立面图的绘制

打开前面绘制好的平面布置图文件，并另存为新的文件，参照卫生间 A、B、C 立面图的绘制方法，完成客厅 A 立面图的绘制，其最终绘制效果如图 5-54 所示。

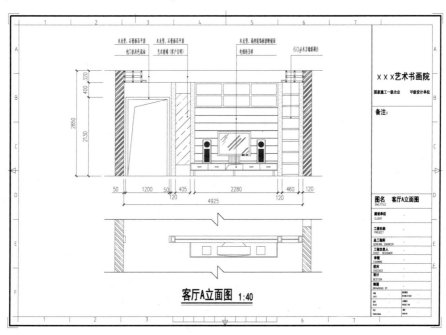

图 5-54　客厅 A 立面图效果

5.5.1　绘制立面图

1）启动 AutoCAD 2015 软件，按【Ctrl + O】组合键打开"案例 \ 04 \ 平面布置图 . dwg"文件，再按【Ctrl + Shift + S】组合键，将其另存为"案例 \ 05 \ 客厅 A 立面图 . dwg"文件。

2）使用"多段线"命令（PL），在平面布置图左下侧的客厅相应位置分别绘制两条折断线，再使用"修剪"命令（TR）和"删除"命令（E），将多余的对象进行修剪并删除，最后将保留的图形旋转 90°，效果如图 5-55 所示。

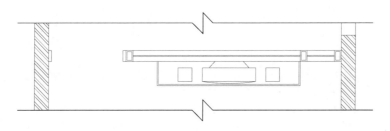

图 5-55　处理后的图形

3）将"QT-墙体"图层置为当前图层，执行"构造线"命令（XL），分别捕捉客厅上侧的相应轮廓线角点来绘制多条垂直构造线，如图 5-56 所示。

4）同样，再使用"构造线"命令（XL），在图形的上侧绘制一条水平构造线，再使用"偏移"命令（O），按照整个客厅的高度来偏移 2850，如图 5-57 所示。

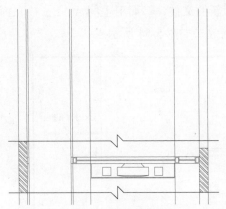

图 5-56　绘制垂直构造线　　　　　　图 5-57　绘制水平构造线

5）执行"修剪"命令（TR），将多余的构造线进行修剪，如图 5-58 所示。

6）执行"图案填充"命令（H），将图形右侧的对象填充为"ANSI34"图案，填充比例为"5"，使之成为墙体对象，如图 5-59 所示。

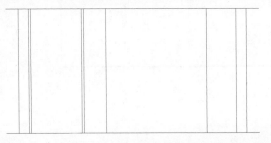

图 5-58　修剪后的立面轮廓　　　　　　图 5-59　填充后的墙体效果

7）执行"偏移"命令（O），将上侧水平线段向下分别偏移 320 和 400，然后执行"修剪"命令（TR），修剪掉多余的线段，如图 5-60 所示。

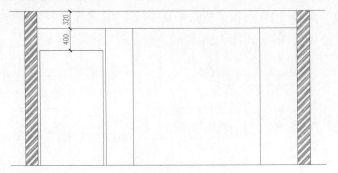

图 5-60　偏移和修剪操作

8）将 0 图层置为当前图层，执行"直线"（L）、"修剪"（TR）和"偏移"（O）等命令，在图形左上侧绘制石膏板吊顶，如图 5-61 所示。

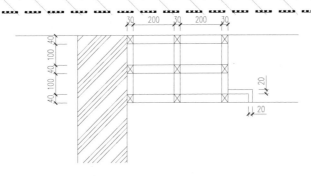

图 5-61　绘制左侧石膏板吊顶

9）使用相同的方法，在图形右上侧绘制同样的石膏板吊顶，如图 5-62 所示。

图 5-62　绘制右侧石膏板吊顶

提示：步骤讲解

这里也可以直接使用镜像命令完成右侧石膏板吊顶的绘制，在进行镜像操作时，记得不要删除源对象，否则左边的图形就没有了。

10）将"M-门"图层置为当前图层，执行"直线"（L）、"偏移"（O）和"修剪"（TR）等命令，在图形适当位置绘制客厅门对象，如图 5-63 所示。

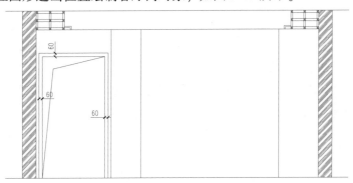

图 5-63　绘制客厅门对象

11）将"JJ-家具"图层置为当前图层，执行"矩形"（REC）、"偏移"（O）、"直线"（L）和"修剪"（TR）等命令，在图形适当位置绘制电视柜对象，如图 5-64 所示。

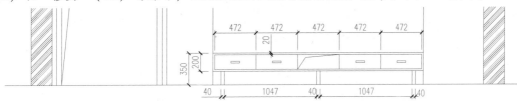

图 5-64　绘制的电视柜对象

12）将 0 图层置为当前图层，执行"直线"（L）、"偏移"（O）和"修剪"（TR）等命令，在图形中绘制 6 条垂直线段，如图 5-65 所示。

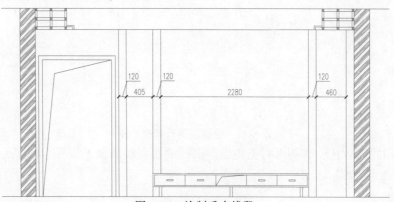

图 5-65　绘制垂直线段

13）执行"直线"（L）和"偏移"（O）等命令，在图形右侧绘制水平线段，如图 5-66 所示。

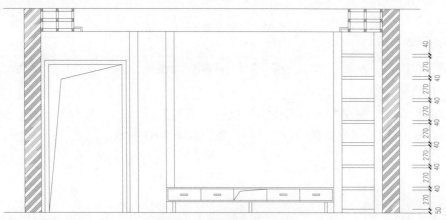

图 5-66　绘制右侧水平线段

14）执行"直线"（L）和"偏移"（O）等命令，在图形中间部分绘制水平线段，如图 5-67 所示。

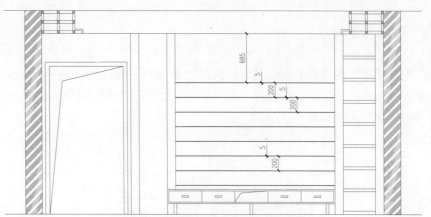

图 5-67　绘制中间部分的水平线段

15）执行"直线"命令（L），在图形左侧绘制水平线段，如图 5-68 所示。

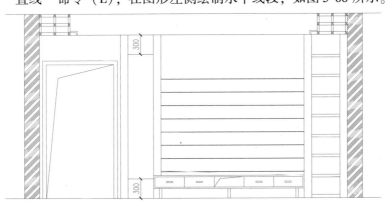

图 5-68 绘制左侧水平线段

16）执行"直线"（L）、"偏移"（O）和"修剪"（TR）等命令，在图形上侧绘制如图 5-69 所示图形。

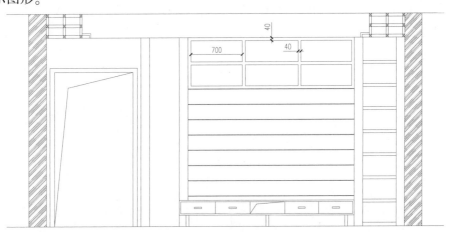

图 5-69 绘制上侧图形

17）将"TC-填充"图层置为当前图层，执行"图案填充"命令（H），选择填充"ANSI33"图案，设置填充比例为"50"，填充图形中指定位置，如图 5-70 所示。

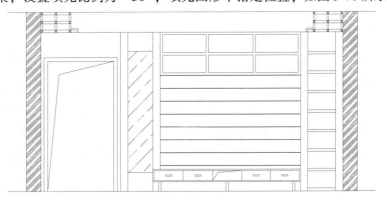

图 5-70 填充后效果 1

18）执行"图案填充"命令（H），选择填充"AR-SAND"图案，设置填充比例为"2"，填充图形中指定位置，如图 5-71 所示。

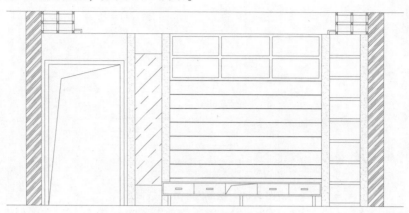

图 5-71　填充后效果 2

19）将"DQ-电气"图层置为当前图层，执行"插入"命令（I），选择"立面液晶电视"内部图块，将其插入到图形相应位置，然后执行"修剪"命令（TR），修剪掉多余的线段如图 5-72 所示。

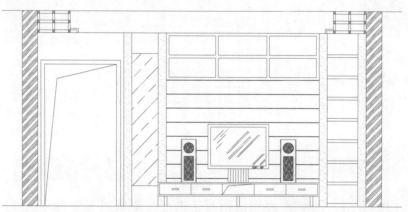

图 5-72　插入立面液晶电视

5.5.2　标注立面图

1）单击"图层"面板中的"图层控制"下拉框，将"BZ-标注"图层置为当前图层。

2）在"注释"选项板的"标注"面板中单击 ⬛ 按钮，在弹出的"标注样式管理器"对话框中，选择"室内-100"标注样式，并单击"修改"按钮，修改全局比例为"40"，然后单击"确定"按钮返回，如图 5-73 所示。

3）执行"线性标注"（DLI）和"连续标注"（DCO）等命令，对立面图进行尺寸标注，如图 5-74 所示。

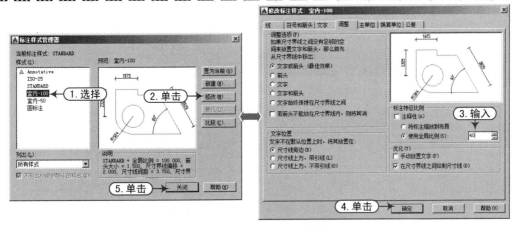

图 5-73　修改标注的比例因子

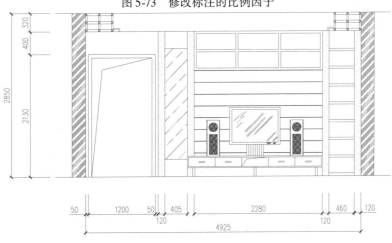

图 5-74　尺寸标注效果

提示：尺寸标注类型

在 AutoCAD 中，系统提供了十余种标注工具以标注图形对象，分别位于"标注"菜单或"标注"工具栏中，使用它们可以进行角度、半径、直径、线性、对齐、连续、圆心及基线等标注，如图 5-75 所示。

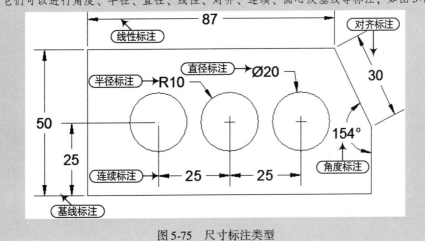

图 5-75　尺寸标注类型

4）将"ZS-注释"图层置为当前图层，执行"多重引线"命令（MLD），在拉出一条直线以后，弹出文字格式对话框，设置字高为"150"，根据要求对客厅 A 立面图进行文字注释，如图 5-76 所示。

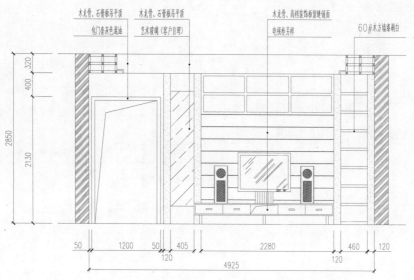

图 5-76 文字注释

5）执行"插入"命令（I），选择"A4 图框-2"内部图块，设置插入比例为"40"，插入到图中以框住立面图，且将插入的图框转换为"TQ-签"图层。

6）再执行"多行文字"命令（MT），在图形下方拖出文本框，在"文字编辑器"选项卡中，设置"图名"样式，设置字高分别为"250"和"200"，进行图名和比例的标注，然后执行"多段线"命令（PL），图名下方绘制两条宽度分别为 30mm 和 0 的等长水平多段线，如图 5-77 所示。

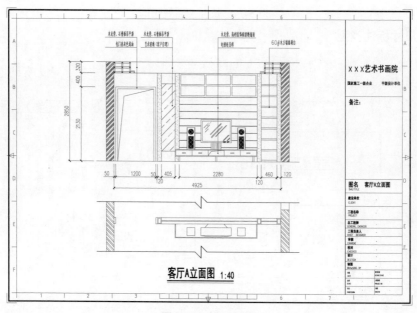

图 5-77 插入图框

7）至此，该室内客厅 A 立面图绘制完毕，按【Ctrl + S】组合键进行保存，然后选择"文件｜关闭"菜单命令，将该图形文件退出。

提示：构造线的讲解

"构造线"命令（XL）主要用于绘制辅助线，在建筑绘图中常用作图形绘制过程中的中轴线，没有起点和终点，两端可以无限延伸。

执行构造线命令后，命令行将提示"指定点或［水平（H）／垂直（V）／角度（A）／二等分（B）／偏移（O）］："，各选项说明如下：

1）"指定点"：用于指定构造线通过的一点，通过两点来确定一条构造线。

2）"水平（H）"：用于创建水平的构造线。

3）"垂直（V）"：用于创建垂直的构造线。

4）"角度（A）"：创建与 x 轴成指定角度的构造线，也可以选择一条参照线，再指定构造线与该线之间的角度。

5）"二等分（B）"：用于创建二等分指定角的构造线，此时必须指定等分角度的定点、起点和端点。

6）"偏移（O）"：可创建平行于指定线的构造线，此时必须指定偏移距离、基线和构造线位于基线的哪一侧。

通过选择不同的选项可以绘制不同类型的构造线，如图 5-78 所示。

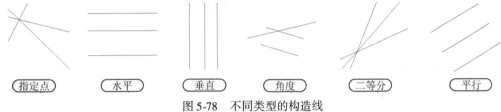

图 5-78　不同类型的构造线

5.6　主卧 A 立面图的绘制

打开前面绘制好的平面布置图文件，并另存为新的文件，参照卫生间 A、B、C 立面图的绘制方法，完成主卧 A 立面图的绘制，其最终绘制效果如图 5-79 所示。

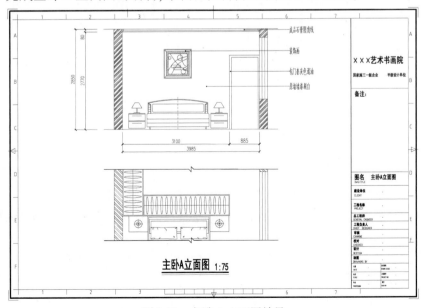

图 5-79　主卧 A 立面图效果

5.6.1　绘制立面图

1）启动 AutoCAD 2015 软件，按【Ctrl + O】组合键打开"案例 \ 04 \ 平面布置图 . dwg"文件，再按【Ctrl + Shift + S】组合键，将其另存为"案例 \ 05 \ 主卧 A 立面图 . dwg"文件。

2）使用"多段线"命令（PL）和"修剪"命令（TR），将平面布置图左上侧的主卧相应位置单独提取出来，再执行"旋转"命令（RO），将保留的图形旋转 –90°，效果如图5-80所示。

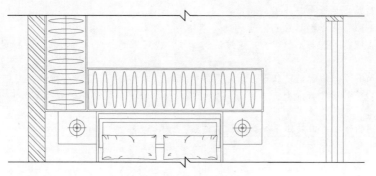

图 5-80　处理后的图形

3）将"QT-墙体"图层置为当前图层，执行"构造线"命令（XL），分别捕捉主卧上侧的相应轮廓线角点来绘制多条垂直构造线，如图5-81 所示。

4）同样，再使用"构造线"命令（XL），在图形的上侧绘制一条水平构造线，再使用"偏移"命令（O），按照整个主卧的高度来偏移2850，如图5-82 所示。

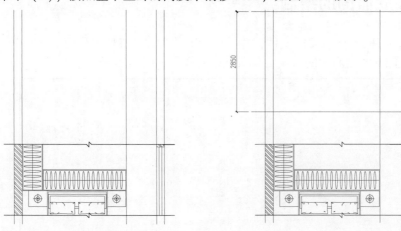

图 5-81　绘制垂直构造线　　　　　　　图 5-82　绘制水平构造线

5）执行"修剪"命令（TR），将多余的构造线进行修剪，如图5-83 所示。

6）执行"偏移"命令（O），将最下侧的水平线段向上依次偏移 850 和 1750，如图5-84 所示。

7）执行"直线"（L）和"修剪"（TR）等命令，在右侧绘制窗线轮廓，并将其所有窗轮廓线转换为"C-窗"图层，如图5-85 所示。

8）执行"图案填充"命令（H），将图形右侧的对象填充"ANSI34"图案，填充比例为

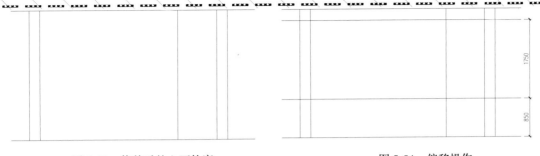

图 5-83　修剪后的立面轮廓　　　　　　　　图 5-84　偏移操作

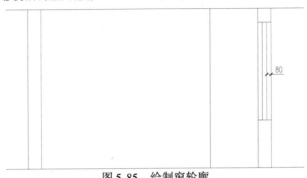

图 5-85　绘制窗轮廓

"5"，使之成为墙体对象，如图 5-86 所示。

图 5-86　填充后的墙体效果

9）执行"偏移"命令（O），将上侧水平线段向下分别偏移 50、30 和 670，然后执行"修剪"命令（TR），修剪掉多余的线段，如图 5-87 所示。

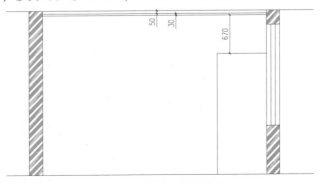

图 5-87　偏移和修剪操作

10) 执行"偏移"命令（O）和"修剪"命令（TR），在图形上侧绘制成品石膏阴角线轮廓，如图 5-88 所示。

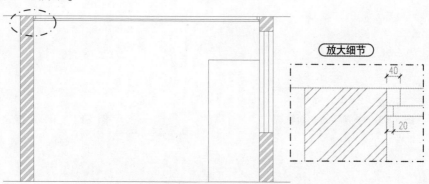

图 5-88　绘制成品石膏阴角线轮廓

11) 将"M-门"图层置为当前图层，执行"直线"（L）、"偏移"（O）和"修剪"（TR）等命令，在图形适当位置绘制门对象，如图 5-89 所示。

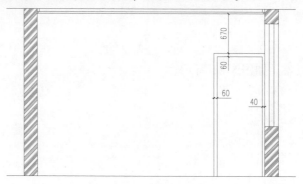

图 5-89　绘制的门对象

12) 将"JJ-家具"图层置为当前图层，执行"插入"命令（I），打开"插入"对话框，选择"立面床"和"立面装饰画"内部图块，将其分别插入且移动到图形相应位置，如图 5-90所示。

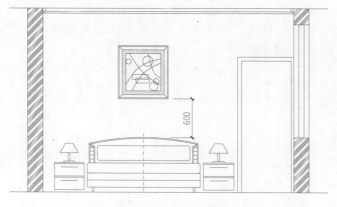

图 5-90　插入装饰画

5.6.2　标注立面图

1）单击"图层"面板中的"图层控制"下拉框，将"BZ-标注"图层置为当前图层。

2）在"注释"选项板的"标注"面板中单击 ⊿ 按钮，在弹出中"标注样式管理器"对话框中选择"室内-100"标注样式，并单击"修改"按钮，修改全局比例为"40"，然后单击"确定"按钮返回，如图5-91所示。

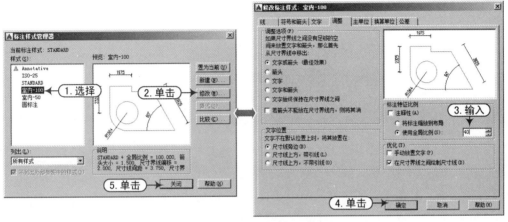

图 5-91　修改标注的比例因子

3）执行"线性标注"（DLI）和"连续标注"（DCO）等命令，对平面图进行尺寸标注，如图5-92所示。

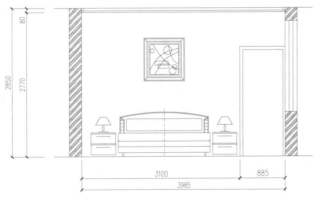

图 5-92　尺寸标注效果

提示："连续标注"讲解

在 AutoCAD 中，"连续标注"是首尾相连的多个标注，在创建基线或连续标注之前，必须创建线性、对齐或角度标注。

执行"连续"标注命令后，根据命令行提示，以之前的标注对象为基础，或者以选择的标注为基础，来进行连续标注操作。

例如，如图5-93所示为连续标注示意图。

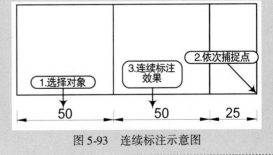

图 5-93　连续标注示意图

4）将"ZS-注释"图层置为当前图层，执行"多重引线"命令（MLD），在拉出一条直线以后，弹出文字格式对话框，设置字高为"150"，根据要求对主卧 A 立面图进行文字注释，如图 5-94 所示。

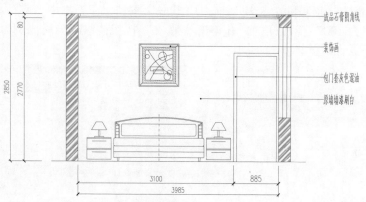

图 5-94　文字注释

5）执行"插入"命令（I），选择"A4 图框-2"内部图块，设置插入比例为"40"，插入并框住立面图，且将插入的图框转换为"TQ-签"图层。

6）再执行"多行文字"命令（MT），在图形下方拖出文本框，在"文字编辑器"选项卡中，设置"图名"样式，设置字高分别为"250"和"200"，进行图名和比例的标注，然后执行"多段线"命令（PL），图名下方绘制两条宽度分别为 30mm 和 0 的等长水平多段线，如图 5-95 所示。

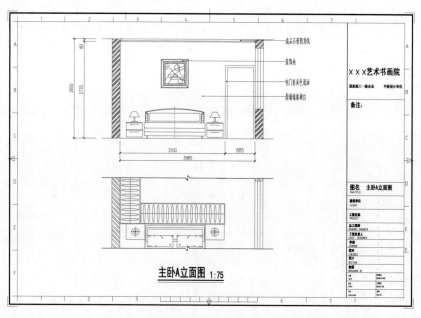

图 5-95　插入图框

7）至此，该室内主卧 A 立面图绘制完毕，按【Ctrl + S】组合键进行保存，然后选择"文件｜关闭"菜单命令，将该图形文件退出。

第6章 室内装潢剖面与节点大样施工图

剖面图、节点详图也称为构造大样图，它是用于表达室内装修做法中材料的规格及各材料之间搭接组合关系的详细图样，是施工图中不可缺少的部分。完成构造大样图的难度不在于如何绘制，而是在于如何设计构造做法，它需要设计人员深入了解材料特性、制作工艺和装修施工做法，是与实际操作结合得非常紧密的环节。

6.1 鞋柜内部结构图

打开前面创建好的室内设计样板文件，并另存为新的文件。先绘制鞋柜外部轮廓，再绘制鞋柜内部轮廓，然后插入装饰图块，最后对图形进行注释说明，其最终绘制效果如图 6-1 所示。

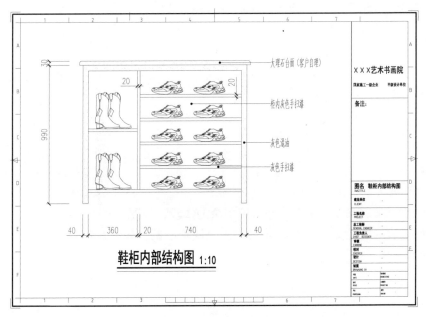

图 6-1　鞋柜内部结构图

6.1.1 绘制结构图

1）启动 AutoCAD 2015 软件，按【Ctrl + O】组合键打开"案例 \ 03 \ 室内设计样板 . dwt"文件，再按【Ctrl + Shift + S】组合键，将其另存为"案例 \ 06 \ 鞋柜内部结构图 . dwg"文件。

2）将"JJ-家具"图层置为当前图层，执行"矩形"命令（REC），绘制如图 6-2 所示的两个矩形。

3）执行"偏移"命令（O），将下侧的矩形向内偏移 40，然后执行"修剪"命令（TR），修剪掉多余的线段，如图 6-3 所示。

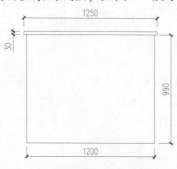

图 6-2 绘制矩形

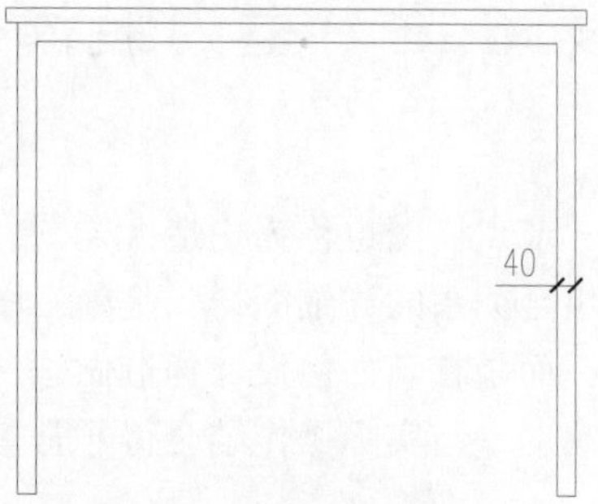

图 6-3 偏移和修剪操作

4）执行"分解"命令（X），将所有矩形进行分解。

5）执行"偏移"命令（O），将最左侧的垂直线段依次向右偏移 400 和 20，如图 6-4 所示。

6）继续执行"偏移"命令（O），将最上侧的水平线向下偏移 240，然后再将偏移得到的线段向下以 20、150 为单位，依次向下进行偏移，如图 6-5 所示。

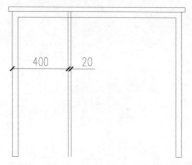

图 6-4 偏移垂直线段

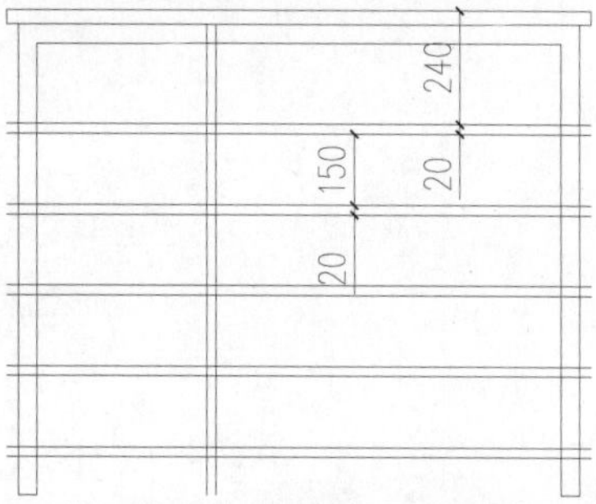

图 6-5 偏移水平线段

7）执行"修剪"命令（TR），修剪掉多余的线段，如图 6-6 所示。

8）执行"直线"命令（L），完成鞋柜左侧图形绘制，如图 6-7 所示。

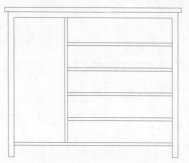
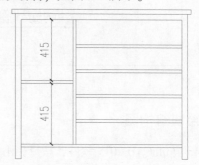

图 6-6 修剪图形多余线段

图 6-7 完成鞋柜左侧绘制

9）对柜面进行适当的圆角操作，然后执行"图案填充"命令（H），对鞋柜图形相应位置填充"AR-SAND"图案，填充比例为"1"，如图 6-8 所示。

10）将 0 图层置为当前图层，执行"插入"命令（I），打开"插入"对话框，然后单击

"名称（N）"选项右侧的倒三角按钮 ![下拉] ，选择"鞋子类"内部图块，将其进行相应编辑后插入到图形相应位置，如图6-9所示。

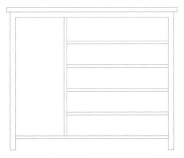

图6-8 图案填充效果

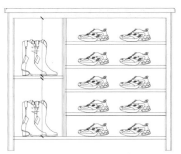

图6-9 插入内部图块

6.1.2 标注结构图

1）单击"图层"面板中的"图层控制"下拉框，将"BZ-标注"图层置为当前图层。

2）在"注释"选项板的"标注"面板中单击 ![按钮] 按钮，在弹出的"标注样式管理器"对话框中，选择"室内-100"标注样式，并单击"修改"按钮，修改全局比例为"15"，然后单击"确定"按钮返回，如图6-10所示。

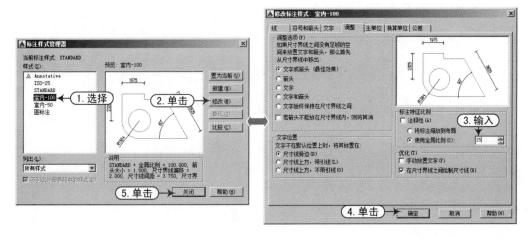

图6-10 修改标注的比例因子

3）执行"线性标注"（DLI）和"连续标注"（DCO）等命令，对平面图进行尺寸标注，如图6-11所示。

4）执行"多重引线样式管理器"命令（MLS），打开"多重引线样式管理器"对话框，单击"新建"按钮，"新样式名"为"圆点"的多重引线样式，然后单击"继续"按钮，如图6-12所示。

5）单击"继续"按钮后，将弹出"修改多重引线样式：圆点"对话框，对多重引线样式进行设置，如图6-13所示。

6）将"ZS-注释"图层置为当前图层，执行"多重引线"命令（MLD），在拉出一条直线以后，弹出文字格式对话框，在"文字编辑器"选项卡下，设置字高为"70"，根据要求对鞋柜内部结构图进行文字注释，如图6-14所示。

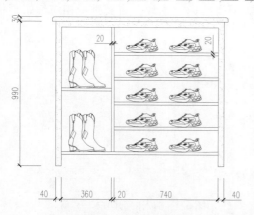

图 6-11　尺寸标注效果

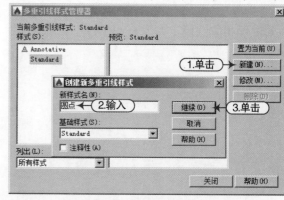

图 6-12　新建多重引线样式

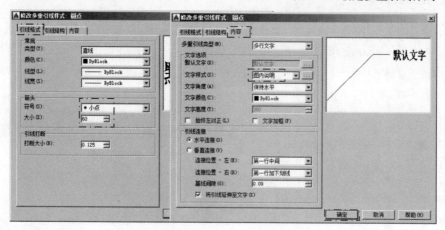

图 6-13　设置多重引线样式

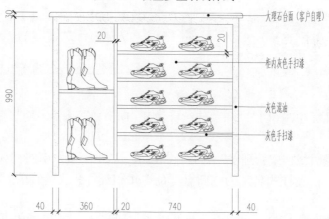

图 6-14　文字注释

7）执行"插入"命令（I），选择"A4 图框-2"内部图块，设置插入比例为"10"，插入并框住图形，且将插入的图框转换为"TQ-签"图层。

8）再执行"多行文字"命令（MT），在图形下方拖出文本框，在"文字编辑器"选项卡中，设置"图名"样式，设置字高分别为"80"和"60"，进行图名和比例的标注，然后执行"多段线"命令（PL），图名下方绘制两条宽度分别为 8mm 和 0 的等长水平多段线，如图 6-15 所示。

9）至此，该鞋柜内部结构图绘制完毕，按【Ctrl + S】组合键进行保存，然后选择"文件｜关闭"菜单命令，将该图形文件退出。

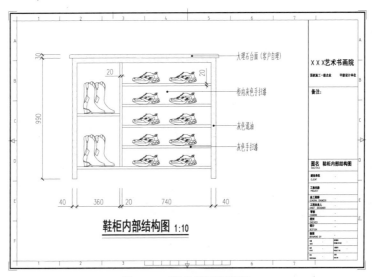

图 6-15　图名及图框标注

6.2　酒柜结构示意图

打开前面创建好的室内设计样板文件，并另存为新的文件。先绘制酒柜外部轮廓，再绘制酒柜内部轮廓，然后插入装饰图块，最后对图形进行注释说明，其最终绘制效果如图 6-16 所示。

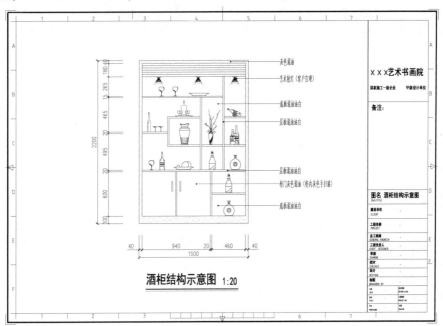

图 6-16　酒柜结构示意图

6.2.1 绘制结构图

1）启动 AutoCAD 2015 软件，按【Ctrl + O】组合键打开"案例 \ 03 \ 室内设计样板.dwt"文件，再按【Ctrl + Shift + S】组合键，将其另存为"案例 \ 06 \ 酒柜结构示意图.dwg"文件。

2）将"JJ-家具"图层置为当前图层，执行"矩形"命令（REC），绘制一个 1500mm × 2200mm 的矩形对象，如图 6-17 所示。

3）执行"偏移"命令（O），将矩形向内偏移 40，然后执行"修剪"命令（TR），修剪掉多余的线段，如图 6-18 所示。

4）执行"分解"命令（X），将所有矩形进行分解。

5）执行"偏移"命令（O），将内轮廓的水平线依次向下偏移 30，共进行 6 次，如图 6-19所示。

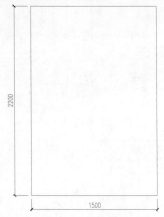  

图 6-17　绘制矩形　　　　　　图 6-18　偏移并修剪　　　　　　图 6-19　偏移水平线

6）继续执行"偏移"命令（O），将最下侧的水平线段依次向上偏移 100、290、20、290、20、320、20、155、20、185、20、260 和 15，如图 6-20 所示。

7）继续执行"偏移"命令（O），将最右侧的垂直线段依次向左偏移 500 和 20，如图6-21所示。

 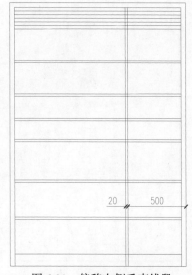

图 6-20　偏移下侧水平线段　　　　　　　　图 6-21　偏移右侧垂直线段

8）执行"修剪"命令（TR），修剪掉多余的线段，如图6-22所示。

9）执行"直线"（L）、"矩形"（REC）和"修剪"（TR）等命令，绘制图形下侧柜门轮廓，如图6-23所示。

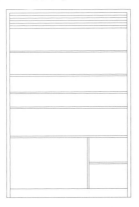
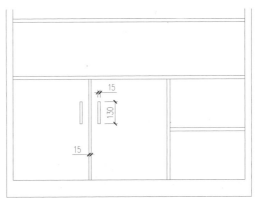

图6-22　修剪图形多余线段　　　　　　　　　图6-23　绘制酒柜下侧轮廓

10）执行"偏移"命令（O），将最左侧的垂直线段依次向右偏移390、20、430、20、290和20，如图6-24所示。

11）执行"修剪"命令（TR），修剪掉多余的线段，如图6-25所示。

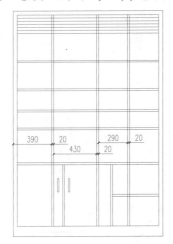

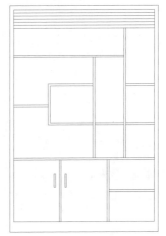

图6-24　偏移左侧垂直线段　　　　　　　　　图6-25　修剪图形多余线段

12）执行"图案填充"命令（H），对酒柜图形相应位置填充"AR-SAND"图案，填充比例为"1"，如图6-26所示。

13）将0图层置为当前图层，执行"插入"命令（I），打开"插入"对话框，选择"酒柜装饰"内部图块，将其插入到图形中，并通过分解、移动、复制等命令放置于相应位置，如图6-27所示。

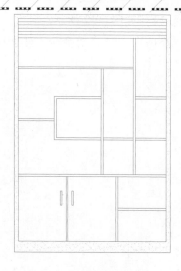

图6-26 图案填充效果   图6-27 插入内部图块

提示："图案填充和渐变色"对话框的讲解

执行"图案填充"命令（H），根据命令提示选择"设置（T）"选项，将打开"图案填充和渐变色"对话框，如图6-28所示。在"图案填充和渐变色"对话框中，其主要选项具体说明如下：

1）"类型（Y）"：在其下拉列表框中，用户可以选择图案的类型，包括"预定义""用户定义"和"自定义"3个选项。"用户定义"的图案是基于图形中的当前线型；"自定义"的图案是在任何自定义.pat文件中定义的图案，这些文件已添加到搜索路径中；"预定义"的图案是存储在随程序提供的文件中（AutoCAD：acad.pat或acadiso.pat；AutoCAD LT：acadlt.pat或acadltiso.pat）。

2）"图案（P）"：显示选择的ANSI、ISO和其他行业标准填充图案。选择"实体"可创建实体填充。只有将"类型"设定为"预定义"，"图案"选项才可用。单击其右侧的 ... 按钮，弹出"填充图案选项板"对话框，如图6-29所示。里面有"ANSI""ISO""其他预定义"和"自定义"等4个选项卡，各个选项卡下都有图案预览以供选择。

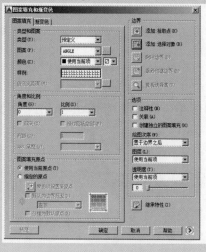

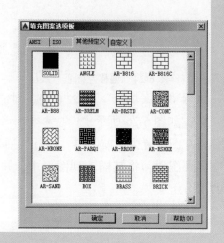

图6-28 图案填充对话框   图6-29 填充图案选项板

3）"样例"：显示选定图案的预览图像。单击样例可显示"填充图案选项板"对话框。

4）"自定义图案（M）"：列出可用的自定义图案。最近使用的自定义图案将出现在列表顶部。只有将"类型"设定为"自定义"，"自定义图案"选项才可用。

5）"角度（G）"：指定填充图案的角度（相对当前 UCS 坐标系的 X 轴）。在其下拉列表框中可以设置图案填充时的角度，如图 6-30 所示为不同填充角度的效果。

图 6-30 不同填充角度的效果

6）"比例（S）"：放大或缩小预定义或自定义图案。只有将"类型"设定为"预定义"或"自定义"，此选项才可用，如图 6-31 所示为不同填充比例的效果。

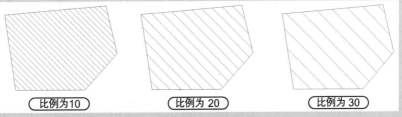

图 6-31 不同填充比例的效果

7）"间距（C）"：指定用户定义图案中的直线间距。只有将"类型"设定为"用户定义"，此选项才可用。

8）"添加：拾取点（K）"：通过选择由一个或多个对象形成的封闭区域内的点，确定图案填充边界。单击 按钮，系统自动切换至绘图区，在需要填充的区域内任意指定一点，出现的虚线区域被选中，再按空格键，得到填充的效果如图 6-32 所示。

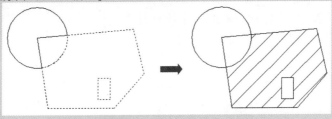

图 6-32 得到填充效果 1

9）"添加：选择对象（B）"：单击 按钮，系统自动切换至绘图区，在需要填充的对象上单击，得到填充的效果如图 6-33 所示。

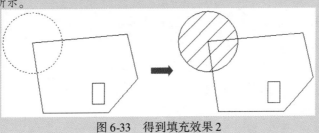

图 6-33 得到填充效果 2

10）"删除边界（D）"：单击该按钮可以取消系统自动计算或用户指定的边界，如图6-34所示。

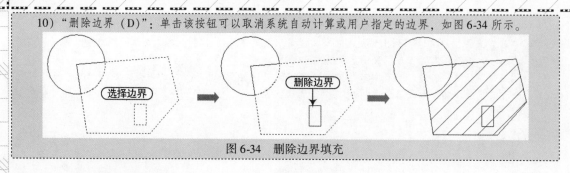

图6-34　删除边界填充

6.2.2　标注结构图

1）单击"图层"面板中的"图层控制"下拉框，将"BZ-标注"图层置为当前图层。

2）在"注释"选项板的"标注"面板中单击 按钮，在弹出的"标注样式管理器"对话框中，选择"室内-100"标注样式，并单击"修改"按钮，修改全局比例为"20"，然后单击"确定"按钮返回，如图6-35所示。

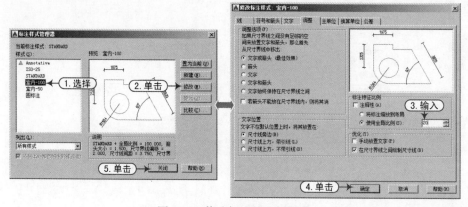

图6-35　修改标注的比例因子

3）执行"线性标注"（DLI）和"连续标注"（DCO）等命令，对平面图进行尺寸标注，如图6-36所示。

4）执行"多重引线样式管理器"命令（MLS），打开"多重引线样式管理器"对话框，单击"新建"按钮，新建名为"圆点"的多重引线样式，然后单击"继续"按钮，如图6-37所示。

5）单击"继续"按钮后，将弹出"修改多重引线样式：圆点"对话框，对多重引线样式进行设置，如图6-38所示。

6）将"ZS-注释"图层置为当前图层，执行"多重引线"命令（MLD），在拉出一条直线以后，弹出文字格式对话框，设置字高为"100"，根据要求对酒柜内部结构示意图进行文字注释，如图6-39所示。

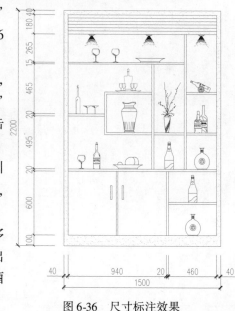

图6-36　尺寸标注效果

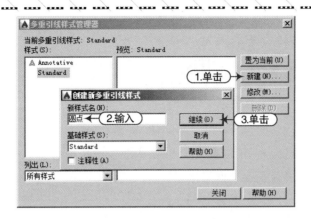

图 6-37　新建多重引线样式

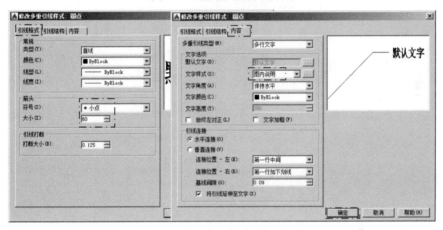

图 6-38　设置多重引线样式

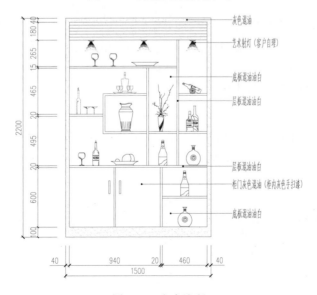

图 6-39　文字注释

7）执行"插入"命令（I），选择"A4图框-2"内部图块，设置插入比例为"20"，插入并框住图形，且将插入的图框转换为"TQ-签"图层。

8）再执行"多行文字"命令（MT），在图形下方拖出文本框，在"文字编辑器"选项卡中，设置"图名"样式，设置字高分别为120mm和100mm，进行图名和比例的标注。然后执行"多段线"命令（PL），图名下方绘制两条宽度分别为10mm和0的等长水平多段线，如图6-40所示。

9）至此，该酒柜结构示意图绘制完毕，按【Ctrl+S】组合键进行保存，然后选择"文件｜关闭"菜单命令，将该图形文件退出。

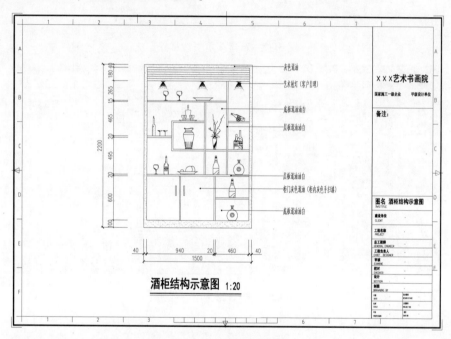

图6-40　插入图框标注图名

6.3　次卧衣柜内部结构图

打开前面创建好的室内设计样板文件，并另存为新的文件。先绘制次卧衣柜外部轮廓，再绘制次卧衣柜内部轮廓，然后插入装饰图块，最后对图形进行注释说明，其最终绘制效果如图6-41所示。

6.3.1　绘制结构图

1）启动AutoCAD 2015软件，按【Ctrl+O】组合键打开"案例\03\室内设计样板.dwt"文件，再按【Ctrl+Shift+S】组合键，将其另存为"案例\06\次卧衣柜内部结构图.dwg"文件。

2）将"JJ-家具"图层置为当前图层，执行"矩形"命令（REC），绘制一个2400mm×

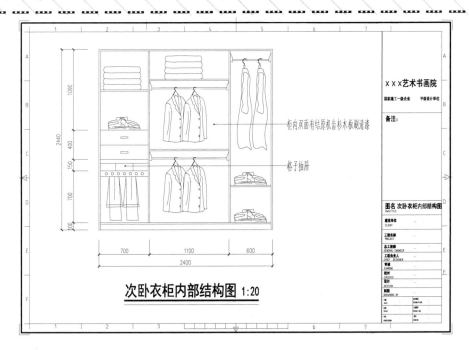

图 6-41 次卧衣柜内部结构图

2440mm 的矩形对象，如图 6-42 所示。

3）执行"分解"命令（X），将矩形进行分解。

4）执行"偏移"（O）和"修剪"（TR）等命令，绘制如图 6-43 所示图形。

图 6-42 绘制矩形

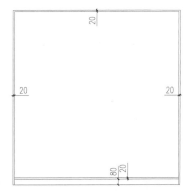

图 6-43 偏移和修剪操作

5）执行"偏移"命令（O），将最左侧的垂直线段依次向右偏移 680、20、1100 和 20，如图 6-44 所示。

6）继续执行"偏移"命令（O），将最下侧的水平线段依次向上偏移 900、50、925 和 20，如图 6-45 所示。

7）执行"修剪"命令（TR），修剪掉图形中多余的线段，如图 6-46 所示。

8）执行"直线"（L）和"矩形"（REC）等命令，绘制左侧抽屉对象，如图 6-47 所示。

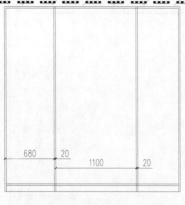

图 6-44　偏移左侧垂直线段

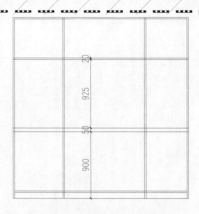

图 6-45　偏移下侧水平线段

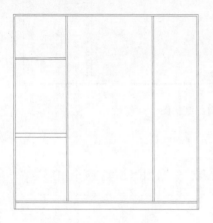

图 6-46　修剪操作

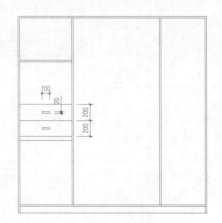

图 6-47　绘制抽屉效果

9）执行"直线"（L）和"圆"（C）等命令，绘制抽屉下侧挂钩轮廓，如图 6-48 所示。

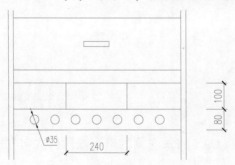

图 6-48　绘制挂钩效果

10）执行"偏移"命令（O），将最下侧的水平线段依次向上偏移 580、20、470、20、930 和 20，如图 6-49 所示。

11）执行"修剪"命令（TR），修剪掉多余的线段，如图 6-50 所示。

12）执行"直线"命令（L），在图形上侧中间位置绘制如图 6-51 所示的"衣挂"图形。

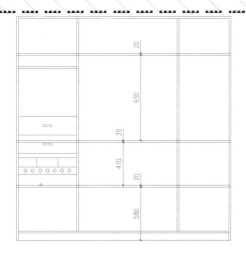

图 6-49　偏移下侧水平线段

图 6-50　修剪图形操作

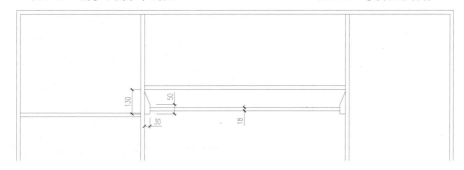

图 6-51　绘制图形效果

13）执行"复制"命令（CO），将上一步绘制的图形向下进行竖直复制操作，如图 6-52 所示。

14）使用相同的方法，或者使用复制命令，在图形右上侧绘制相似的图形，如图 6-53 所示。

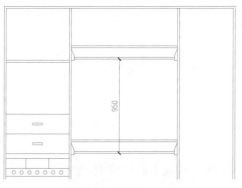

图 6-52　复制图形效果

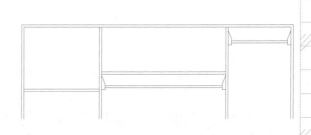

图 6-53　绘制图形效果

15）将 0 图层置为当前图层，执行"插入"命令（I），选择"衣柜装饰"内部图块，将其插入到图形中，并结合分解、移动、复制等命令放置到相应位置，如图 6-54 所示。

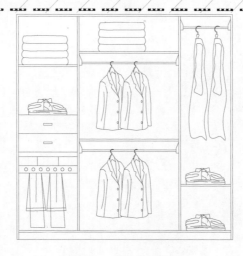

图 6-54　插入装饰图块

6.3.2　标注结构图

1）单击"图层"面板中的"图层控制"下拉框，将"BZ-标注"图层置为当前图层。

2）在"注释"选项板的"标注"面板中单击 按钮，在弹出的"标注样式管理器"对话框中，选择"室内-100"标注样式，并单击"修改"按钮，修改全局比例为"20"，然后单击"确定"按钮返回，如图 6-55 所示。

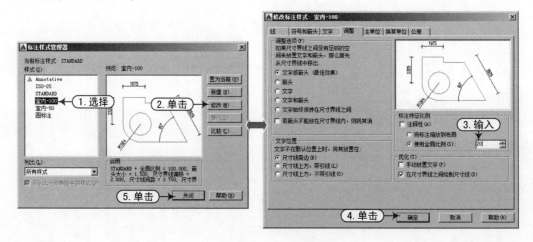

图 6-55　修改标注的比例因子

3）执行"线性标注"（DLI）和"连续标注"（DCO）等命令，对平面图进行尺寸标注，如图 6-56 所示。

4）执行"多重引线样式管理器"命令（MLS），打开"多重引线样式管理器"对话框，单击"新建"按钮，新建名为"圆点"的多重引线样式，然后单击"继续"按钮，如图 6-57 所示。

5）单击"继续"按钮后，将弹出"修改多重引线样式：圆点"对话框，对多重引线样式进行设置，如图 6-58 所示。

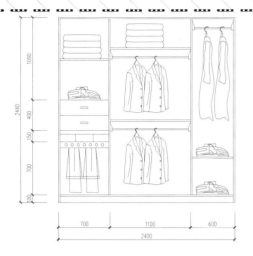

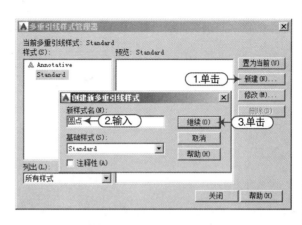

图 6-56　尺寸标注效果　　　　　　　　　　图 6-57　新建多重引线样式

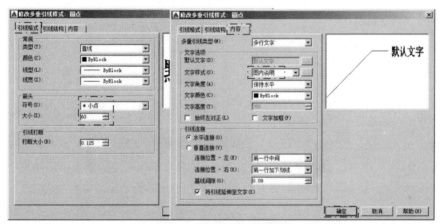

图 6-58　设置多重引线样式

6）将"ZS-注释"图层置为当前图层，执行"多重引线"命令（MLD），在拉出一条直线以后，弹出文字格式对话框，设置字高为"150"，根据要求对次卧衣柜内部结构图进行文字注释，如图 6-59 所示。

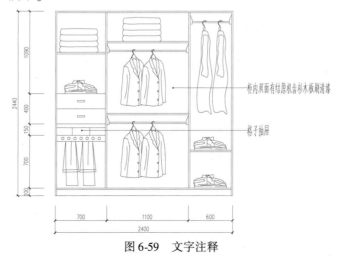

图 6-59　文字注释

提示：多重引线标注

在 AutoCAD 中，多重引线是具有多个选项的引线对象。对于多重引线，先放置引线对象的头部、尾部、内容，在"注释"选项卡的"引线"面板中，包括相应的多重引线的命令及相应的工具，如图 6-60 所示。

图 6-60　引线面板

引线对象是一条直线或样条曲线，其一端带有箭头，另一端带有多行文字或块。在某些情况下，有一条短水平线（又称为基线）将文字或块和特征按控制框连接到引线上，如图 6-61 所示。

图 6-61　引线讲解

7）执行"插入"命令（I），选择"A4 图框-2"内部图块，设置插入比例为"20"，插入并框住图形，且将插入的图框转换为"TQ-签"图层。

8）再执行"多行文字"命令（MT），在图形下方拖出文本框，在"文字编辑器"选项卡中，设置"图名"样式，设置字高分别为 150mm 和 120mm，进行图名和比例的标注，然后执行"多段线"命令（PL），图名下方绘制两条宽度分别为 20mm 和 0 的等长水平多段线，如图 6-62 所示。

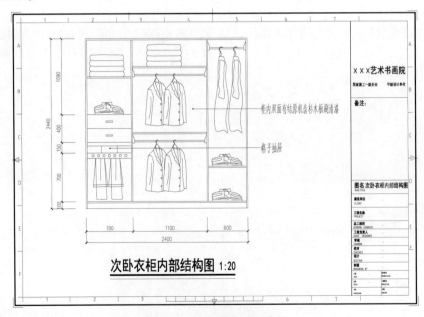

次卧衣柜内部结构图 1:20

图 6-62　插入图框标注图名

9）至此，该次卧衣柜内部结构图绘制完毕，按【Ctrl＋S】组合键进行保存，然后选择"文件｜关闭"菜单命令，将该图形文件退出。

6.4　主卧衣柜内部结构图

打开前面创建好的室内设计样板文件，并另存为新的文件。先绘制主卧衣柜外部轮廓，再绘制衣柜内部轮廓，然后插入装饰图块，最后对图形进行注释说明，其最终绘制效果如图6-63所示。

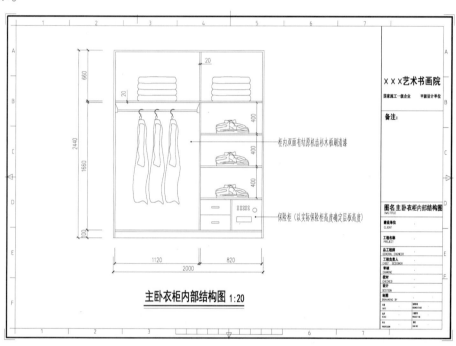

图6-63　主卧衣柜内部结构图

6.4.1　绘制结构图

1）启动AutoCAD 2015软件，按【Ctrl＋O】组合键打开"案例＼03＼室内设计样板.dwt"文件，再按【Ctrl＋Shift＋S】组合键，将其另存为"案例＼06＼主卧衣柜内部结构图.dwg"文件。

2）将"JJ-家具"图层置为当前图层，执行"矩形"命令（REC），绘制一个2000mm×2440mm的矩形对象，如图6-64所示。

3）执行"分解"命令（X），将所有矩形进行分解。

4）执行"偏移"（O）和"修剪"（TR）等命令，绘制如图6-65所示图形。

5）执行"偏移"命令（O），将最左侧的垂直线段依次向右偏移1140和20，如图6-66所示。

6）继续执行"偏移"命令（O），将最下侧的水平线段依次向上偏移500、20、400、20、400、20、400和20，如图6-67所示。

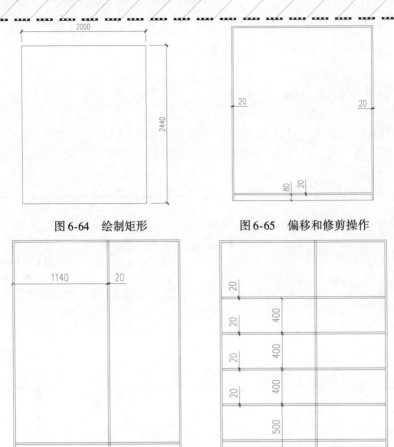

图 6-64　绘制矩形　　　　　　　图 6-65　偏移和修剪操作

图 6-66　偏移左侧垂直线段　　　图 6-67　偏移下侧水平线段

7）执行"修剪"命令（TR），修剪掉图形中多余的线段，如图 6-68 所示。

8）执行"直线"（L）和"矩形"（REC）等命令，绘制衣柜右下侧的抽屉对象，如图 6-69 所示。

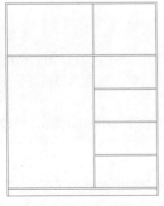

图 6-68　修剪操作

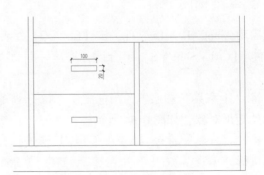

图 6-69　绘制抽屉效果

9）执行"矩形"（REC）和"圆"（C）等命令，绘制抽屉右侧的保险柜对象，如图 6-70 所示。

10）执行"直线"命令（L），在图形上侧中间位置绘制如图6-71所示衣挂图形。

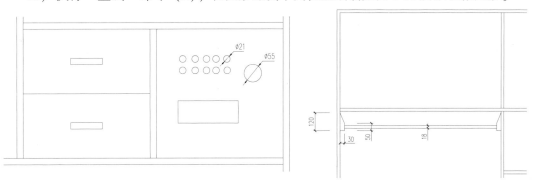

图6-70　绘制的保险柜　　　　　　　　　图6-71　绘制图形效果

11）将0图层置为当前图层，执行"插入"命令（I），选择"衣柜装饰"内部图块，将其插入到图形中，并通过分解、移动、复制等命令布置到相应位置，如图6-72所示。

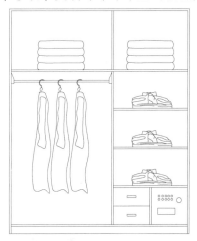

图6-72　插入装饰图块

提示：圆的讲解

在AutoCAD中，利用"圆"（C）命令可以绘制任意半径的圆，执行该命令后，命令行会提示"指定圆的圆心或［三点（3P）/两点（2P）/切点、切点、半径（T）］："，其主要选项说明如下：

1）"三点（3P）"：此命令通过指定圆周上三点来画圆。

2）"两点（2P）"：此命令通过指定圆周上两点来画圆。两点为直径的两个端点。

3）"切点、切点、半径（T）"：此命令通过先指定两个相切对象，后指定半径值的方法画圆。

通过上面所讲的命令行提示选项，可以用4种方法来绘制圆，而在执行"绘图｜圆"菜单命令绘制圆时，会出现6种不同的画圆方法。

1）"圆心、直径"：此命令通过指定圆心位置和直径值来画圆。

2）"相切、相切、相切"：依次指定与圆相切的3个对象来绘制圆。

使用6种不同的方法绘制圆，如图6-73所示。

在使用"相切、相切、半径"命令绘制圆时，系统总是在距拾取点最近的部位绘制相切的圆，因此，拾取相切对象时，拾取的位置不同，得到的结果有可能也不相同，如图6-74所示。

173

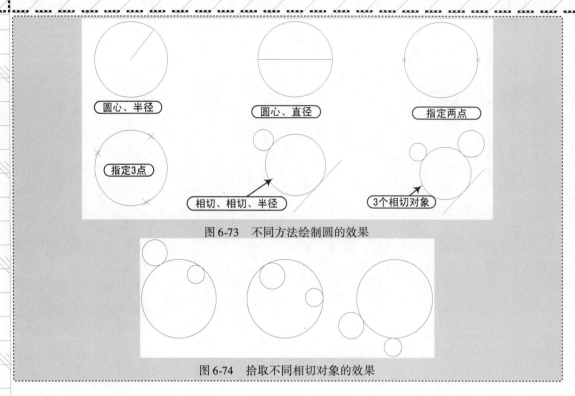

图 6-73　不同方法绘制圆的效果

图 6-74　拾取不同相切对象的效果

6.4.2　标注结构图

1）单击"图层"面板中的"图层控制"下拉框，将"BZ-标注"图层置为当前图层。

2）在"注释"选项板的"标注"面板中单击 ꜱ 按钮，将弹出"标注样式管理器"对话框，选择"室内-100"标注样式，并单击"修改"按钮，修改全局比例为"20"，然后单击"确定"按钮返回，如图 6-75 所示。

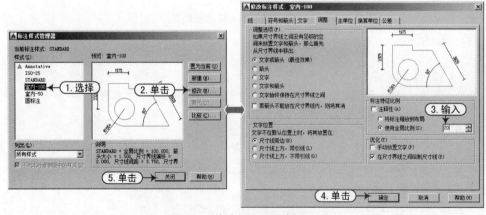

图 6-75　修改标注的比例因子

3）执行"线性标注"（DLI）和"连续标注"（DCO）等命令，对平面图进行尺寸标注，如图 6-76 所示。

4）将"ZS-注释"图层置为当前图层，执行"引线注释"命令（LE），指定需要标注的位置，然后拖出一条直线，在弹出的"文字编辑器"选项卡中，选择"图内说明"文字样式，设置字高为"120"，对图形进行文字注释，如图 6-77 所示。

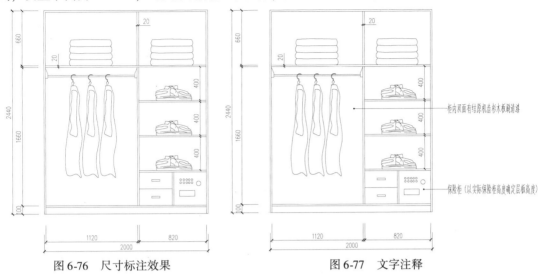

图 6-76　尺寸标注效果　　　　　　　　　　　图 6-77　文字注释

5）单击"注释"选项卡下"文字"面板中的"文字样式"列表框，在其下拉列表框中选择"图名"文字样式。

6）执行"单行文字"命令（DT），在图形下侧注写图名和比例内容，然后分别选择相应的文字对象，按【Ctrl+1】组合键打开"特性"面板，分别修改文字大小为"120"和"100"。再执行"多段线"

主卧衣柜内部结构图 1:20

图 6-78　图名标注

命令（PL），在图名下方分别绘制宽 12mm 和 0 的两条等长的水平多段线，如图 6-78 所示。

7）将"TQ-签"图层置为当前图层，执行"插入"命令（I），选择"A4 图框-2"内部图块，设置插入比例为"20"，插入到图中相应的位置，如图 6-79 所示。

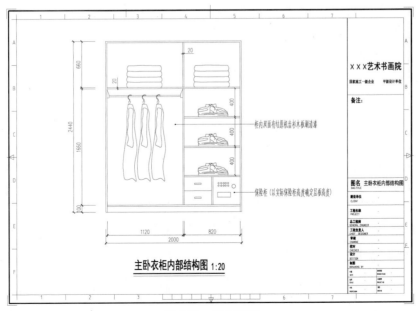

图 6-79　插入图框

8）至此，该主卧衣柜内部结构图绘制完毕，按【Ctrl + S】组合键进行保存，然后选择
"文件 | 关闭"菜单命令，将该图形文件退出。

　　提示：快速引线标注

"快速引线"命令（QLEADER）同"多重引线"命令（MLEADER）一样，都是引出线以标注图形的一些特性，使用快速引线命令依次指定点后，同样会弹出文本框，并在功能区显示"文字编辑器"面板，设置相应的文字样式、字高、宽度因子等后，可在文本框中输入相应的文字内容，其标注示意图如图6-80所示。

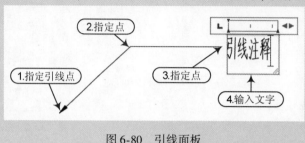

图 6-80　引线面板

6.5　电视柜示意图

打开前面创建好的室内设计样板文件，并另存为新的文件。先绘制电视柜平面轮廓，再绘制电视柜立体轮廓，最后对图形进行注释说明，其最终绘制效果如图6-81所示。

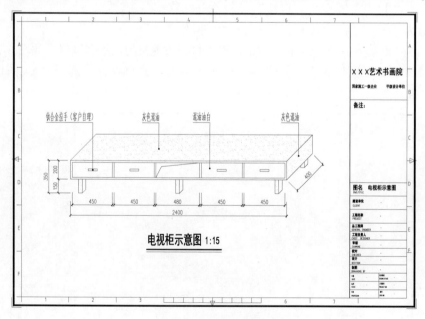

图 6-81　电视柜示意图

6.5.1　绘制示意图

1）启动 AutoCAD 2015 软件，按【Ctrl + O】组合键打开"案例 \ 03 \ 室内设计样板 . dwt"文件，再按【Ctrl + Shift + S】组合键，将其另存为"案例 \ 06 \ 电视柜示意图 . dwg"文件。

2）将"JJ-家具"图层置为当前图层，执行"矩形"命令（REC），绘制一个2400mm×200mm的矩形对象，然后执行"偏移"命令（O），将矩形向内侧偏移20，如图6-82所示。

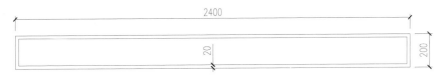

图6-82　绘制矩形并偏移操作

3）执行"分解"命令（X），将所有矩形分解。

4）执行"偏移"命令（O），将最左侧的垂直线段向右侧依次偏移470、20、450、20、480、20、450和20，如图6-83所示。

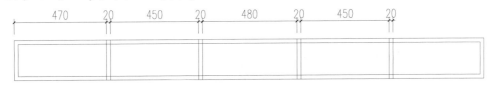

图6-83　偏移垂直线段

5）执行"直线"命令（L），在图形适当位置绘制两条连续直线，然后执行"修剪"命令（TR），修剪掉多余的线段，如图6-84所示。

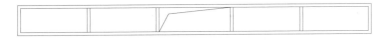

图6-84　绘制直线并修剪操作

6）执行"矩形"（REC）和"复制"（CO）等命令，在图形下侧绘制如图6-85所示图形。

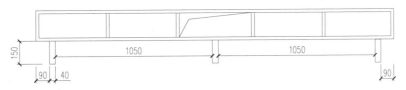

图6-85　绘制图形效果

7）继续执行"矩形"（REC）和"复制"（CO）等命令，在图形适当位置绘制抽屉把手，如图6-86所示。

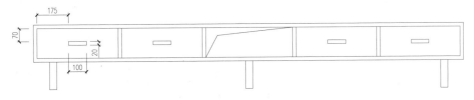

图6-86　绘制的抽屉把手效果

8）右键单击状态栏中的"极轴追踪（F10）（D）"按钮 ，然后单击选择"正在追踪设置"选项。

9）接着在打开的"草图设置"对话框中，勾选其中的"启用极轴追踪"，在"增量角"下拉列表框中选择"45"，在"对象捕捉追踪设置"选项组中选择"用所有极轴角设置追踪（S）"单选项，在"极轴角测量"选项组中选择"绝对"单选项，最后单击"确定"按钮，如图6-87所示。

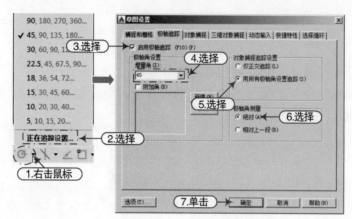

图6-87　启动并设置极轴追踪

10）执行"直线"命令（L），结合极轴追踪模式，绘制电视柜上侧立体效果，如图6-88所示。

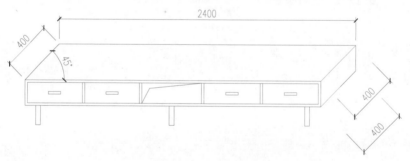

图6-88　绘制上侧立体效果

11）继续执行"直线"命令（L），结合极轴追踪模式，完成电视柜图形全部立体效果的绘制，如图6-89所示。

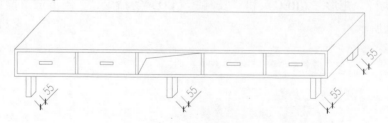

图6-89　绘制图形效果

12）执行"图案填充"命令（H），对电视柜相应位置填充"AR-SAND"图案，填充比例为"2"，如图6-90所示。

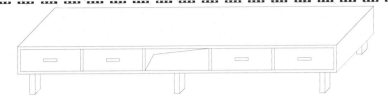

图 6-90　图案填充效果

提示：单行文字的讲解

在 AutoCAD 中，使用"单行文字"命令（DT）可以创建一行或多行文字，所创建的每一行文字都是独立的对象，可以重新定位、调整格式或进行其他修改。创建单行文字时，首先要指定文字样式并设置对齐方式。

"单行文字"命令（DT）的执行方式如下：

1）在命令行输入 TEXT 命令并按【Enter】键。

2）执行"绘图 | 文字 | 单行文字"菜单命令。

3）单击"默认"标签下"注释"面板中的"单行文字"按钮 **A**。

执行该命令后，命令行会提示"输入选项 [左（L）/居中（C）/右（R）/对齐（A）/中间（M）/布满（F）/左上（TL）/中上（TC）/右上（TR）/左中（ML）/正中（MC）/右中（MR）/左下（BL）/中下（BC）/右下（BR）]："。

其主要选项说明如下：

1）"对正（J）"：选择此选项后，系统会出现如下命令行提示来设置文字样式的对正方式，如图 6-91 所示。

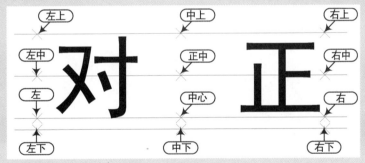

图 6-91　文字对正方式

2）"样式（S）"：选择此选项后，可以设置当前使用的文字样式，其命令行提示"输入样式名或 [？] <Standard>："。

创建单行文字的操作步骤如图 6-92 所示。

图 6-92　文字对齐方式

6.5.2 标注示意图

1）单击"图层"面板中的"图层控制"下拉框，将"BZ-标注"图层置为当前图层。

2）在"注释"选项板的"标注"面板中单击 按钮，将弹出"标注样式管理器"对话框，选择"室内-100"标注样式，并单击"修改"按钮，修改全局比例为"15"，然后单击"确定"按钮返回，如图 6-93 所示。

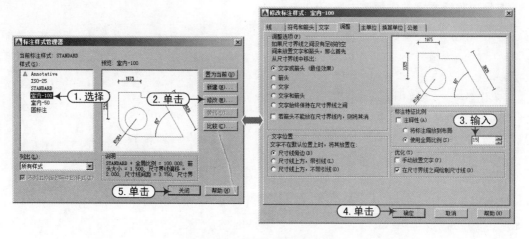

图 6-93 修改标注的比例因子

3）执行"线性标注"（DLI）、"连续标注"（DCO）和"对齐标注"（DAL）等命令，对平面图进行尺寸标注，如图 6-94 所示。

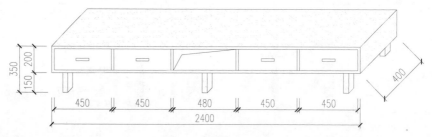

图 6-94 尺寸标注效果

提示：线性标注的讲解

在 AutoCAD 中，线性标注用于标注图形对象的线性距离或长度，包括水平标注、垂直标注和旋转标注三种类型，线性标注可以水平、垂直或对齐放置。创建线性标注时，可以修改文字内容、文字角度或尺寸线的角度。

"线性"标注命令的执行方式如下：

1）在命令行输入"DIMLINEAR"（"DLI"）命令并按【Enter】键。

2）执行"标注 | 线性"菜单命令。

3）单击"注释"标签下"标注"面板中的"线性"标注按钮 。

执行上述命令后，可创建用于坐标系 xy 平面中的两个点之间的水平或垂直距离测量值，并通过指定点或选择一个对象来实现。

如图 6-95 所示为线性标注示意图。

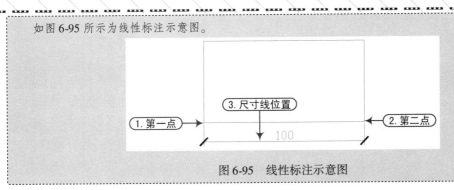

图 6-95 线性标注示意图

4）将"ZS-注释"图层置为当前图层，执行"引线注释"命令（LE），设置"图内说明"文字样式，字高为"100"，在相应位置进行文字的标注，效果如图 6-96 所示。

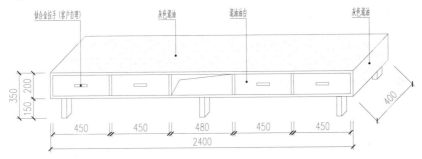

图 6-96 文字注释

5）单击"注释"选项卡下"文字"面板中的"文字样式"列表框，在其下拉列表框中选择"图名"文字样式。

6）执行"单行文字"命令（DT），在相应的位置输入图名和比例内容，然后分别选择相应的文字对象，按【Ctrl + 1】组合键打开"特性"面板，分别修改文字大小为"100"和"80"。再执行"多段线"命令（PL），设置宽度分别为 10mm 和 0，在图名下侧绘制两条等长的水平多段线，如图 6-97 所示。

电视柜示意图 1:15

图 6-97 图名标注

7）将"TQ-签"图层置为当前图层，执行"插入"命令（I），选择"A4 图框-2"内部图块，设置插入比例为"15"，插入到图中相应的位置，如图 6-98 所示。

8）至此，该电视柜示意图绘制完毕，按【Ctrl + S】组合键进行保存，然后选择"文件 | 关闭"菜单命令，将该图形文件退出。

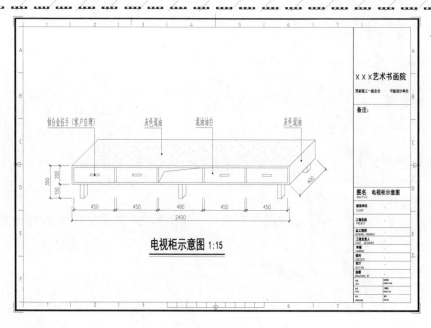

图 6-98　插入图框

提示：图形的关闭操作

在 AutoCAD 2015 中绘制完图形文件后，用户可通过以下任意四种方法来退出：

1）在 AutoCAD 2015 软件环境中单击右上角的"关闭"按钮 **X**。

2）在键盘上按【Alt + F4】或【Alt + Q】组合键。

3）单击 AutoCAD 界面标题栏左端的 图标，在弹出的下拉菜单再单击"关闭"按钮 。

4）在命令行输入"Quit"命令或"Exit"命令并按【Enter】键。

当前图形文件进行关闭操作时，如果当前图形有所修改而没有存盘，系统将打开 AutoCAD 警告对话框，询问是否保存图形文件，如图 6-99 所示。

图 6-99　AutoCAD 警告框

在警告对话框中，单击"是（Y）"按钮或直接按【Enter】键，可以保存当前图形文件并将其关闭；单击"否（N）"按钮，可以关闭当前图形文件但不存盘；单击"取消"按钮，取消关闭当前图形文件操作，既不保存也不关闭。如果当前所编辑的图形文件没命名，那么单击"是（Y）"按钮后，AutoCAD 会打开"图形另存为"的对话框，要求用户确定图形文件存放的位置和名称。

第7章　室内装潢水电施工图的绘制

室内给水系统一般由引入管、水表、管道系统、配水装置和给水附件等部分组成。按其用途可分为生活给水系统、生产给水系统和消防给水系统三大类。

室内排水系统主要由卫生器具、排水管道系统、通气管系统和清通设备等部分组成。按照系统接纳的污水类型不同可分为：生活排水系统、工业废水排水系统、雨水排除系统。

室内电气系统一般包括插座布置、电照布置、弱电布置等。

本章将以某住宅室内的水电图为例，来进行开关插座布置图、电气照明布置图、弱电布置图和给水排水布置图的绘制，从而让读者掌握其绘制方法和技巧。

7.1　住宅开关插座布置图的绘制

首先打开"案例\04\地面布置图.dwg"文件，并另存为"案例\07\开关插座布置图.dwg"文件。再将多余的对象删除或者隐藏，只保留与插座布置图有关的平面图对象。接着对该平面图进行细化，并对其细节部分进行尺寸和文字注释，从而完成插座布置图分布。然后在插座布置图上进行线路的绘制。最后进行尺寸和文字的注释，其效果如图7-1所示。

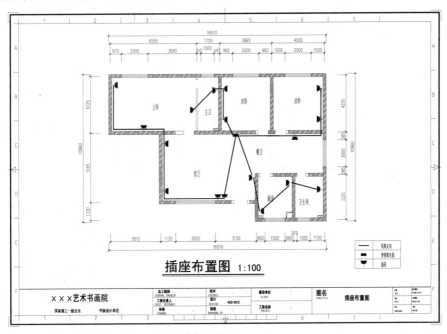

图 7-1　开关插座布置图效果

7.1.1　调用绘图环境

1）启动 AutoCAD 2015 软件，按【Ctrl + O】组合键打开"案例\04\地面布置图.dwg"文

件，再按【Ctrl+Shift+S】组合键，将其另存为"案例\07\开关插座布置图.dwg"文件。

2）执行"删除"命令（E），将原有的填充地材对象删除，并删除文字注释等其他对应对象，然后将下侧的图名注释部分进行适当地修改，调整后的图形效果如图7-2所示。

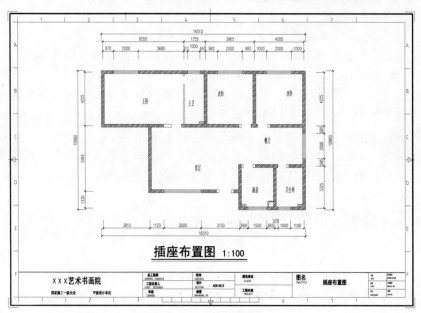

图7-2　保留后的效果

3）按【Ctrl+A】组合键，将图形全部选中，然后在"特性"面板的"颜色"下拉列表中，选择"颜色8"，将图形以暗色显示，如图7-3所示。

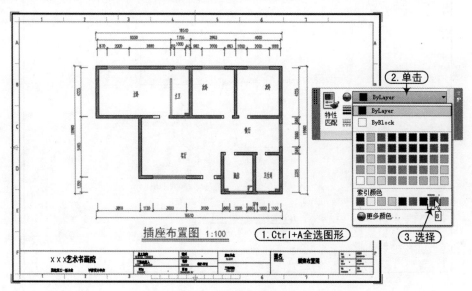

图7-3　暗色显示图形

7.1.2　绘制电气设备

1）单击"图层"面板中的"图层控制"下拉框，将"DQ-电气"图层置为当前图层。

2）绘制"插座"图例，执行"圆"命令（C），绘制一个半径为 225mm 的圆，如图 7-4 所示。

3）执行"直线"命令（L），分别捕捉圆的左、右侧象限点绘制圆的水平向直径，如图 7-5 所示。

4）执行"修剪"命令（TR），将圆的下半部分修剪掉，如图 7-6 所示。

图 7-4　绘制圆　　　　　图 7-5　绘制直线　　　　　图 7-6　修剪操作

5）执行"直线"命令（L），分别捕捉水平线段的左、右侧端点，向下绘制一条长度为 22mm 的垂线段，如图 7-7 所示。

6）执行"直线"命令（L），在圆弧的上侧分别绘制一条水平线段及一条垂线段，如图 7-8 所示。

7）执行"图案填充"命令（H），为圆弧内部填充"SOLID"图案，如图 7-9 所示。

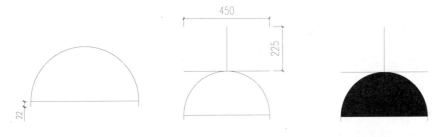

图 7-7　绘制直线　　　　　图 7-8　绘制线段　　　　　图 7-9　填充图形效果

8）执行"保存块"命令（B），将弹出"块定义"对话框，按照如图 7-10 所示来创建 "插座"内部图块对象。

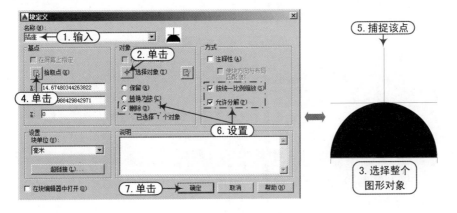

图 7-10　保存插座图块

提示：修剪命令的讲解

在 AutoCAD 中，"修剪"命令（TR）可以根据修剪边界将超出边界的线条修剪掉，可以选定一个或多个对象，在指定修剪边界的一侧部分精确地剪切掉，修剪的对象可以是任意的平面线条。

执行"修剪"命令（TR）方式如下：

1）在命令行输入"TRIM"命令并按【Enter】键。

2）执行"修改 | 修剪"菜单命令。

3）单击"默认"标签下"修改"面板中的"修剪"按钮 -/-- 修剪 ▾ 。

执行命令后，命令行会提示"选择要修剪的对象，或按住 Shift 键选择要延伸的对象，或［栏选（F）/窗交（C）/投影（P）/边（E）/删除（R）/放弃（U）］:"，其中各主要选项具体说明如下：

1）"栏选（F）"：用来修剪与选择栏相交的所有对象。选择栏是一系列临时线段，它们是用两个或多个栏选点指定的，选择栏不构成闭合环。如图 7-11 所示。

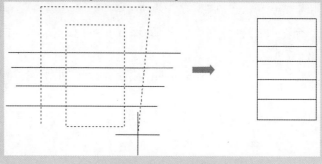

图 7-11　栏选效果

2）"窗交（C）"：选择矩形区域（由两点确定）内部或与之相交的对象，如图 7-12 所示。

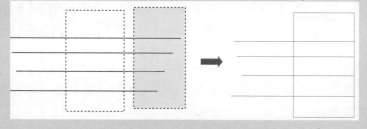

图 7-12　窗交效果

3）"投影（P）"：用于确定修剪操作的空间，主要是指三维空间中两个对象的修剪，此时可以将对象投影到某一平面上进行修剪操作。

4）"边（E）"：确定对象是在另一对象的延长边处进行修剪，还是仅在三维空间中与该对象相交的对象处进行修剪。

5）"删除（R）"：删除选定的对象。此选项提供了一种用来删除不需要的对象的简便方式，而无需退出 TRIM 命令。

6）"放弃（U）"：撤销由 TRIM 命令所做的最近一次更改。

9）绘制"照明配电箱"图例，执行"矩形"命令（REC），绘制一个 400mm × 180mm 的矩形，如图 7-13 所示。

10）执行"图案填充"命令（H），对矩形进行"SOLID"图案填充，如图 7-14 所示。

11）执行"保存块"命令（B），将弹出"块定义"对话框，分别按照前面的方法来创

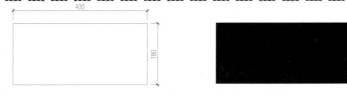

图 7-13　绘制矩形　　　　　　图 7-14　填充图形效果

建"照明配电箱"为内部图块对象。

12）执行"插入"命令（I），打开"插入"对话框，然后单击"名称（N）"选项右侧的倒三角按钮▼，选择"插座"和"照明配电箱"内部图块，将其插入到图中相应位置，再使用"旋转"（RO）和"移动"（M）等命令，对插入的图块进行编辑，如图 7-15 所示。

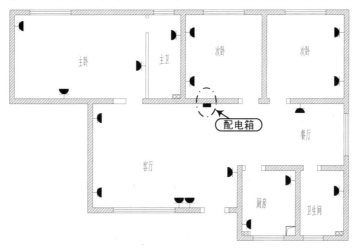

图 7-15　布置照明配电箱

7.1.3　绘制连接线路

1）单击"图层"面板中的"图层控制"下拉框，将 0 图层置为当前图层。

2）执行"多段线"命令（PL），将多段线的起点及端点宽度设置为 50mm，绘制从照明配电箱引出的、连接客厅和主卧插座的多条连接线路，如图 7-16 所示。

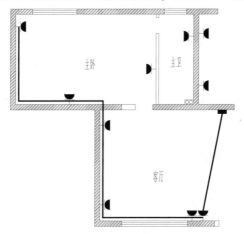

图 7-16　连接客厅插座线路

3）继续执行"多段线"命令（PL），使用前面相同的方法，绘制从照明配电箱引出的、分别连接室内各个房间相应插座的多条连接线路，如图 7-17 所示。

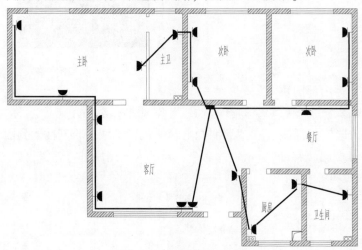

图 7-17　连接所有插座线路

7.1.4　添加说明文字

1）单击"图层"面板中的"图层控制"下拉框，将"ZS-注释"图层置为当前图层。

2）执行"矩形"命令（REC），在图形右下角绘制 3494mm × 2055mm 的矩形，然后通过分解、偏移和修剪命令，绘制出如图 7-18 所示的表格。

3）执行"复制"命令（CO），将前面各类电气符号复制到表格内，并执行"多段线"命令（PL），继承前面的参数，在其中一栏内绘制一段线路。

4）在"文字"面板中选择"图内说明"文字样式，设置字高为"400"，执行"多行文字"命令（MT），在表格内对符号进行名称的标注，效果如图 7-19 所示

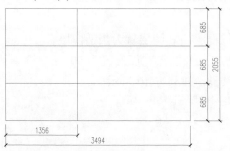

图 7-18　绘制表格

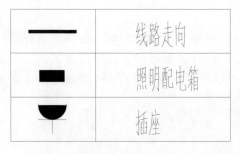

图 7-19　图标注释

5）至此，该住宅开关插座布置图绘制完成，按【Ctrl + S】组合键进行保存，然后选择"文件｜关闭"菜单命令，将该图形文件退出。

7.2　住宅电照布置图的绘制

首先打开"案例 \ 04 \ 地面布置图 . dwg"文件，并另存为"案例 \ 07 \ 住宅电照布置图 . dwg"文件。再将多余的对象删除或者隐藏，接着绘制单向开关、双向开关等对象，并分别布置到相应的位置，然后使用直线命令将开关和灯具对象进行连接，最后添加说明文字及

图框，其效果如图 7-20 所示。

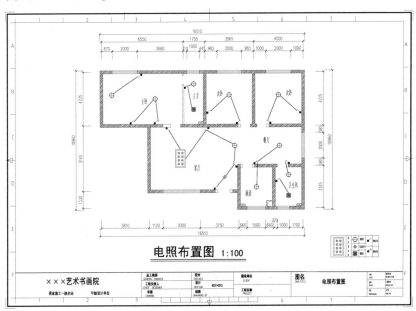

图 7-20　住宅电照布置图效果

7.2.1　调用绘图环境

1）启动 AutoCAD 2015 软件，按【Ctrl + O】组合键打开"案例 \ 04 \ 地面布置图 . dwg"文件，再按【Ctrl + Shift + S】组合键，将其另存为"案例 \ 07 \ 住宅电照布置图 . dwg"文件。

2）执行"删除"命令（E），将原有的填充地材对象删除，并删除文字注释等其他相应对象，然后将下侧的图名注释部分进行适当地修改。

3）按【Ctrl + A】组合键，将图形全部选中，然后在"特性"面板的"颜色"下拉列表中，选择"颜色 8"，将图形以暗色显示，如图 7-21 所示。

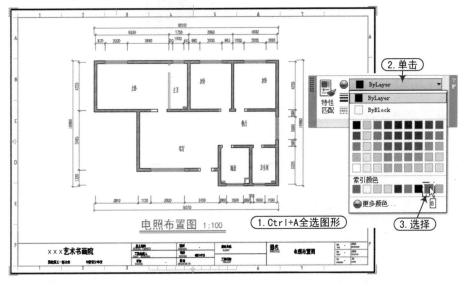

图 7-21　暗色显示图形

提示：电气照明平面图表示的主要内容

1）照明配电箱的型号、数量、安装位置、安装标高、配电箱的电气系统。
2）照明线路的配线方式、敷设位置、线路的走向、导线的型号、规格及根数、导线的连接方法。
3）灯具的类型、功率、安装位置、安装方式及安装标高。
4）开关的类型、安装位置、离地高度、控制方式。
5）插座及其他电器的类型、容量、安装位置、安装高度等。

7.2.2　绘制电气设备

在前面已经设置好了需要的绘图环境，接下来布置相应的照明电气元器件。

1）单击"图层"面板中的"图层控制"下拉框，将"DQ-电气"图层置为当前图层。

2）绘制"单向开关"图例，执行"圆"命令（C），绘制一个半径为80mm的圆，如图7-22所示。

3）执行"直线"命令（L），以圆的圆心为起点，向右绘制一条长度为300mm的水平直线段，再以水平直线段的末端点为起点，向下绘制一条长度为100mm的垂直线段，如图7-23所示。

图 7-22　绘制圆　　　　　　　　　　　　图 7-23　绘制直线

4）执行"旋转"命令（RO），将绘制的两条线段选中，以圆心为旋转基点，旋转45°，如图7-24所示。

5）执行"图案填充"命令（H），对圆进行"SOLID"图案填充，如图7-25所示。

图 7-24　旋转操作　　　　　　　　　　图 7-25　绘制的单向开关

6）执行"保存块"命令（B），将弹出"块定义"对话框，分别按照前面的方法来创建"单向开关"为内部图块对象。

7）绘制"双向开关"图例，执行"圆"命令（C），绘制一个半径为80mm的圆，如图7-26所示。

8）执行"直线"命令（L），绘制如图7-27所示图形。

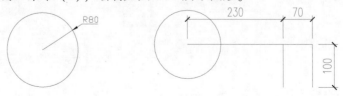

图 7-26　绘制圆　　　　　　　　　　　图 7-27　绘制图形效果

9）执行"旋转"命令（RO），分别将绘制的两条线段选中，以圆心为旋转基点，旋转45°，如图7-28所示。

10）执行"图案填充"命令（H），对圆进行"SOLID"图案填充，如图7-29所示。

图7-28 旋转操作　　　　　　图7-29 绘制的双向开关

11）执行"保存块"命令（B），将弹出"块定义"对话框，分别按照前面的方法来创建"双向开关"为内部图块对象。

12）将"DJ-灯具"图层置为当前图层。执行"插入"命令（I），选择"客厅艺术灯""艺术吊灯""吸顶灯""筒灯"和"防雾灯"等内部图块，将其插入到图形中，然后通过移动、复制等命令摆放在相应位置，如图7-30所示。

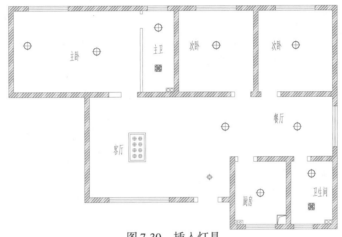

图7-30 插入灯具

13）将"DQ-电气"图层置为当前图层。执行"插入"命令（I），分别选择"单向开关"和"双向开关"等内部图块，将其插入到图形中相应位置，并使用"旋转"（RO）和"移动"（M）等命令进行编辑，最终效果如图7-31所示。

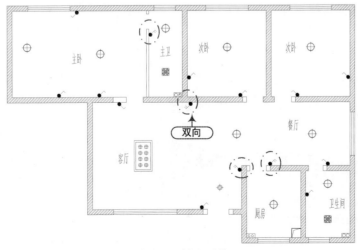

图7-31 插入开关

提示：电气照明平面图的画法

在绘制建筑电气照明平面图时，可按照如下所示的操作步骤来绘制：

1）画房屋平面（外墙、门窗、房间、楼梯等）。

2）在电气工程 CAD 制图中，对于新建结构的绘制往往由建筑专业提供建筑施工图，对于改建建筑则需要重新绘制其建筑施工图。

3）画配电箱、开关及电力设备。

4）画各种灯具、插座、吊扇等。

5）画进户线及各电气设备、开关、灯具间的连接线。

6）对线路、设备等附加文字标注。

7）附加必要的文字说明。

7.2.3　绘制连接线路

1）单击"图层"面板中的"图层控制"下拉框，将 0 图层置为当前图层。

2）执行"多段线"命令（PL），将多段线的起点及端点宽度设置为 20mm，将客厅和门厅的灯具与开关串联起来，如图 7-32 所示。

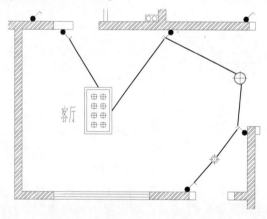

图 7-32　绘制客厅与门厅的连接线路

提示：多段线的讲解

在 AutoCAD 中，"多段线"命令（PL）主要用于绘制各种复杂的直线与圆弧的组合图形。

在绘制多段线中，执行"半宽（H）"选项与"宽度（W）"选项输入数据相同时，在绘图区显示效果的区别如图 7-33 所示。

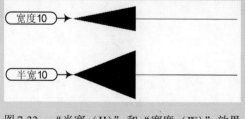

图 7-33　"半宽（H）"和"宽度（W）"效果

3）执行"多段线"命令（PL），使用前面相同的方法，捕捉所有灯具，并与开关串联起来，如图 7-34 所示。

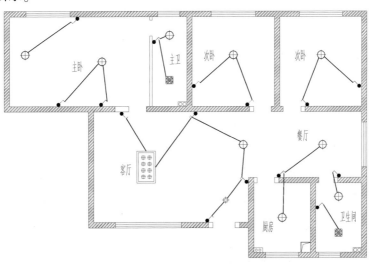

图 7-34 布置所有房间开关线路

7.2.4 添加说明文字

1）单击"图层"面板中的"图层控制"下拉框，将"ZS-注释"图层置为当前图层。

2）执行"矩形"命令（REC），在图形左下角绘制 3870mm×1665mm 的矩形，然后通过分解、偏移和修剪等命令，绘制出如图 7-35 所示的表格。

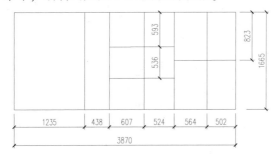

图 7-35 绘制表格

3）执行"复制"命令（CO），将平面图中的相应电气符号复制到表格内，然后执行"多行文字"命令（MT），选择"图内说明"文字样式，设置字高为"200"，在单元格内进行文字注释，效果如图 7-36 所示。

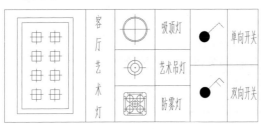

图 7-36 图标注释

4）至此，该住宅电照布置图绘制完成，按【Ctrl + S】组合键进行保存，然后选择"文件 | 关闭"菜单命令，将该图形文件退出。

7.3 住宅弱电布置图的绘制

首先打开"案例 \ 04 \ 地面布置图 . dwg"文件，并另存为"案例 \ 07 \ 住宅弱电布置图 . dwg"文件。再将多余的对象删除或者隐藏，接着绘制电视、网络等弱电接口图块对象，并分别布置到相应位置。然后使用直线命令，将室内的各个对应的弱电接口进行连接。最后将标注图层显示出来，其效果如图7-37所示。

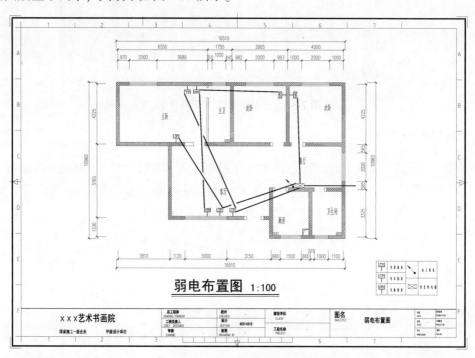

图7-37 住宅弱电布置图效果

7.3.1 调用绘图环境

1）启动 AutoCAD 2015 软件，按【Ctrl + O】组合键打开"案例 \ 04 \ 地面布置图 . dwg"文件，再按【Ctrl + Shift + S】组合键，将其另存为"案例 \ 07 \ 住宅弱电布置图 . dwg"文件。

2）执行"删除"命令（E），将原有的填充地材对象删除，并删除文字注释等其他相应对象，然后将下侧的图名注释部分进行适当地修改。

3）按【Ctrl + A】组合键，将图形全部选中，然后在"特性"面板的"颜色"下拉列表中，选择"颜色8"，将图形以暗色显示，如图7-38所示。

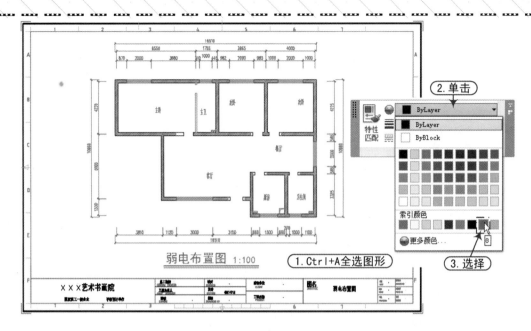

图 7-38　暗色显示图形

7.3.2　绘制电气设备

1）单击"图层"面板中的"图层控制"下拉框，将"DQ-电气"图层置为当前图层。

2）绘制"信息配电箱"图例，执行"矩形"命令（REC），绘制一个 600mm × 300mm 的矩形，如图 7-39 所示。

3）执行"直线"命令，捕捉矩形上的相应端点绘制两条对角线，如图 7-40 所示。

4）绘制"向上配线"符号，执行"圆"命令（C），绘制一个半径为 70mm 的圆，如图 7-41 所示。

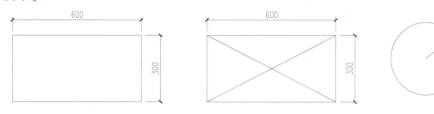

图 7-39　绘制矩形　　　　　　图 7-40　绘制对角线　　　　　　图 7-41　绘制圆

5）执行"多段线"命令（PL），捕捉圆的右侧象限点水平向右绘制箭头方向符号，其箭头端的起点宽度为 90mm，端点宽度为 0，如图 7-42 所示。

提示：步骤讲解

> 在绘制水平箭头符号时，可按下 F8 键或单击状态栏中的"正交"按钮，打开"正交"模式，就可以绘制完全水平的箭头方向符号了。

6）执行"图案填充"命令（H），对圆内进行"SOLID"图案填充，如图 7-43 所示。

7）绘制"电视插座"图例，执行"矩形"命令（REC），绘制一个 420mm × 280mm 的

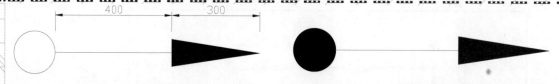

图 7-42　绘制多段线　　　　　　　　　图 7-43　填充图案效果

矩形，如图 7-44 所示。

8）执行"多段线"命令（PL），设置多段线的线宽为 20mm，然后捕捉矩形上的相应点绘制一条多段线，如图 7-45 所示。

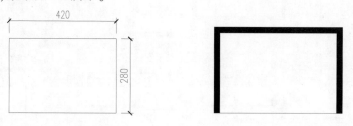

图 7-44　绘制矩形　　　　　　　　　图 7-45　绘制多段线 1

提示：步骤讲解

此处也可直接执行"多段线"命令（PL）绘制"电视插座"图形，参照绘制矩形的尺寸来直接绘制多段线。

9）继续执行"多段线"命令（PL），捕捉矩形的上侧水平边中点向上绘制一条长度为 300mm 的垂直多段线，然后将绘制的辅助矩形删除掉，如图 7-46 所示。

10）执行"多行文字"命令（MT），设置文字的字体为"宋体"，文字高度为"200"，在多段线的下侧输入电视插座英文代号文字"TV"，如图 7-47 所示。

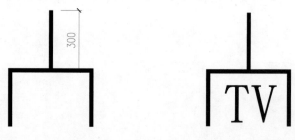

图 7-46　绘制多段线 2　　　　　　　　图 7-47　输入文字

11）绘制"电话插座"图例，执行"复制"命令（CO），将前面绘制的"电视插座"向右复制一份。

12）双击复制后图形中的文字内容"TV"，将其修改为"TP"，如图 7-48 所示。

13）绘制"电脑插座"图例，执行"复制"命令（CO），将前面绘制的"电话插座"向右复制一份。

14）双击复制后图形中的文字内容"TP"，将其修改为"CPU"，如图 7-49 所示。

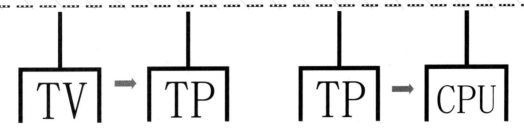

<table>
<tr><td>图 7-48　绘制电话插座</td><td>图 7-49　绘制电脑插座</td></tr>
</table>

提示：步骤讲解

> 此处修改文字内容"TP"为"CPU"后，打开特性面板，修改"文字高度"值为"150"，调整文字到合适大小。

15）执行"旋转"（RO）和"移动"（M）等命令，将前面绘制的"信息配电箱"和"向上配线"图例符号布置到平面图中的相应位置处，如图7-50所示。

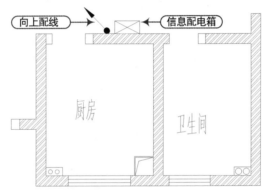

图 7-50　布置"信息配电箱"和"向上配线"

16）执行"复制"（CO）、"旋转"（RO）和"移动"（M）等命令，将前面绘制的"电视插座""电话插座"和"电脑插座"图例布置到各个房间中的相应位置处，如图7-51所示。

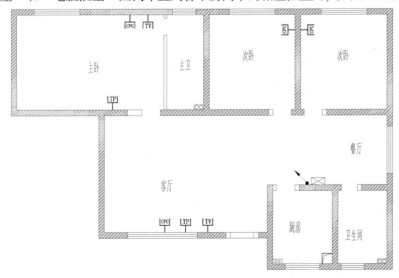

图 7-51　布置所有弱电设备

7.3.3 绘制连接线路

1）单击"图层"面板中的"图层控制"下拉框，将 0 图层置为当前图层。

2）执行"多段线"命令（PL），设置多段线的起点和端点宽度均为 50mm，绘制从室外引入室内，连接至信息配电箱的一条引入线，如图 7-52 所示。

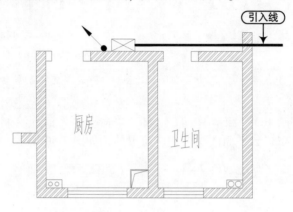

图 7-52 绘制引入线

提示：步骤讲解

> 连接线路可以使用"直线"命令（L）或"多段线"命令（PL）来进行绘制，在这里为了便于观察及快速识读，采用了具有一定宽度的多段线来进行绘制，如采用"直线"命令（L）绘制时可设置当前图层的线型宽度（线宽）来表达相同的效果。

3）继续执行"多段线"命令（PL），绘制从信息配电箱引出的、依次连接室内布置有电话插座的一条连接线路，如图 7-53 所示。

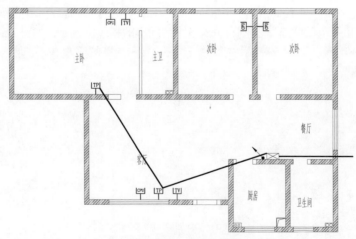

图 7-53 绘制电话插座连接线

4）继续执行"多段线"命令（PL），绘制从信息配电箱引出的、依次连接室内的电脑插座、电视插座的几条连接线路，如图 7-54 所示。

5）通过直线、修剪等命令，对相交处的线路进行一定的修改，效果如图 7-55 所示。

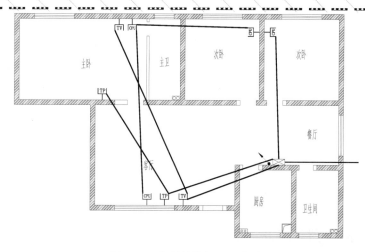

图 7-54 绘制其他插座连接线

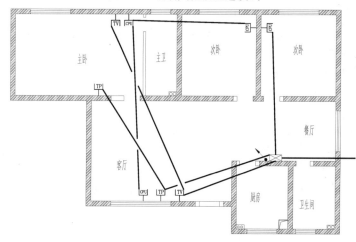

图 7-55 修剪连接线路的相交处

提示：相交线路的调整

在连接线路的相交位置，应该隔开一段距离，不要将其相交到一起，在这里可以绘制两条垂线段，然后执行"修剪"命令（TR），将线路相交的位置修剪掉至使其线路不要相交到一起即可。

7.3.4 添加说明文字

1）单击"图层"面板中的"图层控制"下拉框，将"ZS-注释"图层置为当前图层。

2）执行"矩形"命令（REC），在图形左下角绘制 4380mm×2365mm 的矩形，然后使用分解、偏移和修剪等命令，绘制出如图 7-56 所示的表格。

3）执行"复制"命令（CO），将前面的电气设备复制到单元格内，然后执行"多行文字"命令（MT），选择"图内说明"文字样式，设置字高为"250"，对各个电气设备进行标注，效果如图 7-57 所示。

4）至此，该住宅弱电布置图绘制完成，按【Ctrl+S】组合键进行保存，然后选择"文件|关闭"菜单命令，将该图形文件退出。

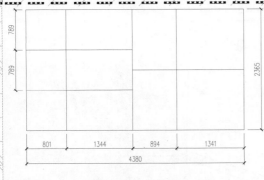

图 7-56　绘制表格　　　　　　　　　　图 7-57　图标注释

7.4　住宅给水布置图的绘制

首先打开"案例 \ 04 \ 地面布置图 . dwg"文件，并另存为"案例 \ 07 \ 住宅给水布置图 . dwg"文件，再将多余的对象删除或者隐藏，然后新建给水设备图层，绘制给水设备等相关对象，最后新建给水管线图层，绘制给水管线，其效果如图 7-58 所示。

提示：室内给水平面图概述

室内给水平面图是（建筑平面以细线画出）表明给水管道、用水设备、器材等平面位置的图样，其主要反映下列内容：

1）表明房屋的平面形状及尺寸，用水房间在建筑中的平面位置。

2）表明室外水源接口位置，底层引入管位置及管道直径等。

3）表明给水管道的主管位置、编号、管径、支管的平面走向、管径及有关平面尺寸等。

4）表明用水器材和设备的位置、型号及安装方式等。

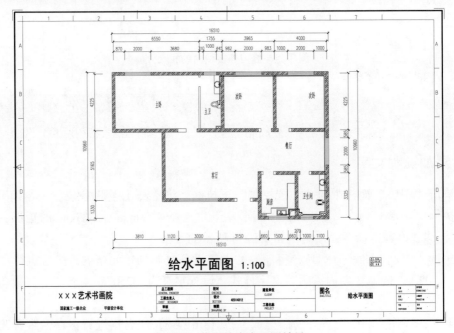

图 7-58　住宅给水布置图效果

7.4.1　调用绘图环境

1）启动 AutoCAD 2015 软件，按【Ctrl + O】组合键打开"案例 \ 04 \ 地面布置图 . dwg"文件，再按【Ctrl + Shift + S】组合键，将其另存为"案例 \ 07 \ 住宅给水布置图 . dwg"文件。

2）执行"删除"命令（E），将原有的填充地材对象删除，并删除文字注释等其他相应对象，然后将下侧的图名注释部分进行适当地修改。

3）按【Ctrl + A】组合键，将图形全部选中，然后在"特性"面板的"颜色"下拉列表中，选择"颜色 8"，将图形以暗色显示，如图 7-59 所示。

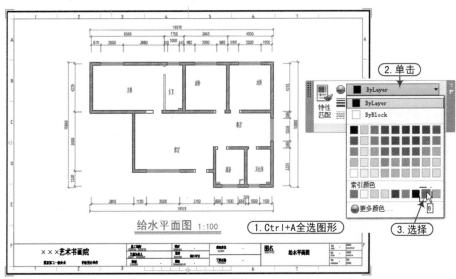

图 7-59　暗色显示图形

7.4.2　绘制给水设备

1）单击"图层"面板中的"图层控制"下拉框，将 0 图层置为当前图层。

2）执行"直线"命令（L），根据图形需要在厕所和厨房位置绘制如图 7-60 所示图形。

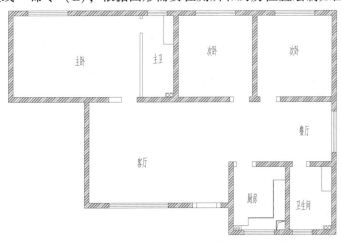

图 7-60　绘制的图形效果

提示：步骤解析

这里是根据第4章中的"室内平面布置图"的绘制方法，在厨房和卫生间内绘制相应的灶台和洗手台轮廓。用户可参照第4章来绘制这些图形。

3）在命令行中输入"LA"命令，在打开的"图层特性管理器"面板中新建"GSSB-给水设备"图层，并将该图层置为当前图层，如图7-61所示。

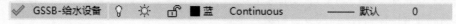

图7-61　新建图层

4）执行"插入"命令（I），打开"插入"对话框，选择"洗脸盆""洗菜盆""坐便器"和"蹲便器"等内部图块，将其插入到图中相应位置，再使用"旋转"（RO）和"移动"（MI）等命令，对插入的图块进行编辑，如图7-62所示。

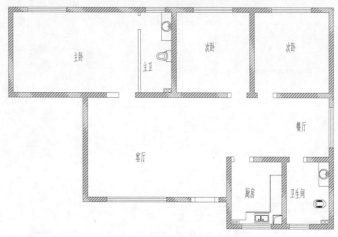

图7-62　插入给水设备

提示：步骤讲解

这里在布置给水设备时，布置给水设备的具体位置参照前面绘制的室内平面布置图。

7.4.3　绘制给水管线

1）单击"图层"面板中的"图层控制"下拉框，将"GSSB-给水设备"图层置为当前图层。

2）绘制"水表"图例，执行"圆"命令（C），绘制一个半径为80mm的圆，如图7-63所示。

3）执行"直线"命令（L），在绘制的圆内绘制一个箭头符号，如图7-64所示。

图7-63　绘制圆　　　　　　图7-64　绘制的箭头符号

4）执行"图案填充"命令（H），为绘制的箭头符号内部填充"SOLID"图案，如图7-65所示。

图7-65　图案填充

5）执行"圆"命令（C），绘制一个半径为60mm的圆作为给水立管，如图7-66所示。

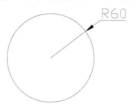

图7-66　绘制给水立管

6）执行"移动"命令（M），将绘制的水表及给水立管布置到平面图中的相应位置处，如图7-67所示。

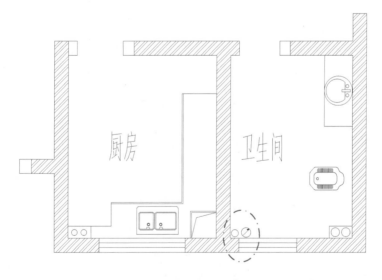

图7-67　布置水表及给水立管

7）执行"点样式"命令（PT），打开"点样式"对话框，选择一种点样式，然后设置点大小为"50"单位，并设置为"按绝对单位设置大小（A）"，再单击"确定"按钮，完成点样式的设置，如图7-68所示。

8）由于给水龙头一般在用水设备中点处，所以可以启用捕捉的方法复制绘图，设置捕捉可以用鼠标右击状态栏中的"对象捕捉"按钮，在打开的关联菜单中选择"对象捕捉设置"命令。

9）接着在打开的"草图设置"对话框中，勾选"启动对象捕捉（F3）（O）"复选框，并单击右侧的"全部选择"按钮，最后单击"确定"按钮，如图 7-69 所示。

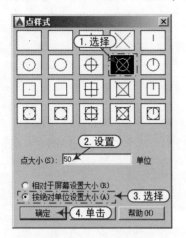

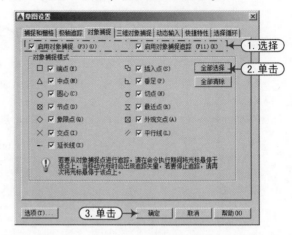

图 7-68　设置点样式　　　　　　　　　图 7-69　设置对象捕捉

10）执行"点"命令（PO），分别在各用水处单击，以绘制给水点，如图 7-70 所示。

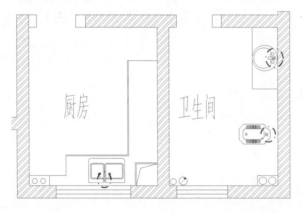

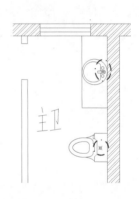

图 7-70　绘制给水点

提示：步骤讲解

由于此建筑平面图过大，这里只截取了有给水点的地方，因此能够更清晰地表达出给水点的位置。

11）在命令行中输入"LA"命令，在打开的"图层特性管理器"面板中新建"GSGX-给水管线"图层，并将该图层置为当前图层，如图 7-71 所示。

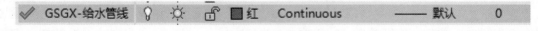

图 7-71　新建图层

12）执行"多段线"命令（PL），根据命令行提示，设置多段线的起点及终点宽度均为 30mm，然后按照设计要求绘制出水表井的给水立管引出的，分别连接至平面图相应位置的用水线路，如图 7-72 所示。

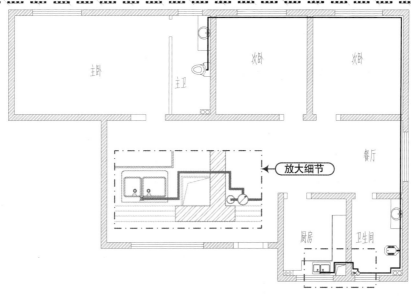

图 7-72 绘制给水线路

提示：线宽确定

> 对于确定线宽的方法有很多，管道的宽度也可以通过设定图层性质来确定，这时管线用"Continues"线型绘制，给水管用 0.25mm 的线宽，排水管用 0.30mm 的线宽，用"点"表示用水点。但是，如果对于初学者来说在各步骤中可能对线宽的具体尺寸不好把握，那么在这时候根据实际效果来输入线宽可能比较直观。

7.4.4 添加说明文字

1）单击"图层"面板中的"图层控制"下拉框，将"ZS-注释"图层置为当前图层。

2）执行"多行文字"命令（MT），设置好文字大小后，对平面图中的给水立管进行名称标注，标注名称为"JL-1"，如图 7-73 所示。

3）执行矩形、分解、偏移等命令绘制出表格图形，然后将相应的给水设备复制到单元格内，然后在单元格内对设备进行相应的文字注释，效果如图 7-74 所示。

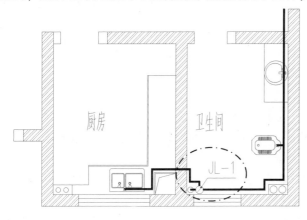

图 7-73 标注给水立管

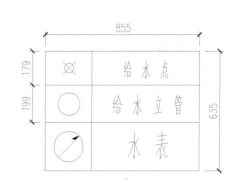

图 7-74 图标注释

4）至此，该住宅给水布置图绘制完成，按【Ctrl＋S】组合键进行保存，然后选择"文件｜关闭"菜单命令，将该图形文件退出。

7.5 住宅排水布置图的绘制

首先打开"案例＼04＼地面布置图.dwg"文件，并另存为"案例＼07＼住宅排水布置图.dwg"文件，再将多余的对象删除或者隐藏，然后新建排水设备图层，绘制排水设备等相关对象，最后新建排水管线图层，绘制排水管线，其效果如图7-75所示。

图7-75 住宅排水布置图效果

提示：室内排水平面图概述

排水平面图是以建筑平面图为基础画出的，其主要反映卫生洁具、排水管材、器材的平面位置、管径及安装坡度要求等内容，图中应注明排水位置的编号。对于不太复杂的排水平面图，通常和给水平面图画在一起，组成建筑给水平面图。

7.5.1 调用绘图环境

1）启动 AutoCAD 2015 软件，按【Ctrl＋O】组合键打开"案例＼04＼地面布置图.dwg"文件，再按【Ctrl＋Shift＋S】组合键，将其另存为"案例＼07＼住宅排水布置图.dwg"文件。

2）执行"删除"命令（E），将原有的填充地材对象删除，并删除文字注释等其他相应对象，然后将下侧的图名注释部分进行适当地修改。

3）按【Ctrl＋A】组合键，将图形全部选中，然后在"特性"面板的"颜色"下拉列表中，选择"颜色8"，将图形以暗色显示，如图7-76所示。

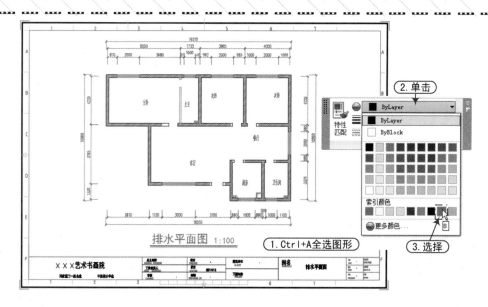

图 7-76 暗色显示图形

7.5.2 布置用水设备

1）单击"图层"面板中的"图层控制"下拉框，将 0 图层置为当前图层。

2）执行"直线"命令（L），根据图形需要在厕所和厨房位置绘制如图 7-77 所示的灶台和洗手台图形。

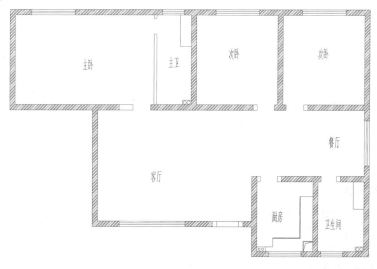

图 7-77 绘制的图形效果

3）在命令行中输入"LA"命令，在打开的"图层特性管理器"面板中新建"YSSB-用水设备"图层，并将该图层置为当前图层，如图 7-78 所示。

图 7-78 新建图层

提示：图层的命名

在新建图层中，如果用户更改图层名字，用鼠标单击该图层并按F2键，然后重新输入图层名即可，图层名最长可达255个字符，但不允许有"＞""＜""\""："" ＝"等，否则系统会弹出如图7-79所示的警告框。

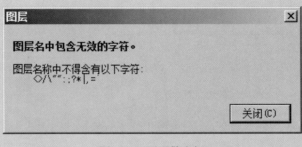

图 7-79　图层警告框

4）执行"插入"命令（I），打开"插入"对话框，然后单击"名称（N)"选项右侧的倒三角按钮▼，选择"洗脸盆""洗菜盆""坐便器"和"蹲便器"等内部图块，将其插入到图中相应位置，再使用"旋转"（RO）和"移动"（M）等命令，对插入的图块进行编辑，如图7-80所示。

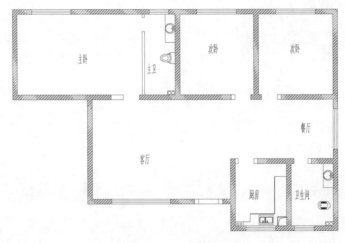

图 7-80　插入用水设备

提示：步骤讲解

在插入图块时，还可以指定插入点、插入比例、旋转角度等属性定义，或者勾选"分解"选项，表示在插入的同时分解图块。

7.5.3　绘制排水设备

1）在命令行中输入"LA"命令，在打开的"图层特性管理器"面板中新建"PSSB-排水设备"图层，并将该图层置为当前图层，如图7-81所示。

图 7-81　新建图层

2）绘制"圆形地漏"图例，执行"圆"命令（C），绘制一个半径为100mm的圆，如图7-82所示。

3）执行"图案填充"命令（H），为绘制的圆内填充"ANSI31"图案，比例为"6"，如图7-83所示。

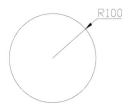

图7-82 绘制圆 图7-83 图案填充效果

4）执行"复制"（CO）和"移动"（M）等命令，将绘制的排水设备布置到平面图中的相应位置处，如图7-84所示。

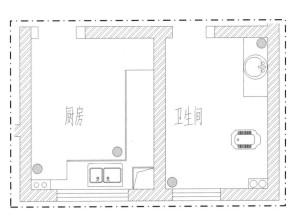

图7-84 布置排水设备

提示：移动的讲解

在AutoCAD中，利用"移动"命令（M）可以将原对象以指定的角度和方向进行移动，所移动的对象并不改变其方向和大小。

例如，如图7-85所示利用"移动"命令（M）绘制图形，其操作步骤如下：

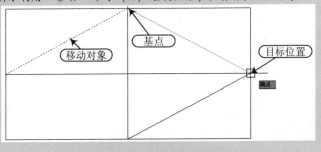

图7-85 移动操作效果

7.5.4 绘制排水管线

1）在命令行中输入"LA"命令，在打开的"图层特性管理器"面板中新建"PSGX-排水管线"图层，并将该图层置为当前图层，如图7-86所示。

图7-86 新建图层

2）执行"格式 | 线型"菜单命令，打开"线型管理器"对话框，单击"隐藏细节"按钮，打开"详细信息"选项组，设置"全局比例因子"为"500.0000"，然后单击"确定"按钮，如图7-87所示。

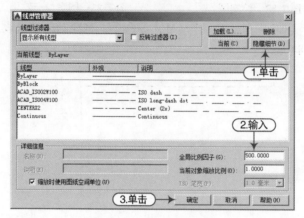

图7-87 设置线型比例

提示：图层线型的设置

在AutoCAD中，为了满足用户的各种不同要求，系统提供了45种线型，所有的对象都是用当前的线型来创建的。

执行图层线型的设置命令后，系统将会弹出"线型管理器"对话框，在"线型管理器"对话框中，其主要选项说明如下：

1）"线型过滤器"：用于指定线型列表框中要显示的线型，勾选右侧的"反向过滤器"复选框，就会以相反的过滤条件显示线型。

2）"加载"按钮：单击此按钮，将弹出"加载或重载线型"对话框，用户在"可用线型"列表中选择所需要的线型，也可以单击"文件"按钮，从其他文件中调出所要加载的线型，如图7-88所示。

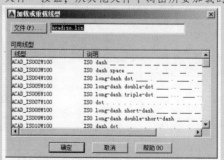

图7-88 "加载或重载线型"对话框

3）"删除"按钮：用此按钮来删除选定的线型。只能删除未使用的线型，不能删除 BYLAYER、BY-BLOCK 和 CONTINUOUS 线型。

4）"当前"按钮：此按钮可以为选择的图层或对象设置当前线型，如果是新创建的对象时，系统默认线型是当前线型（包括 Bylayer 和 ByBlock 线型值）。

5）"显示\隐藏细节"按钮：此按钮用于显示"线型管理器"对话框中的"详细信息"选项区。

例如，如图 7-89 所示分别为不同线型在绘图区的显示情况。

图 7-89　不同线型绘制图形效果

3）执行"多段线"命令（PL），将多段线的起点及端点的宽度均设置为 50mm，按照排水管线的布局设计要求，绘制出平面图中卫生间的排水线路，如图 7-90 所示。

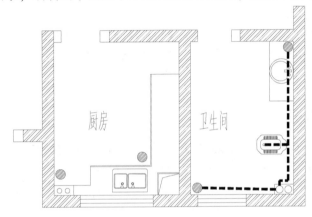

图 7-90　绘制卫生间排水管线

4）使用相同的方法，绘制出平面图中所有的排水线路，如图 7-91 所示。

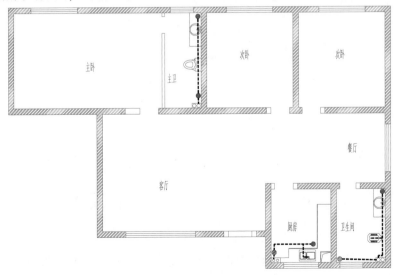

图 7-91　绘制室内所有排水管线

提示：给水排水布置图的标注说明

在进行给排水布置图的标注说明时，一般按照以下方式来操作：

1）文字标注及相关必要的说明：建筑给水排水工程图，一般采用图形符号与文字标注符号相结合的方法，文字标注包括相关尺寸、线路的文字标注以及相关的文字特别说明等，都应按相关标准要求，做到文字表达规范、清晰明了。

2）管径标注：给水排水管道的管径尺寸以毫米（mm）为单位，管径宜以公称直径DN表示（如DN15、DN50）。

3）管道编号：

当建筑物的给水引入管或排水排出管的根数大于1根时，通常用汉语拼音的首字母和数字对管道进行标号。

对于给水立管及排水立管，即指穿过一层或多层竖向给水或排水管道，当其根数大于1根时，也应采用汉语拼音首字母及阿拉伯数字对其进行编号，如"JL-2"表示2号给水立管，"J"表示给水，"PL-6"则表示6号排水立管，"P"表示排水。

4）标高：对于建筑平面图来说，在同一标准层上可以同时表示出各个层的标高，这样更加直观。

5）尺寸标注：建筑的尺寸标注共三道，第一道是细部标注，主要是门窗洞的标注，第二道是轴网标注，第三道是建筑长宽标注。

7.5.5　添加说明文字

1）单击"图层"面板中的"图层控制"下拉框，将"ZS-注释"图层置为当前图层。

2）执行"多行文字"命令（MT），设置好文字大小后，对平面图中的排水立管进行名称标注，标注名称分别为"PL-1""PL-2"和"PL-3"，如图7-92所示。

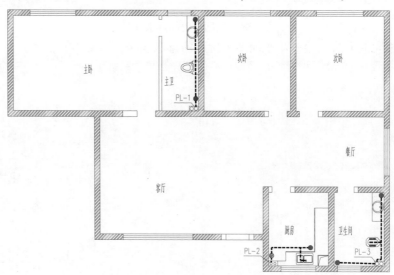

图7-92　标注排水立管1

3）继续执行"多行文字"命令（MT），设置好文字大小后，对平面图中的其他对象进行名称标注，最终效果如图7-93所示。

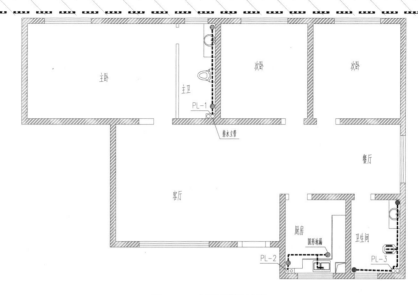

图 7-93　标注图形效果 2

4）至此，该住宅排水布置图绘制完成，按【Ctrl + S】组合键进行保存，然后选择"文件 | 关闭"菜单命令，将该图形文件退出。

第8章

施工图集

家装样板房装修设计

× × ×艺术设计院		
工程名称 ENGINEERING TITLE	×××××	
建设单位 BUILDING ENTERPRISE	×××××	
图样名称 DRAWING TITLE	×××××	
设 计 DESIGN	李工	高工
绘 图 DRAW		
校 对 VERIFY		
设计负责 DESIGN		
工程负责 ENGINEERING		
审 批 APPROVE		
比 例 SCALE		

备注：
切勿以此测量度，以图内数字
标注为准，承建人仍须在现场核对
图内之准确性，如发现任何矛盾之
处，应立即通知设计师。

申方签字		
图号 DWG NO		
日期 DATE	2014.10	
业务号 JOB NO		
电话 TELEPHONE		

施工图册总目录

序号	图样名称	图样编号	图幅
001	施工图册总目录	CA01	A4
002	施工图设计材料表	MT01	A4
003	工程灯具对照图	LI01	A4
004	原始结构图	1P01	A4
005	平面布置图	1P02	A4
006	家具尺寸图	1P03	A4
007	墙体定位图	1P04	A4
008	顶棚平面图	1P05	A4
009	灯具平面图	1P06	A4
010	地面材质图	1P07	A4
011	客厅立面图	1E01	A4
012	餐厅、厨房立面图	1E02	A4
013	工人房立面图	1E03	A4
014	卧室一立面图	1E04	A4
015	多功能房立面图	1E05	A4
016	主卧室立面图一	1E06	A4
017	主卧室立面图二	1E07	A4
018	卧室二立面图	1E08	A4
019	卧室二立面图	1E08	A4
020	过道立面图	1E09	A4
021	卫生间立面图	1E10	A4
022			A4
023			A4
024			A4
025			A4
026			A4
027			A4
028			A4

×××艺术设计院 ENGINEERING TITLE

工程名称 ENGINEERING TITLE ×××××
建设单位 BUILDING ENTERPRISE ×××××
图样名称 DRAWING TITLE 施工图册总目录

设 计 DESIGN 李工 萱工
绘 图 DRAW
校 对 VERIFY
设计负责 DESIGN
工程负责 ENGINEERING
审 批 APPROVE
比 例 SCALE

备注：
切勿以比例量度，以图内数字标注为准。承建人须在现场校对图内之准确性，如发现任何矛盾之处，应立即通知设计师。

甲方签字

图 号 DWG NO CA01
日 期 DATE 2014.10
业务号 JOB NO
电话 TELEPHONE

施工图设计材料表

序号	材料编号	材料名称及规格	材料使用位置	品牌及代理商	联系电话	备注
001	PA-01	白色乳胶漆	顶棚	当地材料商供应		
002	PA-02	白色防水乳胶漆	卫生间顶棚	当地材料商供应		
003	PA-03	白色乳胶漆	墙面			
004	PA-04	米色聚脂漆	墙面			
005	ST-01	金世纪大理石	卫生间台面			
006	ST-02	月光米黄大理石	门槛石/窗台石			
007	ST-03	白色人造石	厨房台面			
008	TI-01	300mm×300mm灰色地砖	走道地面			
009	TI-02	600mm×600mm地砖	主卧室卫生间地面、阳台			
010	TI-03	300mm×300mm墙砖	走道地面拼花			
011	TI-04	300mm×600mm墙砖	公共卫生间			
012	MS-01	锦砖	走道地面			
013	WF-01	实木地板	全屋地面			
014	WP-01	墙纸	工人房			
015	WP-02	墙纸	卧室一			
016	WP-03	墙纸	多功能房			
017	WP-04	墙纸	主卧室			
018	WP-05	墙纸	客厅			
019	GL-01	5mm清镜	卫生间			
020	GL-02	8mm夹丝玻璃	卫生间隔断			
021	MT-01	银箔	多功能房背景			

工程名称 ENGINEERING TITLE ×××艺术设计院

×××××

建设单位 BUILDING ENTERPRISE
×××××

图纸名称 DRAWING TITLE
×××××

施工图设计材料表

钉缸

设　计 DESIGN
绘　图 DRAW
校　对 VERIFY
设计负责 DESIGN
工程负责 ENGINEERING
审　批 APPROVE
比　例 SCALE

备注：
切勿以此测量度，以图内数字标注为准。承建人必须在现场核对图内之准确性，如发现任何疑点之处，应立即通知设计师。

甲方签字

图号 DWG NO   MT01
日期 DATE   2014.10
业务号 JOB NO
电话 TELEPHONE

工程灯具对照表

编号	类别	灯具图例	形象	品牌型号	开孔尺寸 (长×宽×高)mm	色温	光源(电压/光源/功率/光束角)	表面材质
L1	可调角度射灯			雷士 NPL874/873	Φ73	3000K	12V/MR16/50W/24° (卫生间38°)	白色
L2	防雾射灯			雷士 NDL802	Φ72	3000K	12V/MR16/50W/38°	白色
L3	艺术吊灯							白色
L4	暗藏T5灯管			雷士 NFL28/T5		4300K	T5三基色荧光灯管	白色

灯具品牌不限、样式及技术参数需达到设计要求

工程名称 ENGINEERING TITLE	×××××
建设单位 BUILDING ENTERPRISE	×××××
群体名称 DRAWING TITLE	工程灯具对照表

×××艺术设计院

	李工	高工
设 计 DESIGN		
绘 图 DRAW		
校 对 VERIFY		
设计负责 DESIGN		
工程负责 ENGINEE RING		
审 批 APPROVE		
比 例 SCALE		

备注:
切勿以比例量度,以图内数字标注为准,承建人必须在现场核对图内之准确性,如发现任何差异之处,应立即通知设计师。

甲方签字

图 号 DWG NO	LI01
日 期 DATE	201410
业务号 JOB NO	
电话 TELEPHONE	

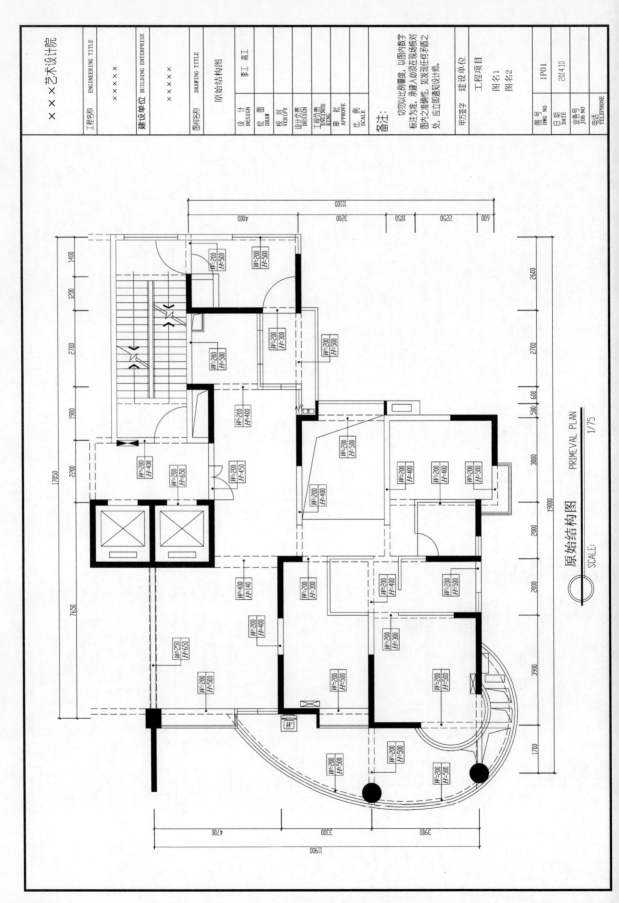

原始结构图 PRIMEVAL PLAN
SCALE: 1/75

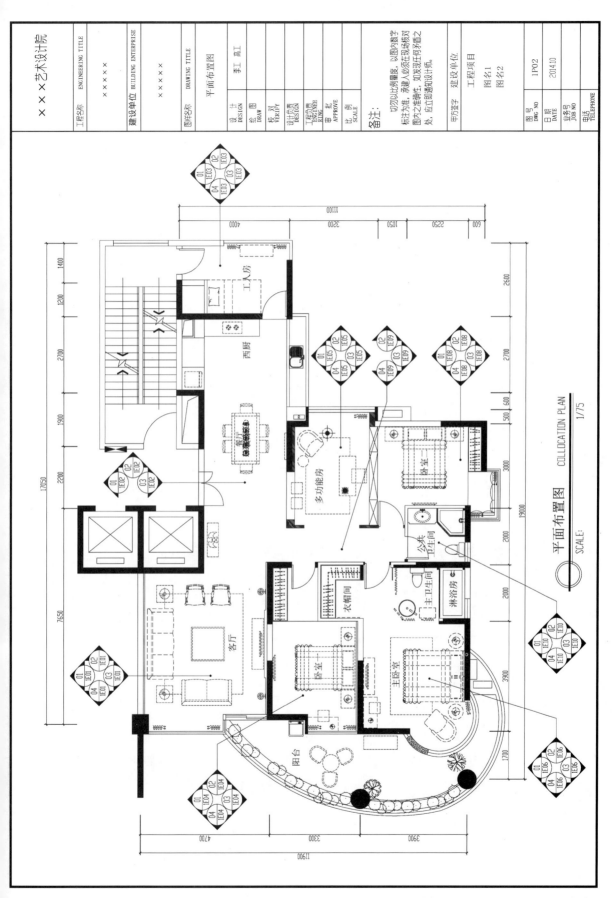

平面布置图 COLLOCATION PLAN
1/75
SCALE:

219

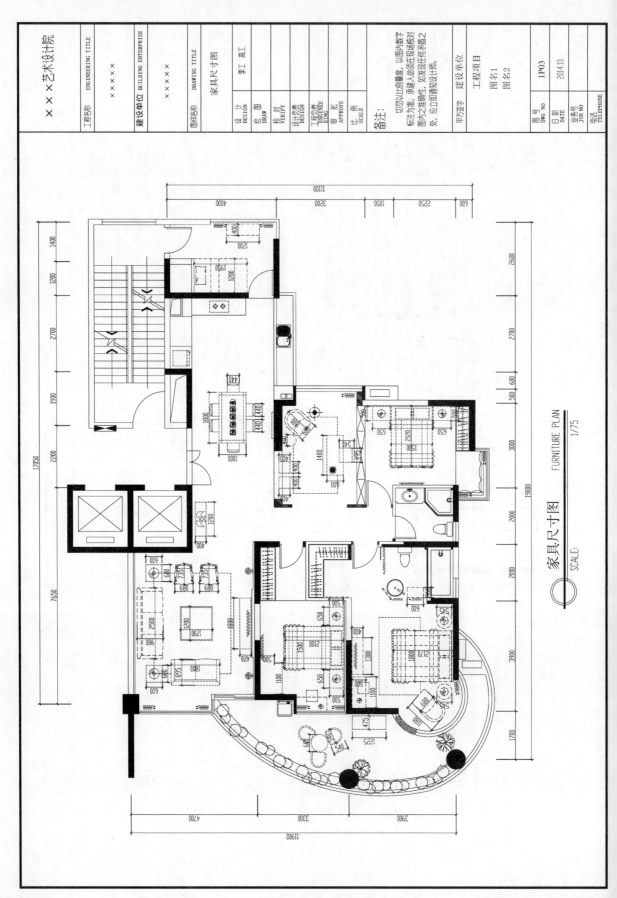

家具尺寸图 FURNITURE PLAN

SCALE: 1/75

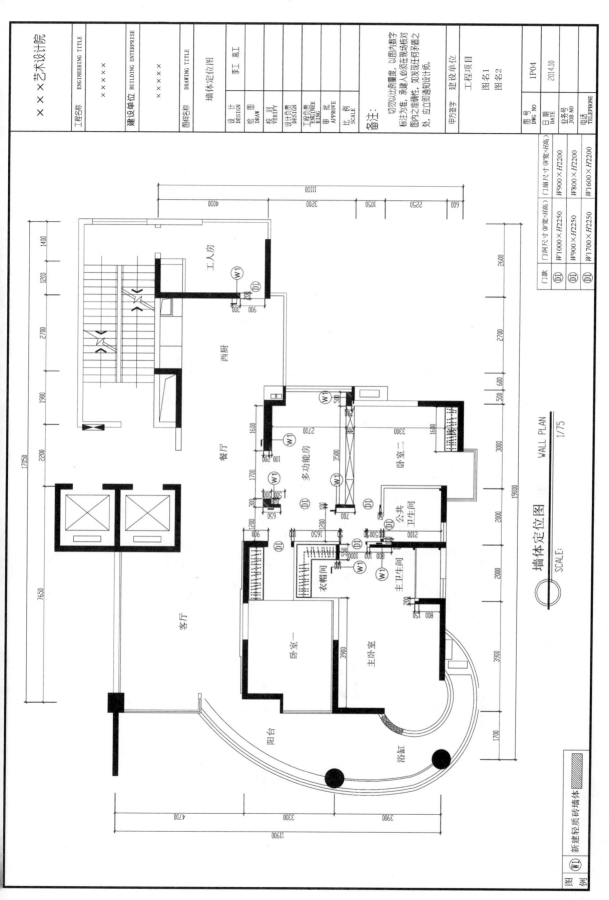

墙体定位图
WALL PLAN 1/75

SCALE:

门款	门洞尺寸 (W宽×H高)	门扇尺寸 (W宽×H高)
D1	W1000×H2250	W900×H2200
D2	W900×H2250	W800×H2200
D3	W1700×H2250	W1600×H2200

图例	W1	新建轻质砖墙体

客厅

卧室一

主卧室

阳台

浴缸

衣帽间

主卫生间

公共卫生间

卧室二

多功能房

餐厅

西厨

工人房

××× 艺术设计院

工程名称 ENGINEERING TITLE ××××
建设单位 BUILDING ENTERPRISE ×××××
××××

图样名称 DRAWING TITLE 墙体定位图

李工 高工

设 计 DESIGN
绘 图 DRAW
校 对 VERIFY
设计负责 DESIGN
工程负责 ENGINEERING
审 批 APPROVE
比 例 SCALE

备注：
切勿以比例量度，以图内数字标注为准，承建人必须在现场核对图内之准确性，如发现任何矛盾之处，应立即通知设计师。

申方签字
建设单位
工程项目 图名1 图名2

图号 DWG NO 1P04
业务号 JOB NO
日期 DATE 2014.10
电话 TELEPHONE

221

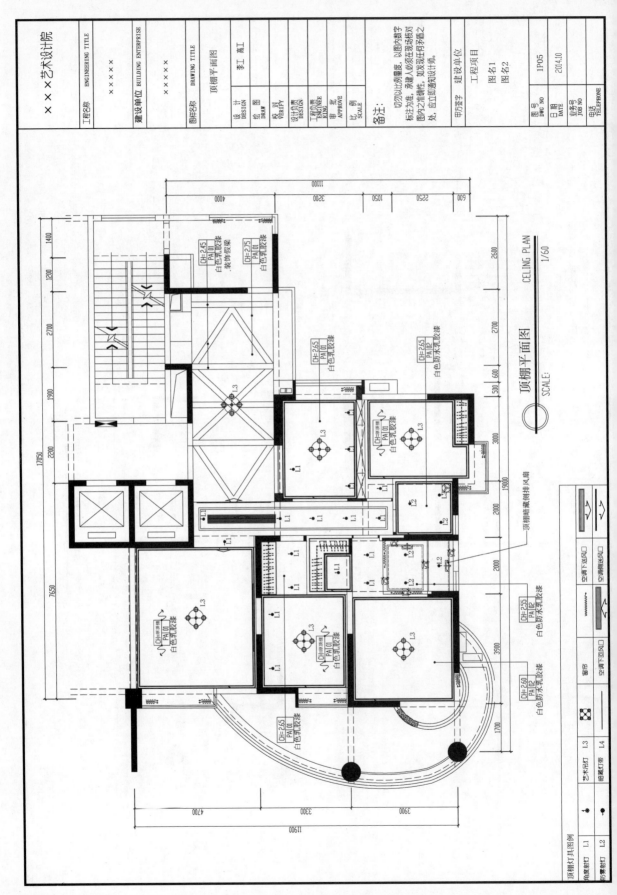

顶棚平面图
CELING PLAN 1/60

SCALE:

222

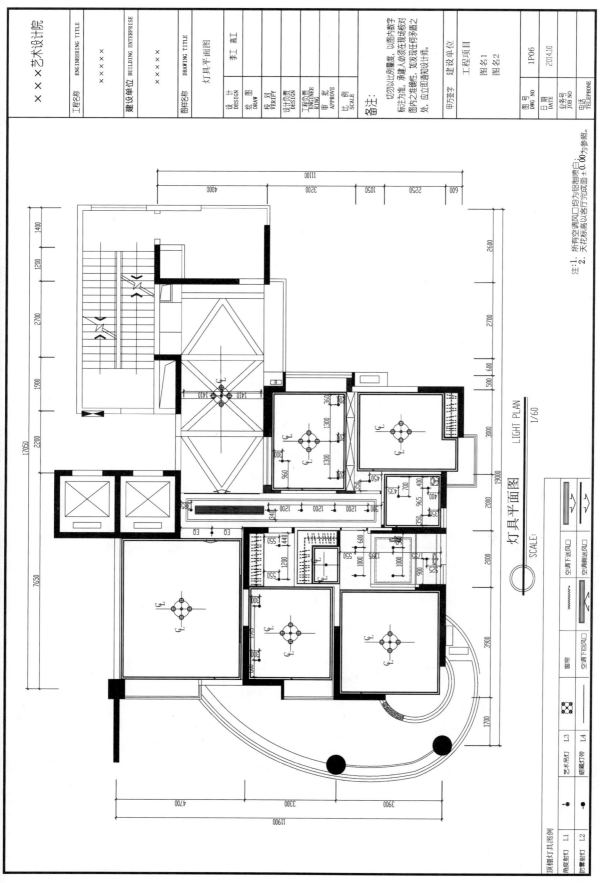

灯具平面图　LIGHT PLAN
1/60

SCALE:

注:1. 所有空调风口均为铝制喷白;
    2. 天花标高以客厅完成面±0.00为参照。

顶棚灯具图例			
顶棚灯带	L1		艺术吊灯	L3
角度射灯	L1		艺术吊灯	L3
防雾射灯	L2		暗藏灯带	L4

图符			
		空调下送风	
		空调侧送风	
		空调下回风	

×××艺术设计院

工程名称 ENGINEERING TITLE　×××××
建设单位 BUILDING ENTERPRISE　×××××
　　　　　×××××
图样名称 DRAWING TITLE　灯具平面图

设　计 DESIGN　李工　高工
绘　图 DRAW
校　对 VERIFY
设计负责 DESIGN
工程负责 ENGINEERING
审　批 APPROVE
比　例 SCALE

备注:
切勿以比例测量度,以图内数字
标注为准,承建人必须在现场核对
图内之准确性,如发现在何矛盾之
处,应立即通知设计师。

甲方签字
建设单位
工程项目　工程项目
　　　　　图名1
　　　　　图名2

图号 DWG NO　IP06
业务号 JOB NO
日期 DATE　2014.10
电话 TELEPHONE

223

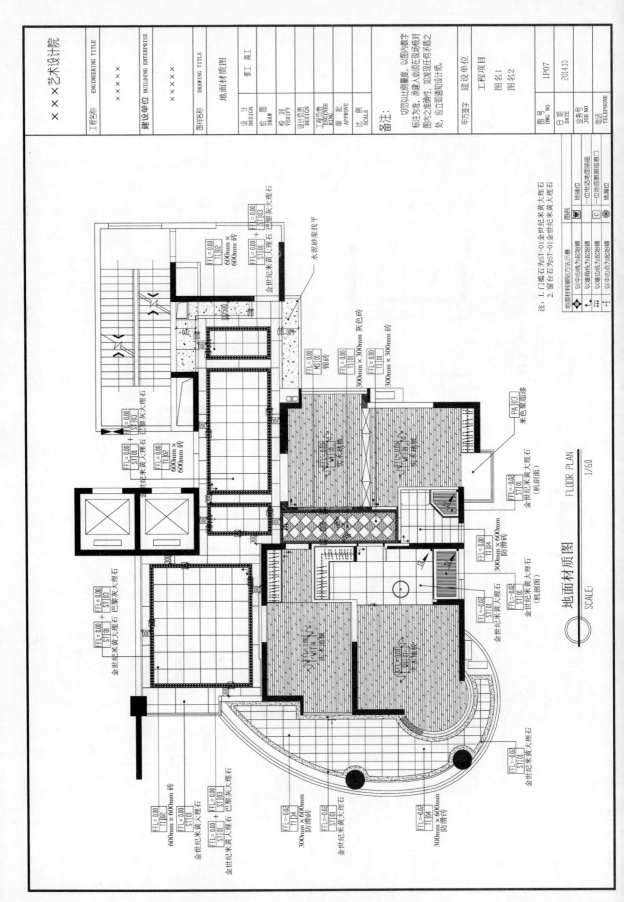

地面材质图

FLOOR PLAN

SCALE: 　1/60

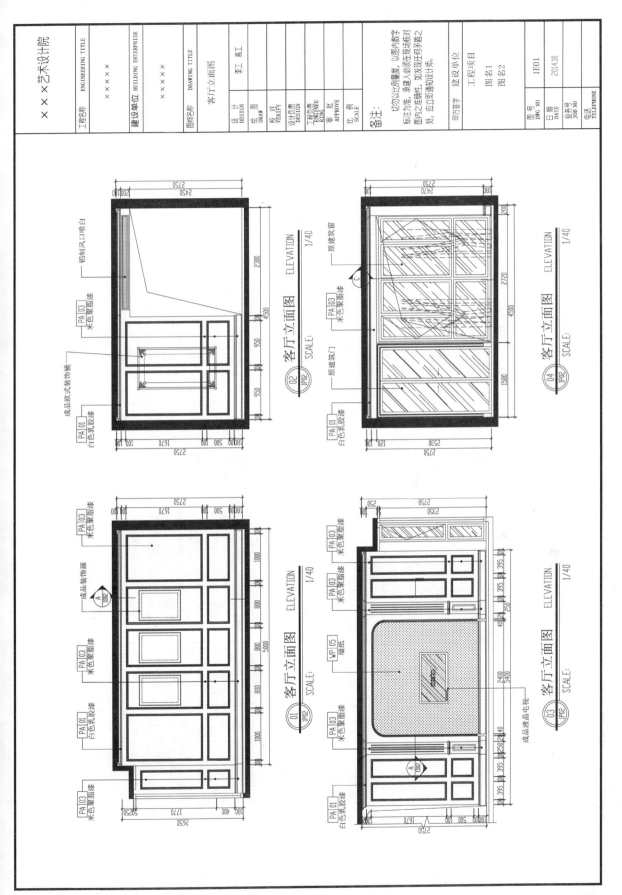

客厅立面图 ELEVATION 1/40

客厅立面图 ELEVATION 1/40

客厅立面图 ELEVATION 1/40

客厅立面图 ELEVATION 1/40

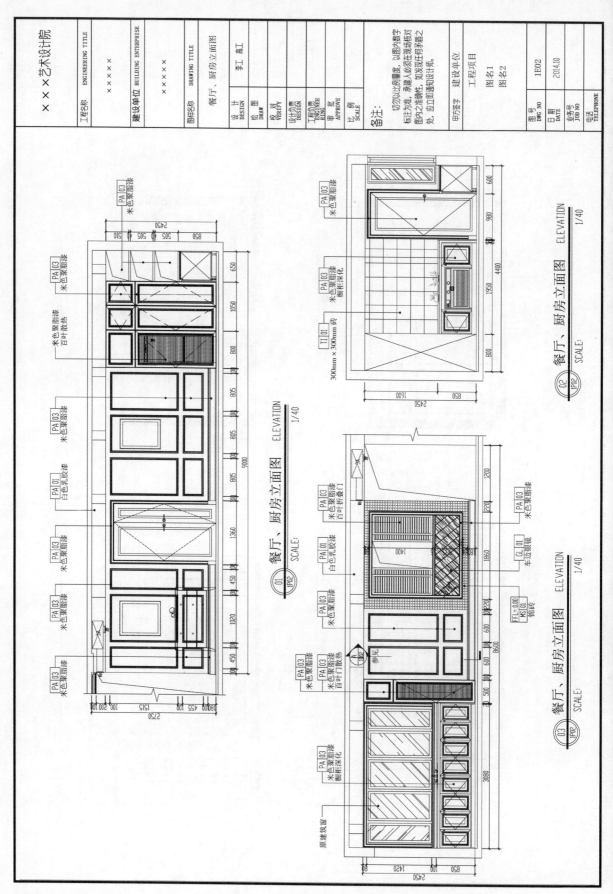

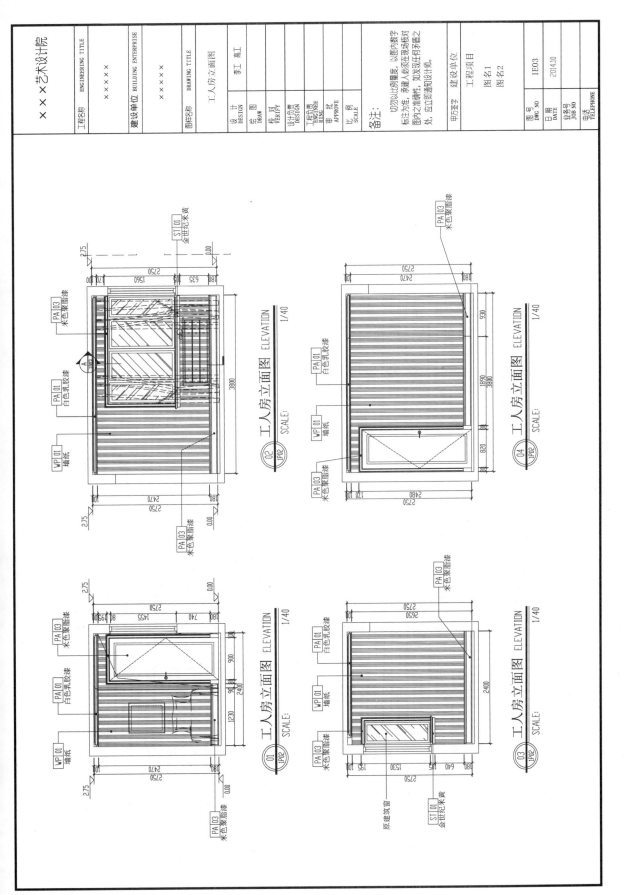

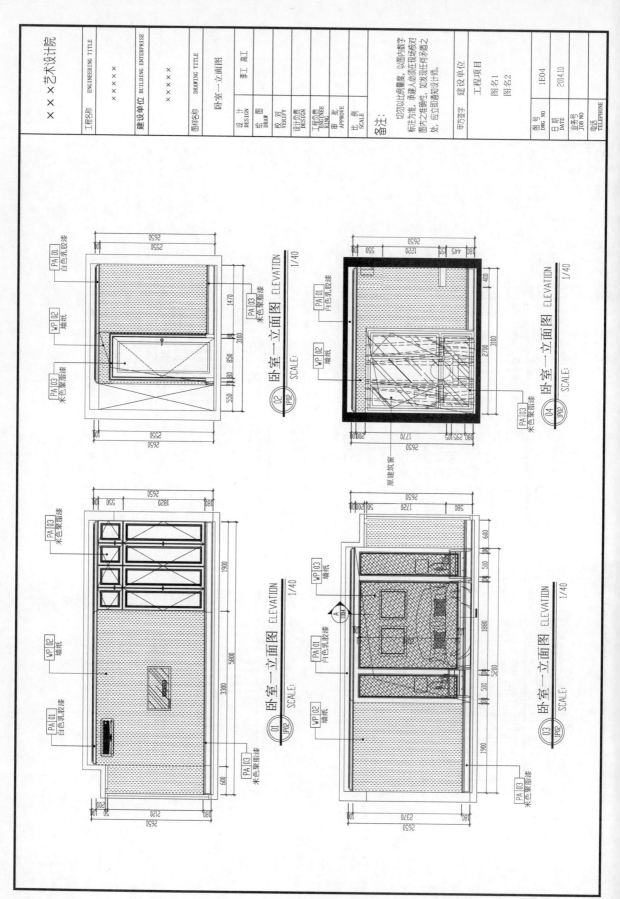

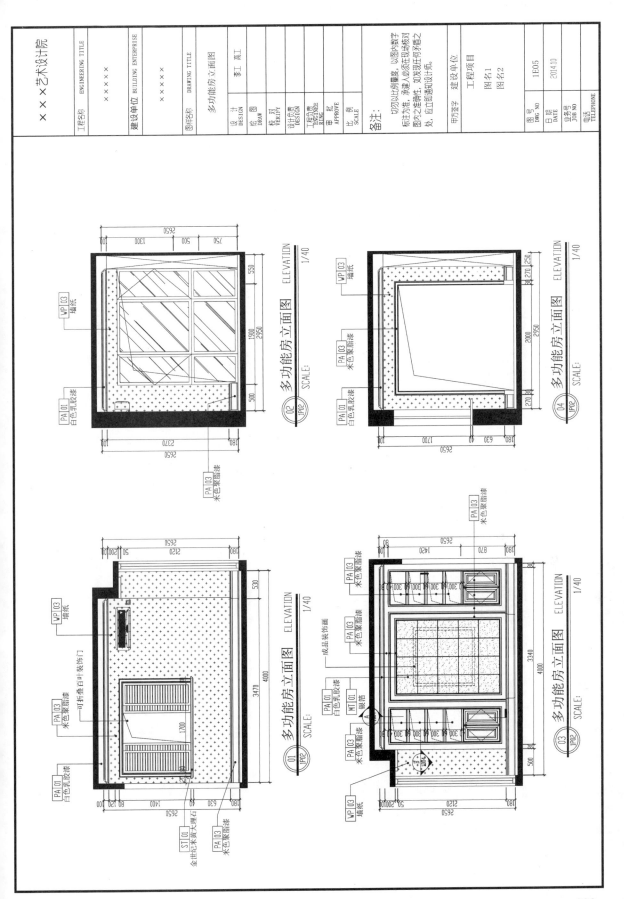

×××艺术设计院

工程名称 ENGINEERING TITLE	××××
建设单位 BUILDING ENTERPRISE	××××
图样名称 DRAWING TITLE	××××
	多功能房立面图
设计 DESIGN	李工 高工
绘图 DRAW	
校对 VERIFY	双
设计负责 DESIGN	
工程负责 ENGINEERING	
审批 APPROVE	
比例 SCALE	

备注：
切勿以比例量度 以图内数字标注为准, 承建人必须在现场核对图内之连错处, 如发现任何疑之处, 应立即通知设计师。

申方签字	建设单位
	工程项目
	图名1 图名2
图号 DWG NO	1E05
日期 DATE	201410
业务号 JOB NO	
电话 TELEPHONE	

多功能房立面图 ELEVATION 1/40
02 / 1P02
SCALE:

多功能房立面图 ELEVATION 1/40
04 / 1P02
SCALE:

多功能房立面图 ELEVATION 1/40
01 / 1P02
SCALE:

多功能房立面图 ELEVATION 1/40
03 / 1P02
SCALE:

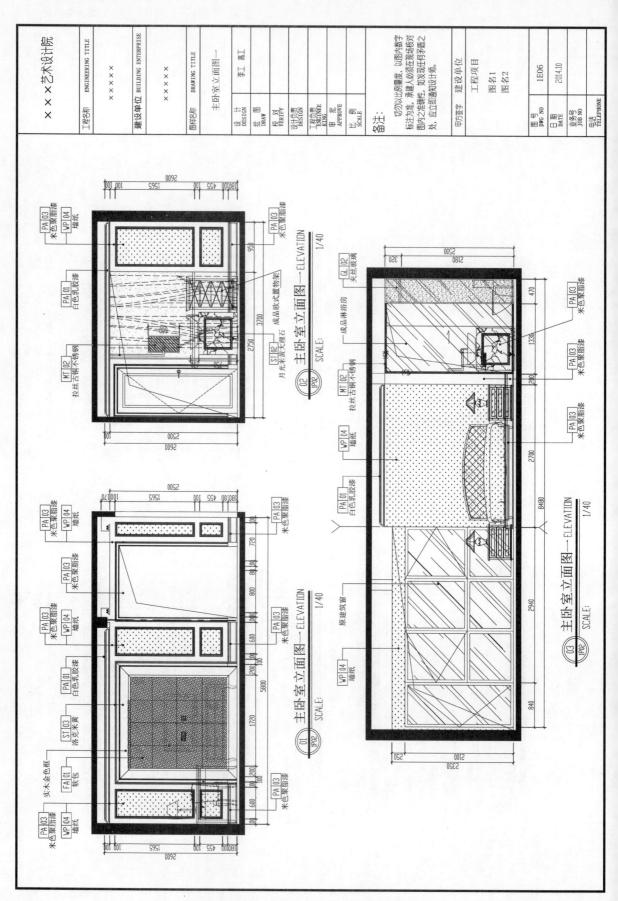

主卧室立面图一 ELEVATION 1/40

PA 03 米色聚酯漆
WP 04 墙纸

PA 01 白色乳胶漆

ST 02 月光米黄大理石

成品欧式置物架

MT 02 拉丝古铜不锈钢

02 主卧室立面图一 ELEVATION 1/40
1P02 SCALE:

GL 02 夹丝玻璃

PA 03 米色聚酯漆

PA 03 米色聚酯漆

成品淋浴房

PA 03 米色聚酯漆

MT 02 拉丝古铜不锈钢

WP 04 墙纸

PA 01 白色乳胶漆

原建筑窗

WP 04 墙纸

03 主卧室立面图一 ELEVATION 1/40
1P02 SCALE:

PA 03 米色聚酯漆
WP 04 墙纸

PA 03 米色聚酯漆

PA 01 白色乳胶漆

ST 03 洛克米黄

发木金色框

WP 04 软包

PA 03 米色聚酯漆

PA 03 米色聚酯漆
WP 04 墙纸

01 主卧室立面图一 ELEVATION 1/40
1P02 SCALE:

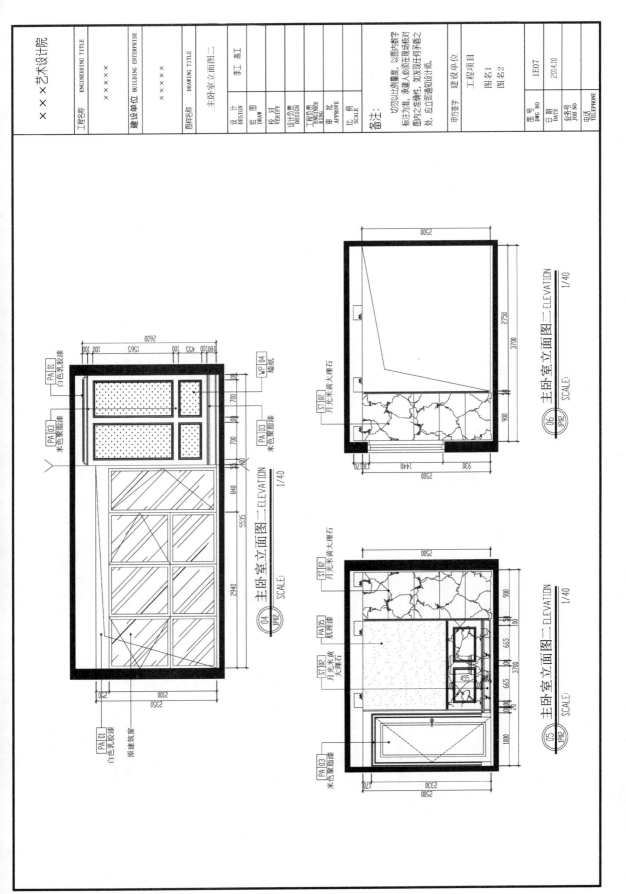

×××艺术设计院

工程名称 ENGINEERING TITLE	×××××
建设单位 BUILDING ENTERPRISE	×××××
图样名称 DRAWING TITLE	主卧室立面图二

设 计 DESIGN	李工 高工
绘 图 DRAW	
校 对 VERIFY	
设计负责 DESIGN	
工程负责 ENGINEE RING	
审 定 APPROVE	
比 例 SCALE	

备注: 切勿以比例量度,以图内数字标注为准,承建人必须在现场核对图内之正确性,如发现在何矛盾之处,应立即通知设计师。

申方签字:	
建设单位:	
工程项目	图名1 图名2
图号 DWG NO	1E07
日期 DATE	2014.10
业务号 JOB NO	
电话 TELEPHONE	

主卧室立面图二 ELEVATION 04 1/40 SCALE:

主卧室立面图二 ELEVATION 05 1/40 SCALE:

主卧室立面图二 ELEVATION 06 1/40 SCALE:

PA 01 白色乳胶漆

PA 03 米色聚脂漆

WP 04 墙纸

PA 01 白色乳胶漆 原建筑窗

PA 03 米色聚脂漆

ST 02 月光米黄大理石

PA 05 肌理漆

ST 02 月光米黄大理石

PA 03 米色聚脂漆

231

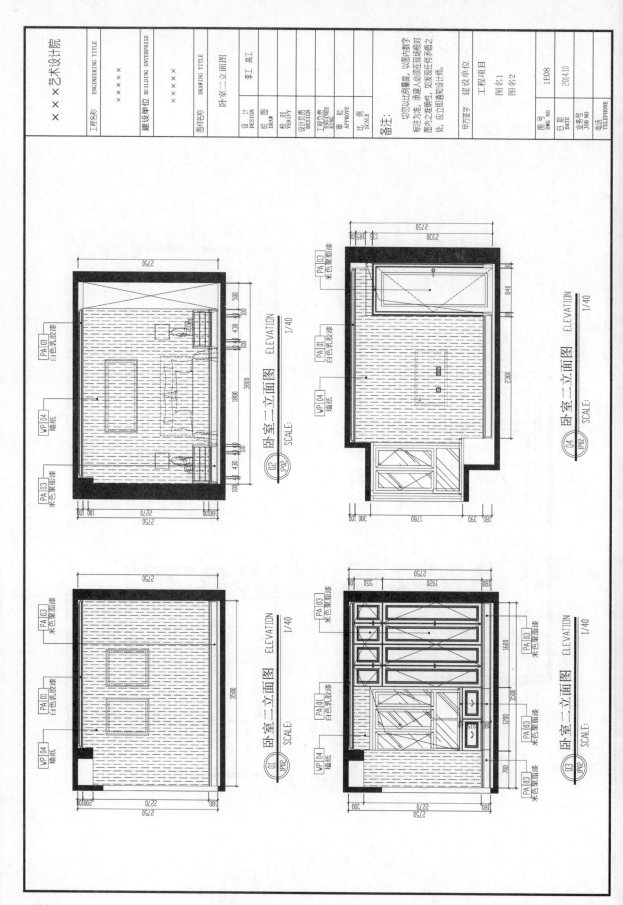

02 卧室二立面图 ELEVATION
IP02 SCALE: 1/40

04 卧室二立面图 ELEVATION
IP02 SCALE: 1/40

01 卧室二立面图 ELEVATION
IP02 SCALE: 1/40

03 卧室二立面图 ELEVATION
IP02 SCALE: 1/40

PA 01 白色乳胶漆
WP 04 墙纸
PA 03 米色聚酯漆

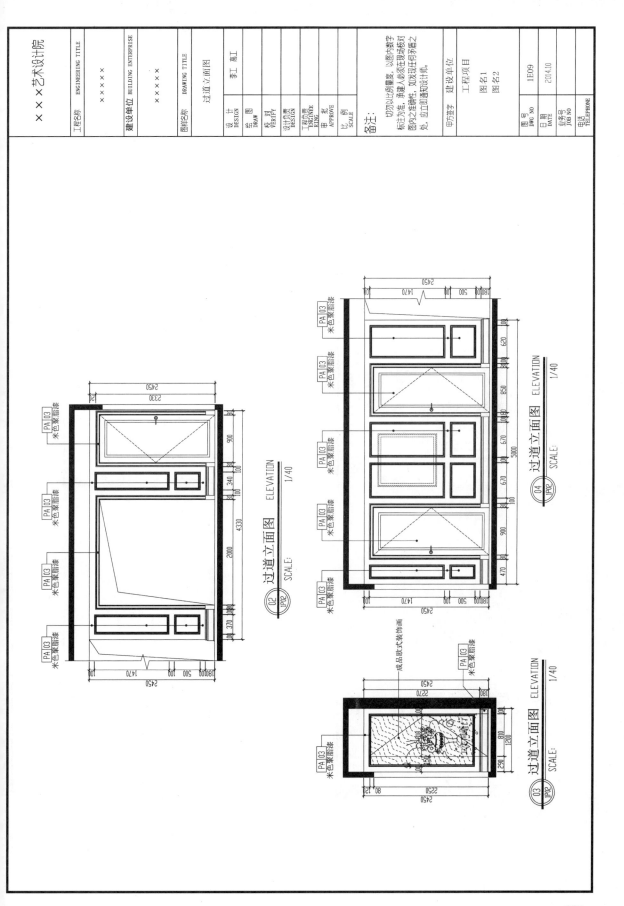

××× 艺术设计院

工程名称 ENGINEERING TITLE	×××××
建设单位 BUILDING ENTERPRISE	×××××
图纸名称 DRAWING TITLE	过道立面图

李工 高工

设 计 DESIGN	
绘 图 DRAW	
校 对 VERIFY	
设计负责 DESIGN	
工程负责 ENGINEERING	
审 批 APPROVE	
比 例 SCALE	

备注:
切勿以比例量度, 以图内数字标注为准, 承建人必须在现场核对图内之准确性, 如发现任何差异之处, 应立即通知设计师。

申方签字

建设单位	工程项目
	图名1
	图名2

图号 DWG NO	1E09
日期 DATE	2014.10
业务号 JOB NO	
电话 TELEPHONE	

过道立面图 ELEVATION
02 1PO2 SCALE: 1/40

过道立面图 ELEVATION
04 1PO2 SCALE: 1/40

过道立面图 ELEVATION
03 1PO2 SCALE: 1/40

233

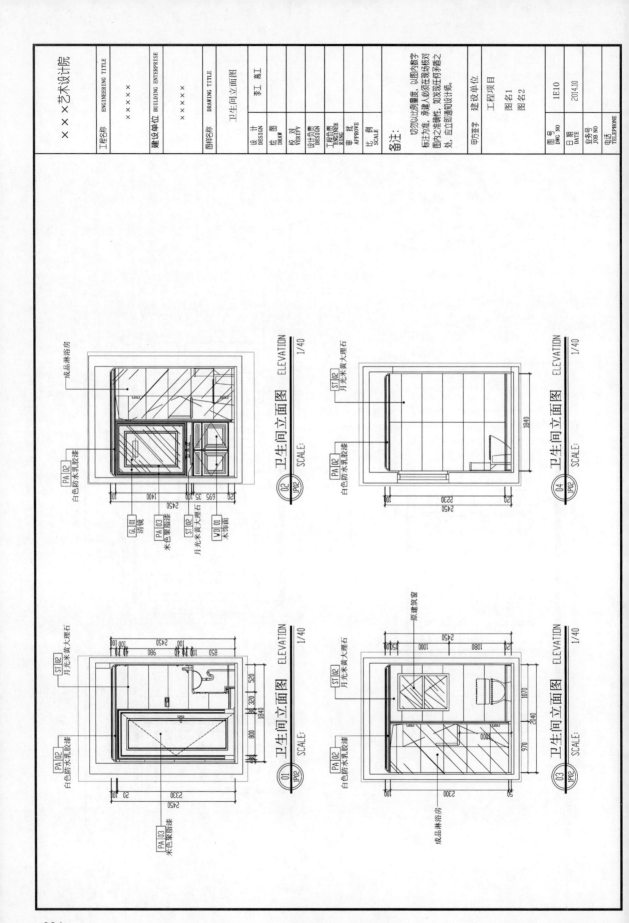

第9章

银行大厅装修设计

施工图集

图名: Description		校对 Checked	批准 Approve	专业 装 修 Speciality	图号 DrawingNo.
	设计 李 工 Design				序号 Number
封 面	制图 高 工 Drawing	审核 Examine	比例 Scale	日期 2010.10 Date	

XXX艺术设计院

图号 DrawingNo.
序号 0 Number

专业 装修 Speciality
日期 2010.10 Date
批准 Approve
比例 Scale
校对 Checked
审核 Examine

设计 李 Design
制图 高 Drawing

图名: 图样索引一览表 Description

XXX艺术设计院

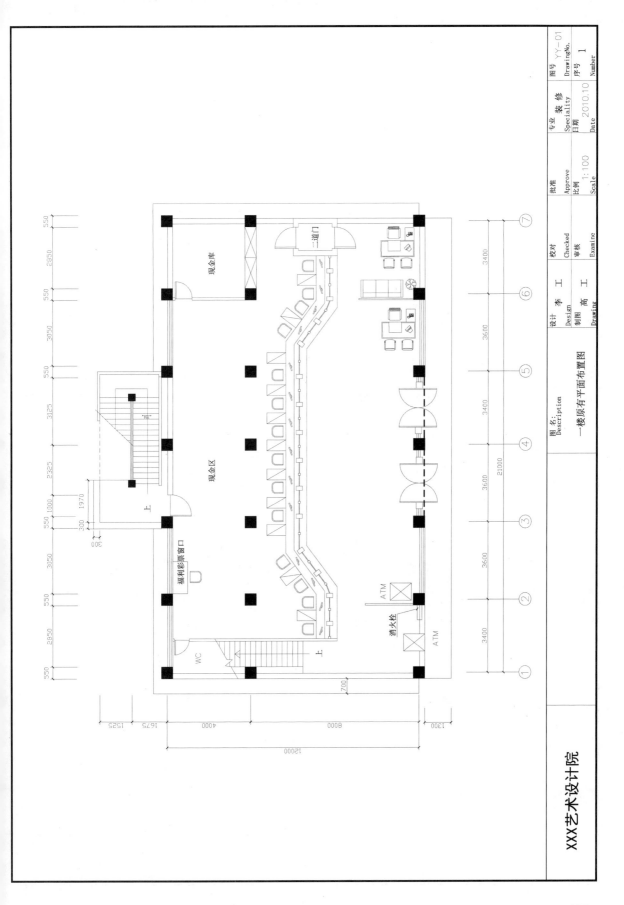

一楼原有平面布置图

图名：
Description

图号 YY-01
DrawingNo.
序号 1
Number

专业 装 修
Speciality
日期 2010.10
Date

批准
Approve
比例 1:100
Scale

校对
Checked
审核
Examine

设计 李 工
Design
制图 高 工
Drawing

XXX艺术设计院

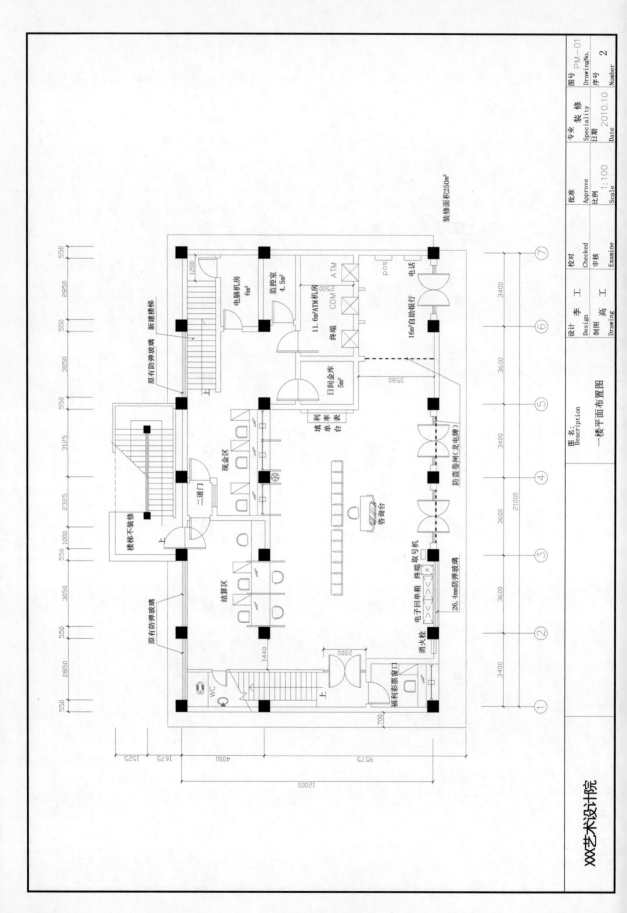

一楼平面布置图

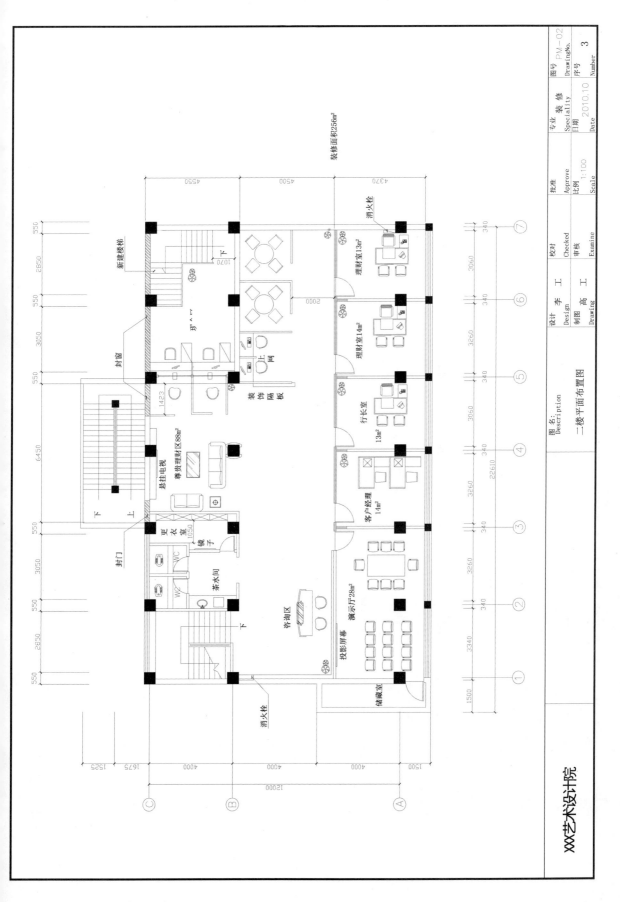

二楼平面布置图

装修面积256m²

新建楼梯

封窗

装饰隔板

封门

咨询区

投影屏幕

演示厅28m²

消火栓

储藏室

悬挂电视

尊贵理财区88m²

更衣室

镜子

WC

WC

茶水间

大厅入口

上网

理财室13m²

理财室14m²

行长室 13m²

客户经理 14m²

消火栓

XXX艺术设计院

图号 PM—02
Drawing No.
序号 3
Number

专业 装 修
Speciality
日期 2010.10
Date

批准
Approve
比例 1:100
Scale

校对
Checked
审核
Examine

设计 李 工
Design
制图 高 工
Drawing

图名:
Description
二楼平面布置图

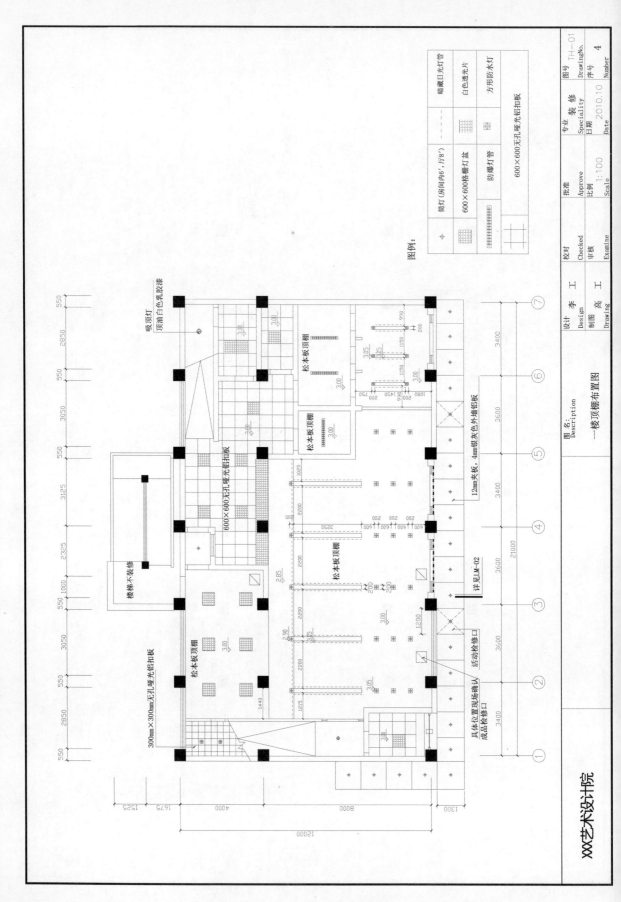

图例：

	筒灯 (房间内6'，厅8')	暗藏日光灯管
	600×600格栅灯盆	白色透光片
	防爆灯管	方形防水灯
	600×600无孔哑光铝扣板	

一楼顶棚布置图

设计 Design	李 工	校对 Checked	
制图 Drawing	高 工	审核 Examine	
		批准 Approve	专业 装 修 Speciality
		比例 Scale 1:100	日期 Date 2010.10

图 名：Description	图号 DrawingNo. TH—01
	序号 Number 4

XXX艺术设计院

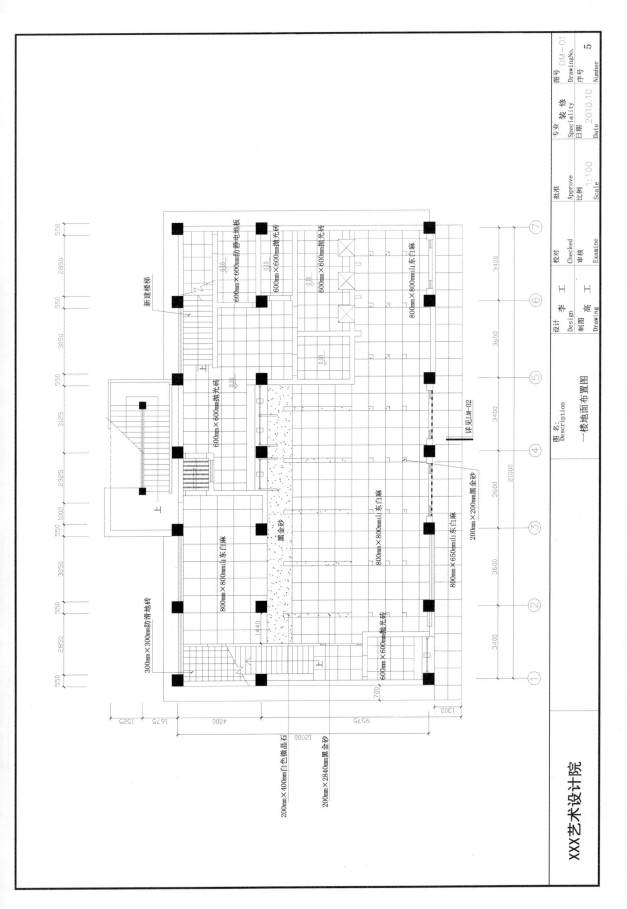

XXX艺术设计院

一楼地面布置图

专业 Speciality	装 修
日期 Date	2010.10
图号 DrawingNo.	DM-01
序号 Number	5

批准 Approve		比例 Scale	1:100
校对 Checked			
审核 Examine			
设计 Design	李 工		
制图 Drawing	高 工		

图 名:
Description

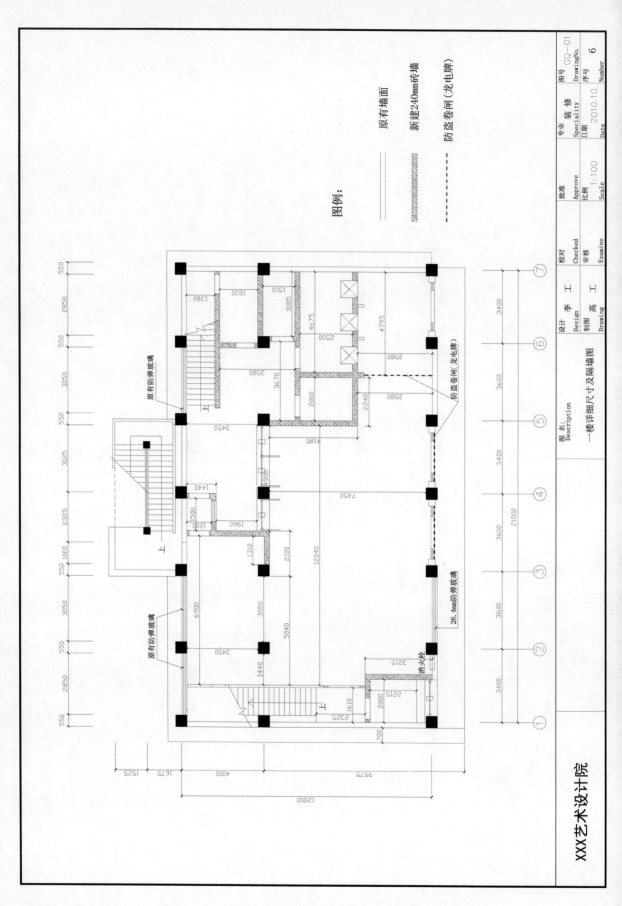

图例：

—————— 原有墙面

新建240mm砖墙

— — — 防盗卷闸（龙电牌）

原有防弹玻璃

原有防弹玻璃

原有防弹玻璃

防盗卷闸（龙电牌）

26.4mm防弹玻璃

消火栓

XXX艺术设计院

图号 GQ-01
Drawing No.
序号 6
Number

专业 装 修
Speciality
日期 2010.10
Date

批准
Approve
比例 1:100
Scale

校对
Checked
审核
Examine

设计 季 工
Design
制图 高 工
Drawing

图 名：
Description
一楼详细尺寸及隔墙图

242

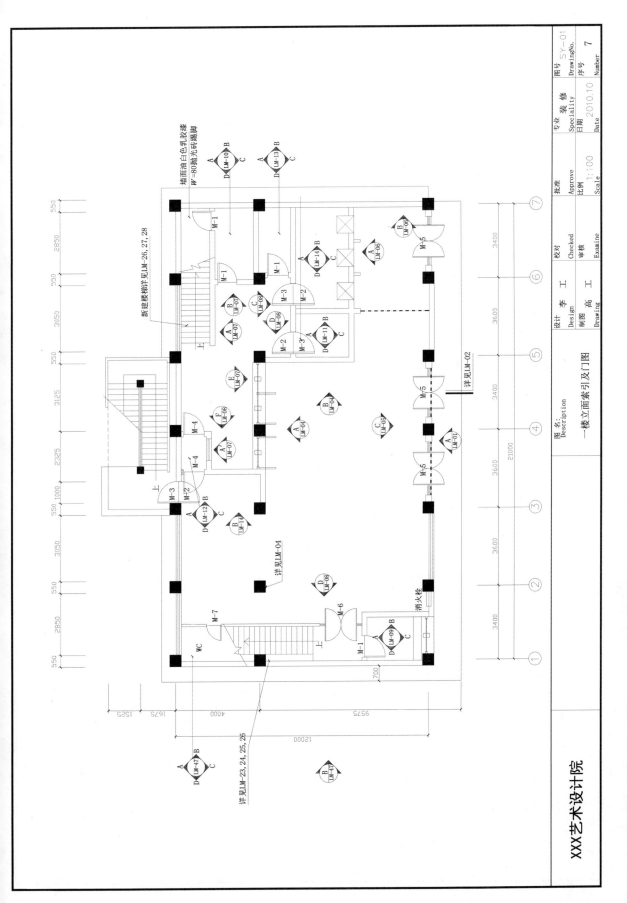

XXX艺术设计院

一楼立面索引及门图

图 名: Description		设计 李 工 Design	校对 Checked	批准 Approve	专业 装 修 Speciality
		制图 高 工 Drawing	审核 Examine	比例 1:100 Scale	日期 2010.10 Date

图号 SY-01
DrawingNo.
序号 7
Number

243

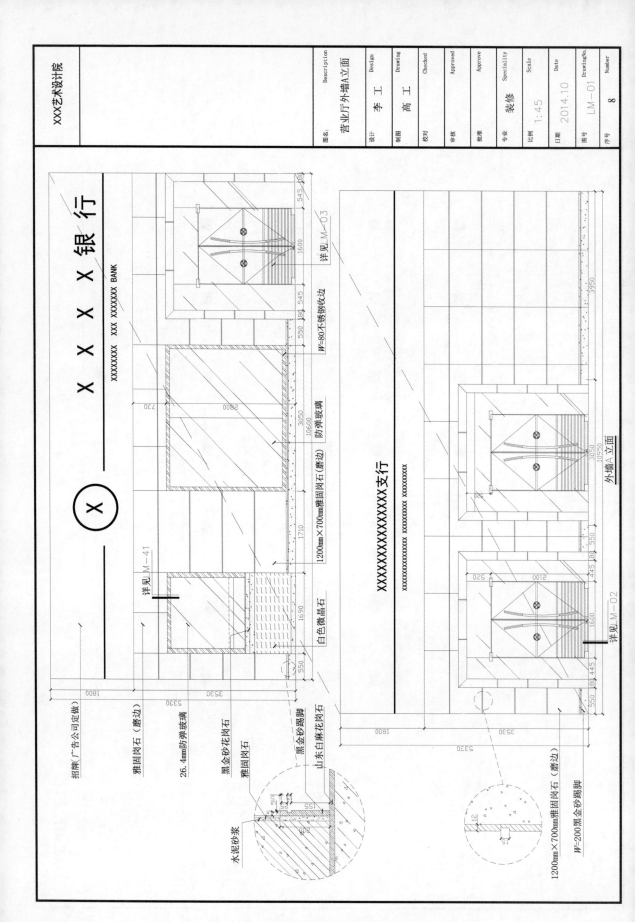

营业厅外墙A立面

XXX艺术设计院

图名：	营业厅外墙A立面					
Description	Design 设计：李 工	Drawing 制图：高 工	Checked 校对：	Approved 审核：	Approve 批准：	Speciality 专业：装修
	Scale 比例：1：45	Date 日期：2014.10	Drawing No. 图号：LM-01	Number 序号：8		

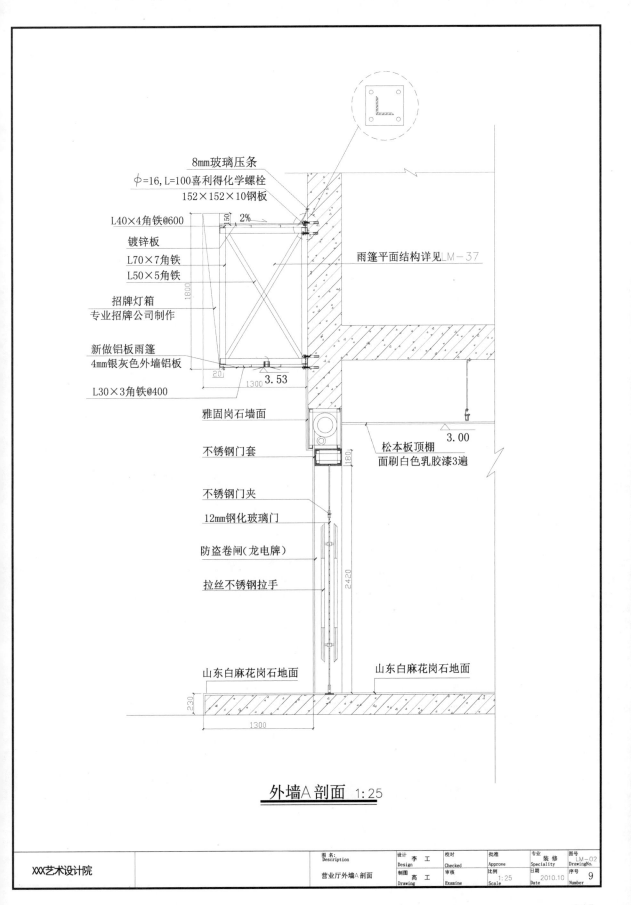

8mm玻璃压条

φ=16,L=100喜利得化学螺栓

152×152×10钢板

L40×4角铁@600

镀锌板

L70×7角铁

L50×5角铁

招牌灯箱
专业招牌公司制作

新做铝板雨篷
4mm银灰色外墙铝板

L30×3角铁@400

雅固岗石墙面

不锈钢门套

不锈钢门夹

12mm钢化玻璃门

防盗卷闸(龙电牌)

拉丝不锈钢拉手

山东白麻花岗石地面

2%

50

1800

20

1300

3.53

180

2420

230

1300

雨篷平面结构详见LM－37

3.00

松本板顶棚
面刷白色乳胶漆3遍

山东白麻花岗石地面

外墙A剖面 1:25

XXX艺术设计院	图 名: Description	设计 李 工 Design	校对 Checked

			批准 Approve	专业 装修 Speciality	图号 LM－02 DrawingNo.
	营业厅外墙A剖面	制图 高 工 Drawing	审核 Examine	比例 1:25 Scale	日期 2010.10 Date	序号 9 Number

245

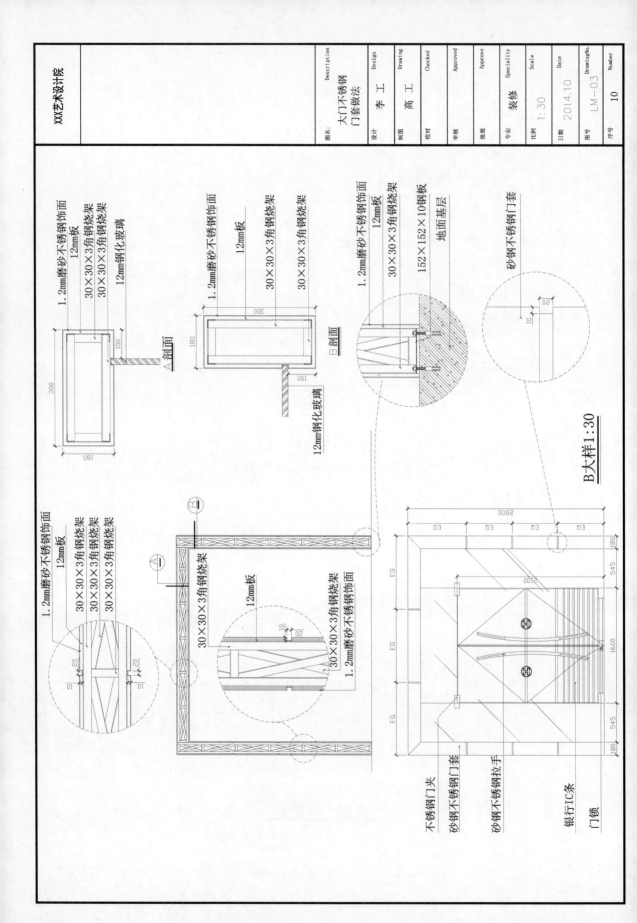

XXX艺术设计院

图名:	Description	大门不锈钢 门套做法
	Design	设计 李 工
	Drawing	制图 高 工
	Checked	校对
	Approved	审核
	Approve	批准
	Speciality	专业 装修
	Scale	比例 1:30
	Date	日期 2014.10
	DrawingNo.	图号 LM—03
	Number	序号 10

1.2mm磨砂不锈钢饰面
12mm板
30×30×3角钢烧架
30×30×3角钢烧架
12mm钢化玻璃

A剖面

1.2mm磨砂不锈钢饰面
12mm板
30×30×3角钢烧架
30×30×3角钢烧架

B剖面

12mm钢化玻璃

1.2mm磨砂不锈钢饰面
12mm板
30×30×3角钢烧架
152×152×10钢板
地面基层

砂钢不锈钢门套

B大样1:30

1.2mm磨砂不锈钢饰面
12mm板
30×30×3角钢烧架
30×30×3角钢烧架
30×30×3角钢烧架

12mm板
30×30×3角钢烧架
1.2mm磨砂不锈钢饰面

不锈钢门夹
砂钢不锈钢门套
砂钢不锈钢拉手

银行IC条
门锁

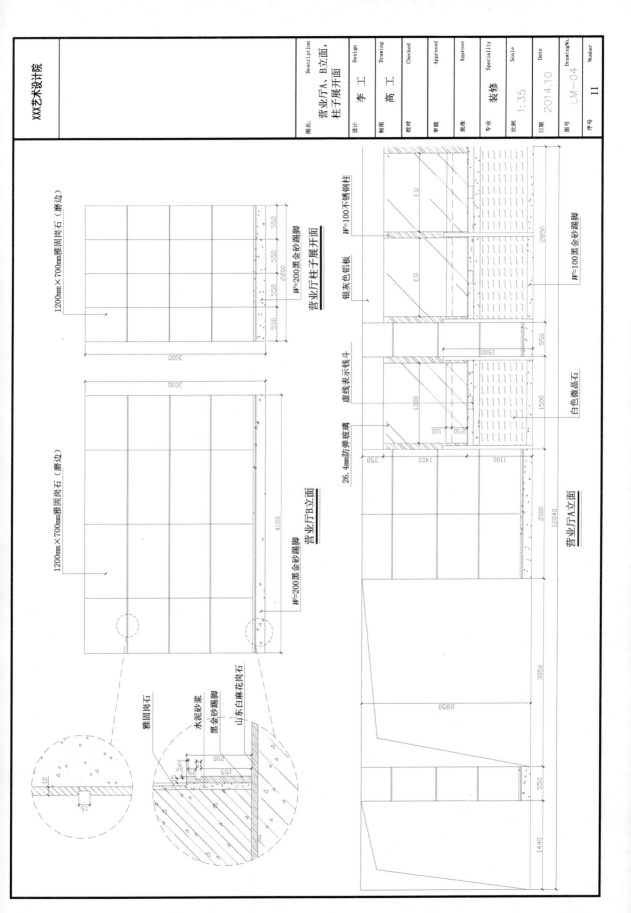

XXX艺术设计院

图名：
Description
营业厅A，B立面，
柱子展开面

设计 Design 李 工
制图 Drawing 高 工
校对 Checked
审核 Approved
批准 Approve
专业 Speciality 装修
比例 Scale 1：35
日期 Date 2014.10
图号 DrawingNo. LM—04
序号 Number 11

1200mm×700mm雅固岗石（磨边）

W=200黑金砂踢脚

营业厅柱子展开面

1200mm×700mm雅固岗石（磨边）

W=200黑金砂踢脚

营业厅B立面

W=100不锈钢柱

银灰色铝板

虚线表示线斗

26.4mm防弹玻璃

W=100黑金砂踢脚

白色微晶石

营业厅A立面

雅固岗石

水泥砂浆

黑金砂踢脚

山东白麻花岗石

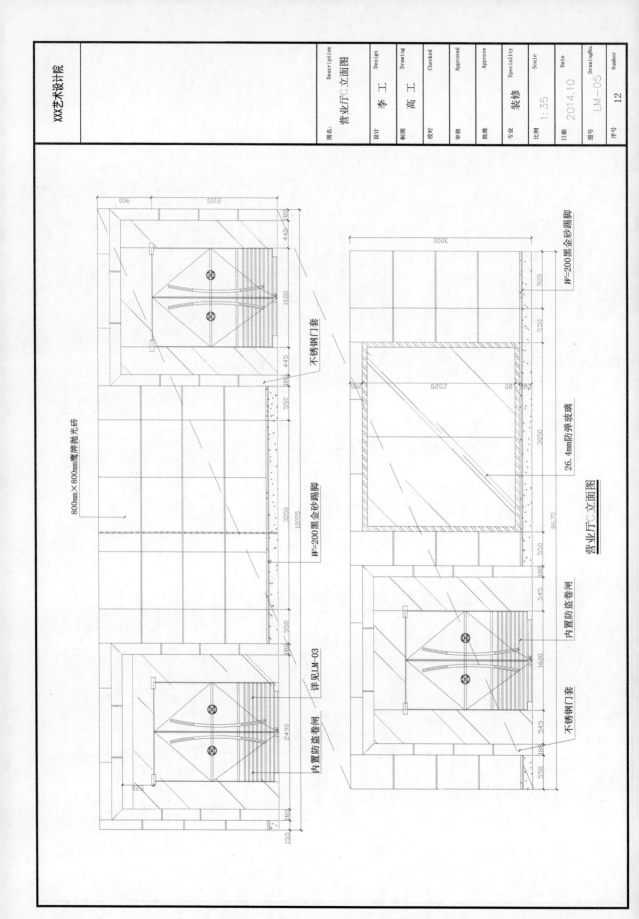

营业厅C立面图

800mm×800mm鹰牌抛光砖

不锈钢门套

W=200黑金砂踢脚

详见LM-03

内置防盗卷闸

内置防盗卷闸

不锈钢门套

26.4mm防弹玻璃

W=200黑金砂踢脚

XXX艺术设计院

图名： 营业厅C立面图   Description
设计 Design 李 工
制图 Drawing 高 工
校对 Checked
审核 Approved
批准 Approve
专业 Speciality 装修
比例 Scale 1：35
日期 Date 2014.10
图号 DrawingNo. LM—05
序号 Number 12

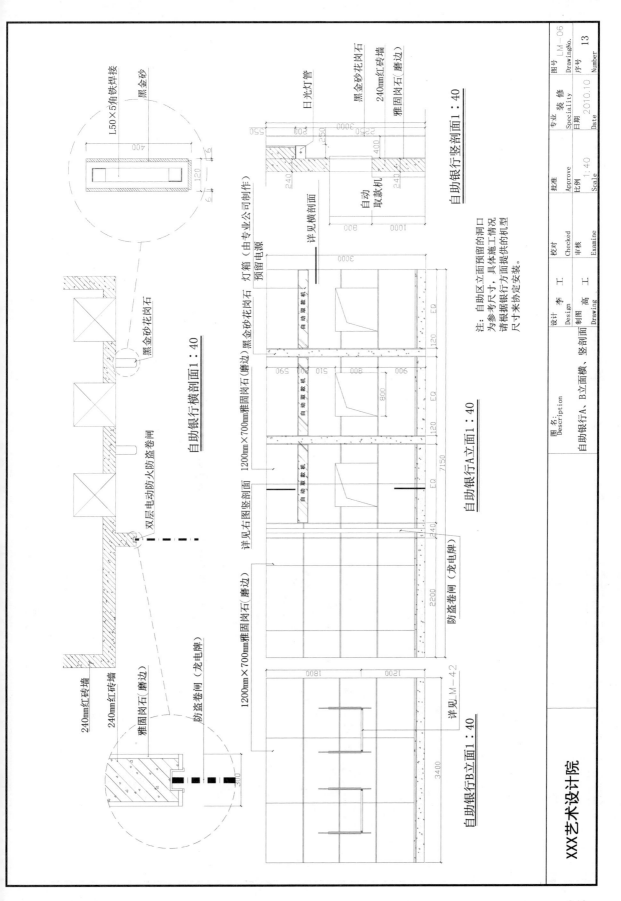

自助银行横剖面 1：40

自助银行A立面 1：40

自助银行B立面 1：40

自助银行竖剖面 1：40

L50×5角铁焊接

黑金砂

黑金砂花岗石

240mm红砖墙

240mm红砖墙

雅固岗石（磨边）

防盗卷闸（龙电牌）

双层电动防火防盗卷闸

1200mm×700mm雅固岗石（磨边）

1200mm×700mm雅固岗石（磨边）

黑金砂花岗石（磨边）

黑金砂花岗石

灯箱（由专业公司制作）

预留电源

日光灯管

黑金砂花岗石

240mm红砖墙

雅固岗石（磨边）

自动取款机

详见横剖面

详见右图竖剖面

防盗卷闸（龙电牌）

详见M-42

注：自助区立面预留的洞口
为参考尺寸，具体施工情况
请根据银行方面提供的机型
尺寸来协定安装。

XXX艺术设计院

图 名：
Description

自助银行A、B立面横、竖剖面

设计　李　工
Design

制图　高　工
Drawing

校对
Checked

审核
Examine

批准
Approve

专业　装　修
Speciality

日期　2010.10
Date

比例　1：40
Scale

图号　LM-06
Drawing No.

序号　13
Number

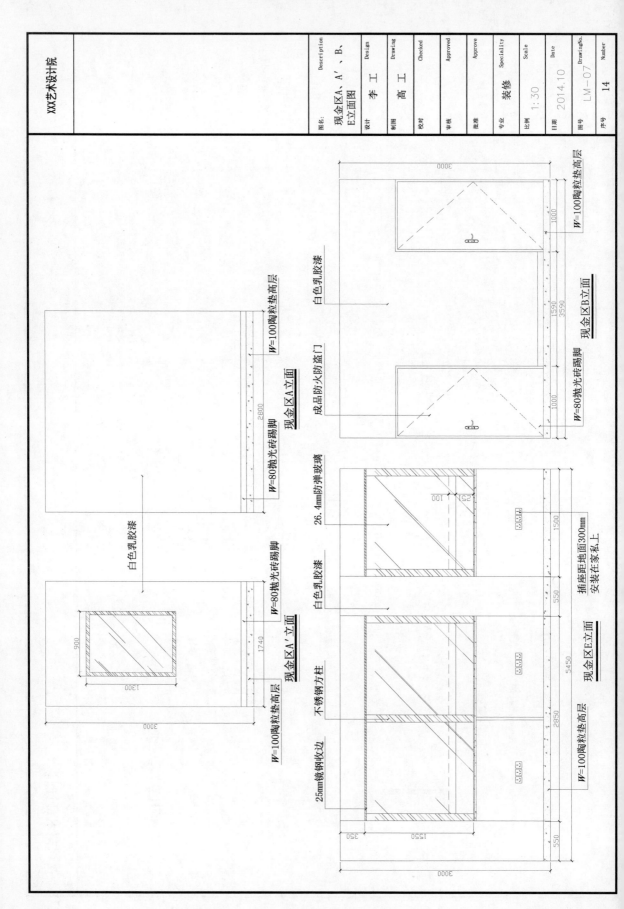

XXX艺术设计院

Description
图名: 现金区A、A'、B、E立面图
设计 Design 李 工
制图 Drawing 高 工
校对 Checked
审核 Approved
批准 Approve
专业 Speciality 装修
比例 Scale 1:30
日期 Date 2014.10
图号 DrawingNo. LM-07
序号 Number 14

W=100陶粒垫高层

白色乳胶漆

W=80抛光砖踢脚

现金区A立面

2800

W=100陶粒垫高层

白色乳胶漆

W=80抛光砖踢脚

现金区A'立面

900

1300

1740

3000

W=100陶粒垫高层

3000

1000

1590 3590

W=80抛光砖踢脚

现金区B立面

白色乳胶漆

成品防火防盗门

1000

26.4mm防弹玻璃

白色乳胶漆

不锈钢方柱

25mm镜钢收边

100 525

1500

550

2850

5450

现金区E立面

插座距地面300mm
安装在家私上

W=100陶粒垫高层

550

350

1550

3000

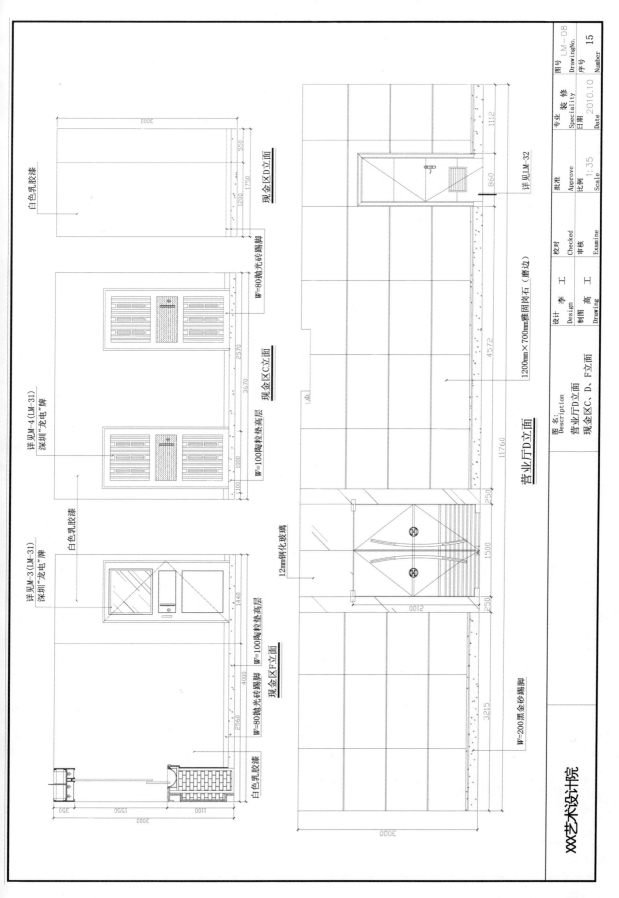

白色乳胶漆

现金区D立面

现金区C立面

W=80抛光砖踢脚

现金区F立面

W=100陶粒垫高层

详见LM-4（LM-31）
深圳"龙电"牌

详见LM-3（LM-31）
深圳"龙电"牌

白色乳胶漆

W=100陶粒垫高层

白色乳胶漆

W=80抛光砖踢脚

白色乳胶漆

12mm钢化玻璃

1200mm×700mm雅园岗石（磨边）

营业厅D立面

详见LM-32

W=200黑金砂踢脚

XXX艺术设计院

图 名： Description	现金区D立面 营业厅D立面C、D、F立面	
设计 李 工 Design	校对 Checked	专业 装 修 Speciality
制图 高 工 Drawing	审核 Examine	日期 2010.10 Date
批准 Approve		图号 LM-08 DrawingNo.
比例 1:35 Scale		序号 15 Number

251

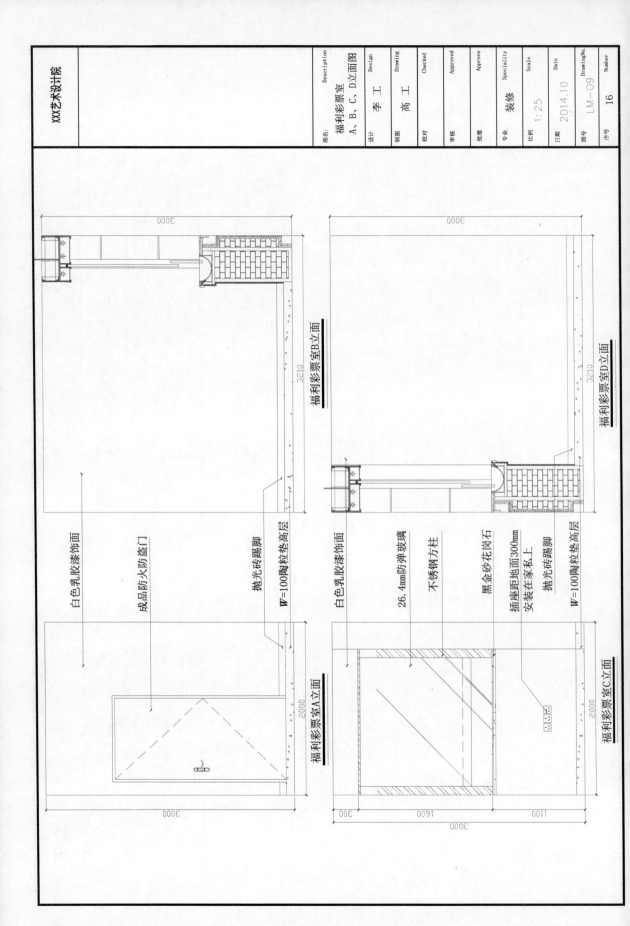

白色乳胶漆饰面

成品防火防盗门

抛光砖踢脚

W=100陶粒垫高层

福利彩票室B立面

白色乳胶漆饰面

26.4mm防弹玻璃

不锈钢方柱

黑金砂花岗石

插座距地面300mm
安装在家私上

抛光砖踢脚

W=100陶粒垫高层

福利彩票室D立面

福利彩票室A立面

福利彩票室C立面

XXX艺术设计院

图名：
福利彩票室
A、B、C、D立面图

Description

设计　李　工　Design

制图　高　工　Drawing

校对　　　　　Checked

审核　　　　　Approved

批准　　　　　Approve

专业　装修　Speciality

比例　1:25　Scale

日期　2014.10　Date

图号　LM—09　DrawingNo.

序号　16　Number

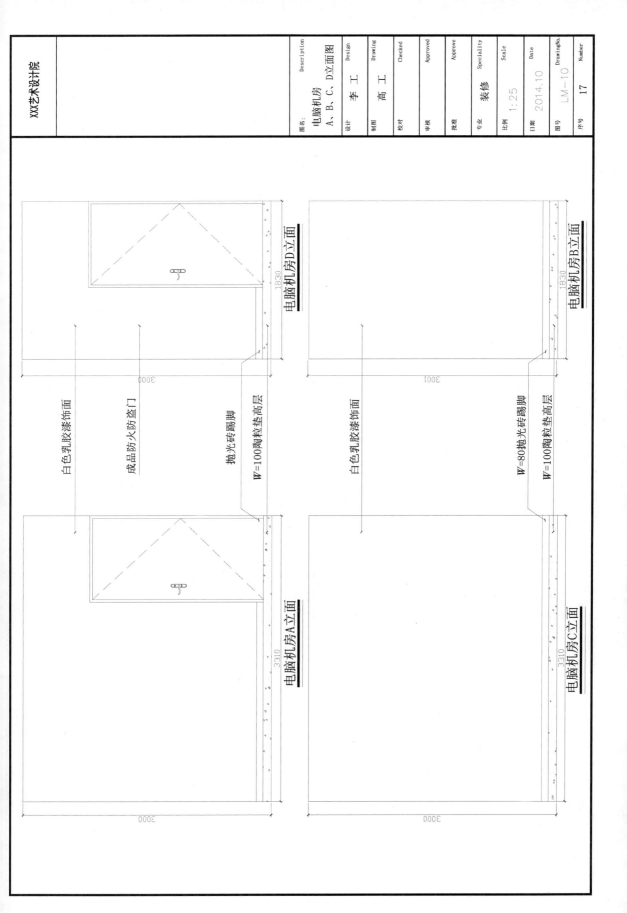

图名：
电脑机房
A、B、C、D立面图

Description

设计 李 工 Design

制图 高 工 Drawing

校对 Checked

审核 Approved

批准 Approve

专业 装修 Speciality

比例 1:25 Scale

日期 2014.10 Date

图号 LM-10 DrawingNo.

序号 17 Number

XXX艺术设计院

电脑机房D立面

1830

3000

白色乳胶漆饰面

成品防火防盗门

抛光砖踢脚

W=100陶粒垫高层

电脑机房B立面

1830

3001

白色乳胶漆饰面

W=80抛光砖踢脚

W=100陶粒垫高层

电脑机房A立面

3310

3000

电脑机房C立面

3310

3000

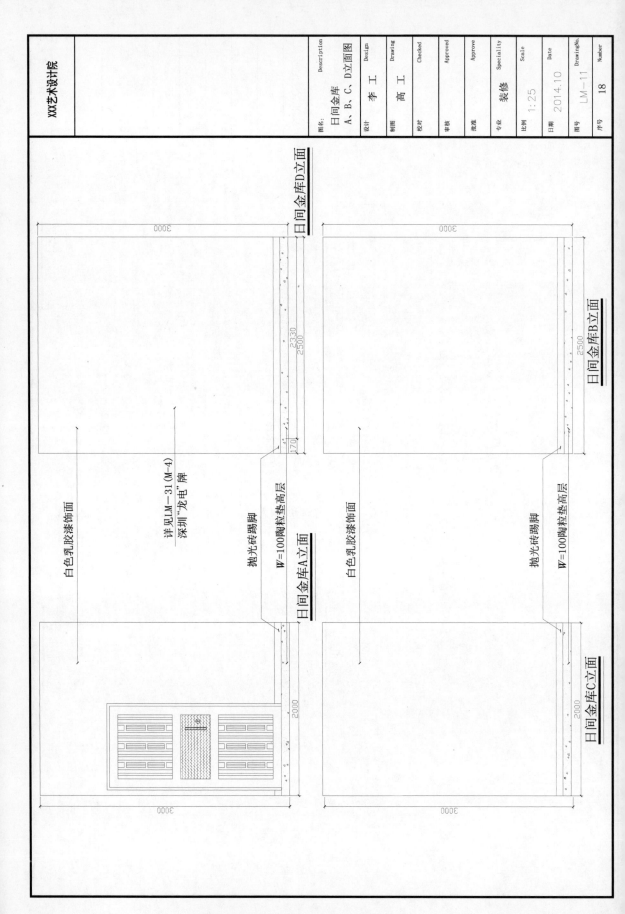

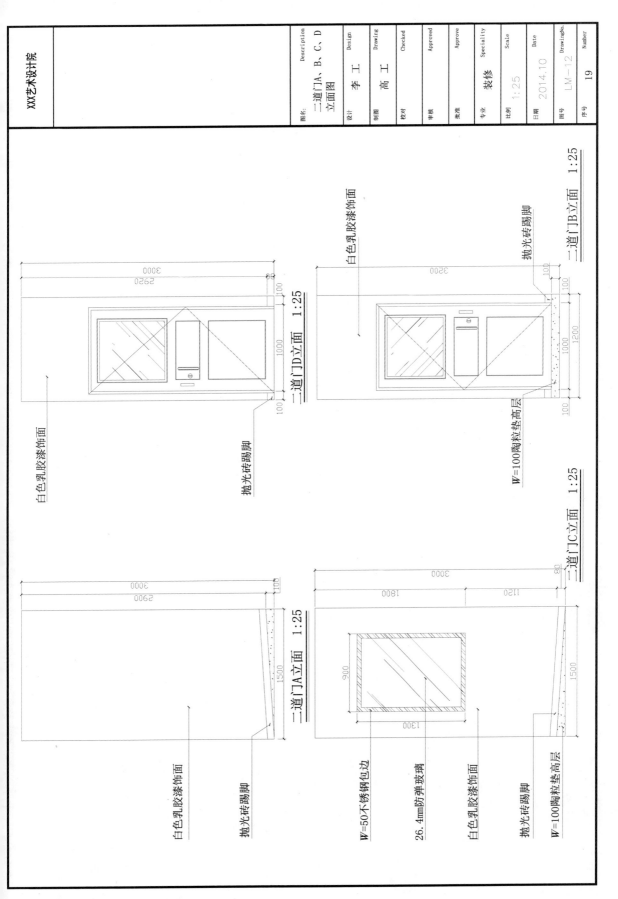

XXX艺术设计院

图名：Description	二道门A、B、C、D 立面图
设计 Design	李 工
制图 Drawing	高 工
校对 Checked	
审核 Approved	
批准 Approve	
专业 Speciality	装修
比例 Scale	1:25
日期 Date	2014.10
图号 DrawingNo.	LM—12
序号 Number	19

白色乳胶漆饰面

3000
2920

1000

100

抛光砖踢脚

100

二道门D立面　1:25

白色乳胶漆饰面

3500

1200
1000

抛光砖踢脚

100

100

W=100陶粒垫高层

二道门B立面　1:25

白色乳胶漆饰面

3000
2900

1500

抛光踢脚

二道门A立面　1:25

3000

1800
1150

80

900

1300

1500

二道门C立面　1:25

W=50不锈钢包边

26.4mm防弹玻璃

白色乳胶漆饰面

抛光砖踢脚

W=100陶粒垫高层

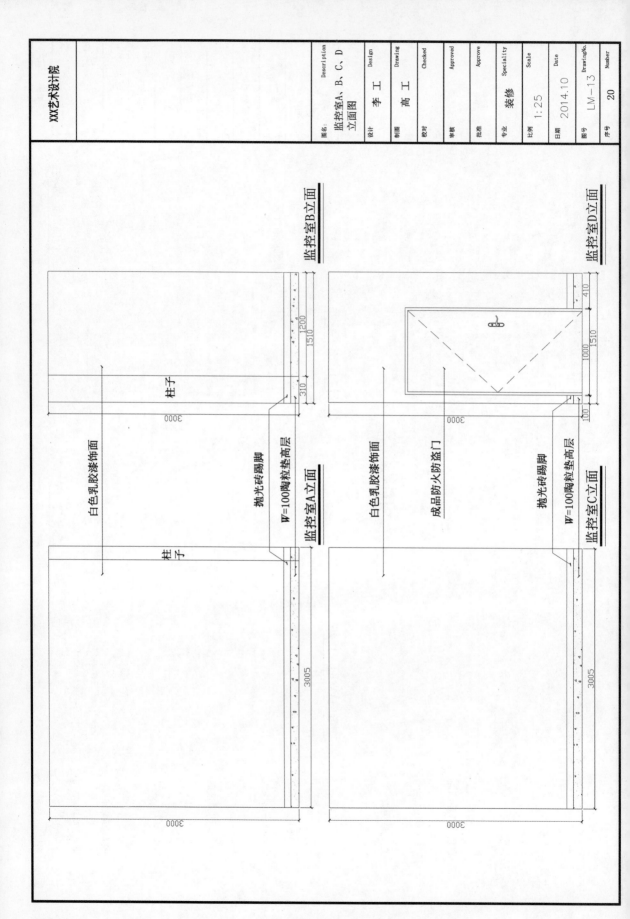

监控室B立面

监控室D立面

监控室A立面

监控室C立面

柱子

白色乳胶漆饰面

抛光砖踢脚

W=100陶粒垫高层

白色乳胶漆饰面

成品防火防盗门

抛光砖踢脚

W=100陶粒垫高层

柱子

3000

3000

3000

3000

3005

3005

1200

1510

310

410

1000

1510

100

XXX艺术设计院

Description 图名：监控室A、B、C、D 立面图

Design 设计 李 工

Drawing 制图 高 工

Checked 校对

Approved 审核

Approve 批准

Speciality 专业 装修

Scale 比例 1:25

Date 日期 2014.10

DrawingNo. 图号 LM-13

Number 序号 20

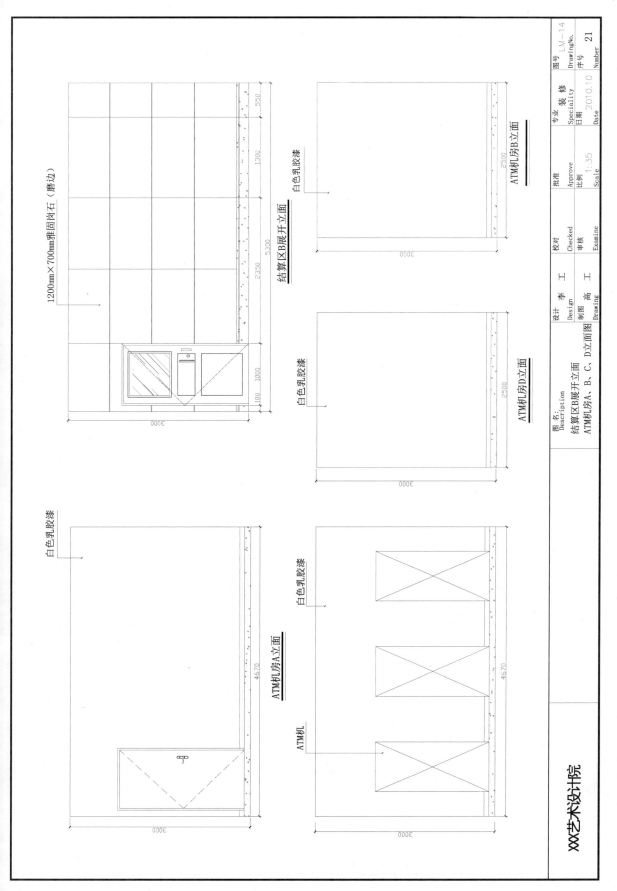

1200mm×700mm雅固岗石（磨边）

白色乳胶漆

结算区B展开立面

ATM机房D立面

白色乳胶漆

ATM机房A立面

ATM机

白色乳胶漆

白色乳胶漆

ATM机房B立面

图 名: Description				专业 装 修 Speciality		批准 Approve		图号 LM-14 DrawingNo.
结算区B展开立面 ATM机房A、B、C、D立面图				日期 2010.10 Date		比例 1:35 Scale		序号 21 Number
设计 李 工 Design		校对 Checked						
制图 高 工 Drawing		审核 Examine						

XXX艺术设计院

257

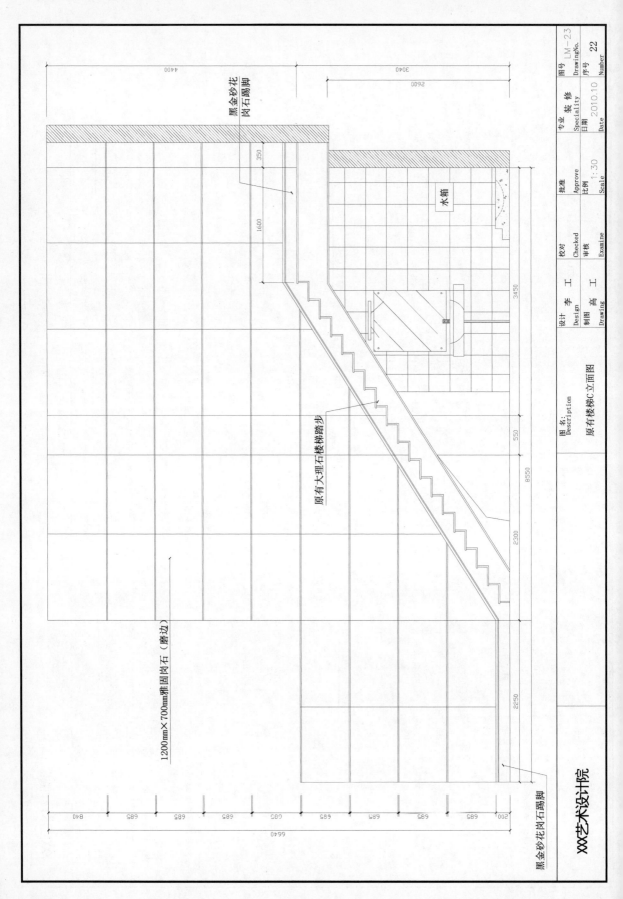

黑金砂花岗石踢脚

原有大理石楼梯踏步

1200mm×700mm雅园岗石（磨边）

黑金砂花岗石踢脚

XXX艺术设计院

图名：Description		原有楼梯C立面图				图号DrawingNo.	LM-23
						序号Number	22

专业Speciality	装修
日期Date	2010.10

设计Design	李 工
制图Drawing	高 工

校对Checked	
审核Examine	

批准Approve	
比例Scale	1:30

水箱

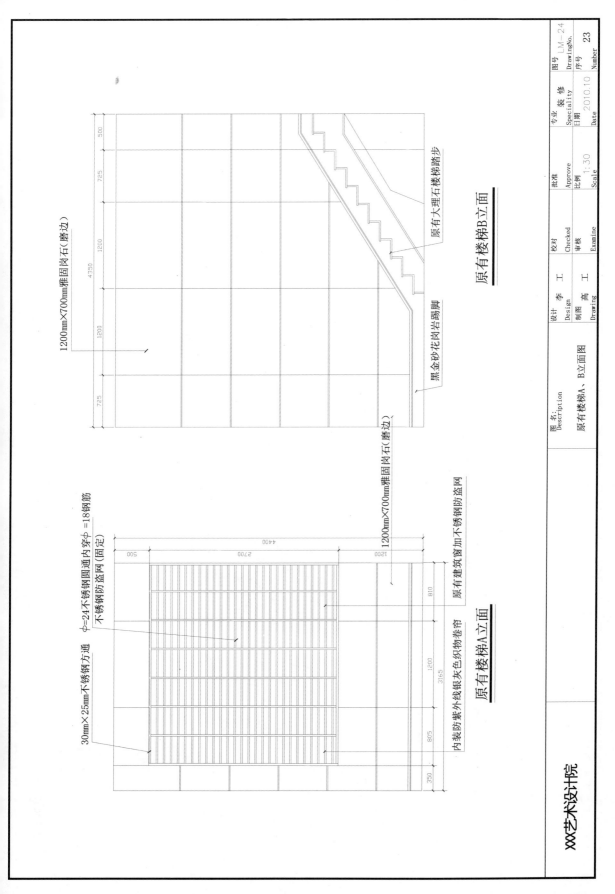

1200mm×700mm雅固岗石（磨边）

黑金砂花岗岩踢脚

原有大理石楼梯踏步

原有楼梯B立面

500 725 1200 4350 1200 725

φ=24不锈钢圆通内穿φ=18钢筋
不锈钢防盗网（固定）

30mm×25mm不锈钢方通

1200mm×700mm雅固岗石（磨边）

原建筑窗加不锈钢防盗网

内装防紫外线银灰色纺织物卷帘

原有楼梯A立面

500 2700 1200 4400
810
1200
3165
805
350

XXX艺术设计院

图名: Description		设计 Design	李 工	校对 Checked		批准 Approve		图号 DrawingNo.	LM-24
原有楼梯A、B立面图		制图 Drawing	高 工	审核 Examine		比例 Scale	1:30	序号 Number	23
						专业 Speciality	装 修		
						日期 Date	2010.10		

259

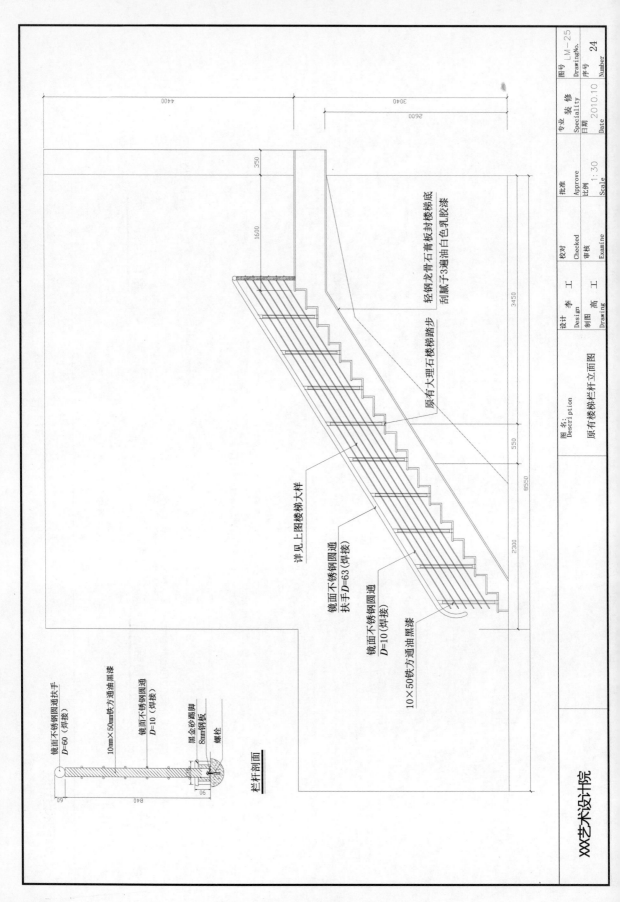

原有大理石楼梯踏步

轻钢龙骨石膏板封楼梯底
刮腻子3遍油白色乳胶漆

详见上图楼梯大样

镜面不锈钢圆通
扶手D=63（焊接）

镜面不锈钢圆通
D=10（焊接）

10×50铁方通油黑漆

镜面不锈钢圆通扶手
D=60（焊接）

10mm×50mm铁方通油黑漆

镜面不锈钢圆通
D=10（焊接）

黑金砂踢脚
8mm钢板
螺栓

栏杆剖面

4400
3040
2600
350
1600
3450
550
8550
2300
60
840
90

XXX艺术设计院

图名：Description		批准 Approve	图号 LM-25 Drawing No.
原有楼梯栏杆立面图	校对 Checked	审核 Examine	比例 1:30 Scale
	设计 李 工 Design	制图 高 工 Drawing	专业 装 修 Speciality
			日期 2010.10 Date
			序号 24 Number

260

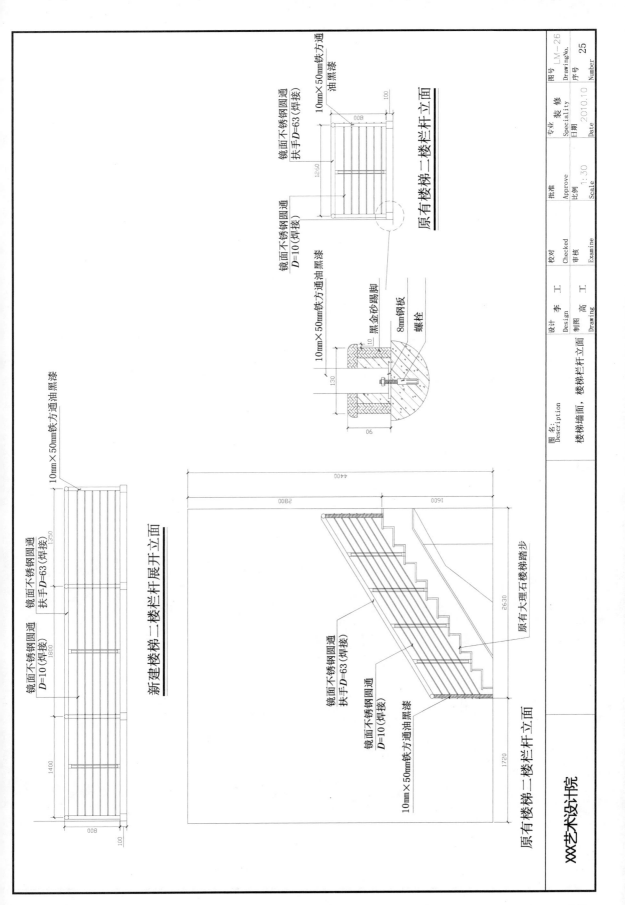

镜面不锈钢圆通
扶手D=63（焊接）

10mm×50mm铁方通
油黑漆

镜面不锈钢圆通
D=10（焊接）

800

100

1260

原有楼梯二楼栏杆立面

镜面不锈钢圆通
D=10（焊接）

10mm×50mm铁方通油黑漆

8mm钢板
黑金砂踢脚
螺栓

130

90

10

06

10mm×50mm铁方通油黑漆

镜面不锈钢圆通
扶手D=63（焊接）

镜面不锈钢圆通
D=10（焊接）

1350
1800
1400

800
100

新建楼梯二楼栏杆展开立面

4400
2800
1600

2630
1720

镜面不锈钢圆通
扶手D=63（焊接）

镜面不锈钢圆通
D=10（焊接）

10mm×50mm铁方通油黑漆

原有大理石楼梯踏步

原有楼梯二楼栏杆立面

XXX艺术设计院

图名：Description	楼梯墙面、楼梯栏杆立面		图号 DrawingNo.	LM-26
设计 Design	李工	批准 Approve	序号 Number	25
制图 Drawing	高工	比例 Scale	1:30	
校对 Checked		日期 Date	2010.10	
审核 Examine		专业 Speciality	装修	

261

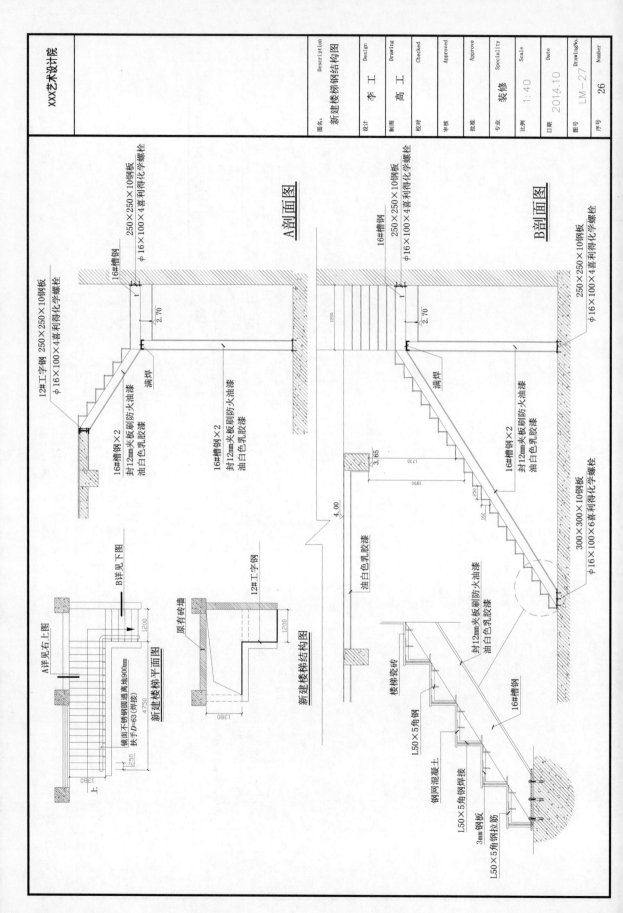

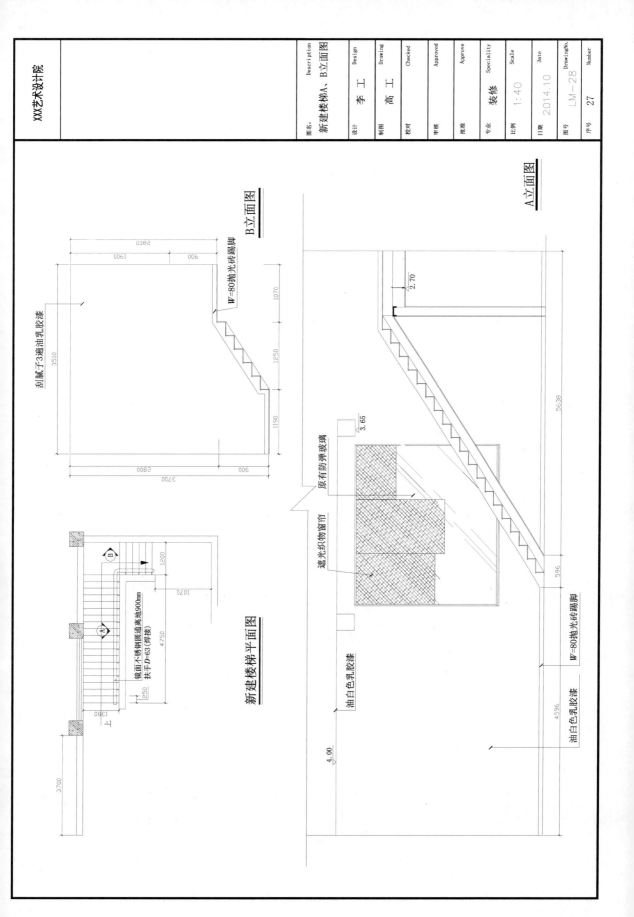

新建楼梯A、B立面图

B立面图

A立面图

新建楼梯平面图

刮腻子3遍油油乳胶漆

W=80抛光砖踢脚

原有防弹玻璃

遮光织物窗帘

油白色乳胶漆

W=80抛光砖踢脚

油白色乳胶漆

镜面不锈钢圆通离地900mm
扶手D=63(焊接)

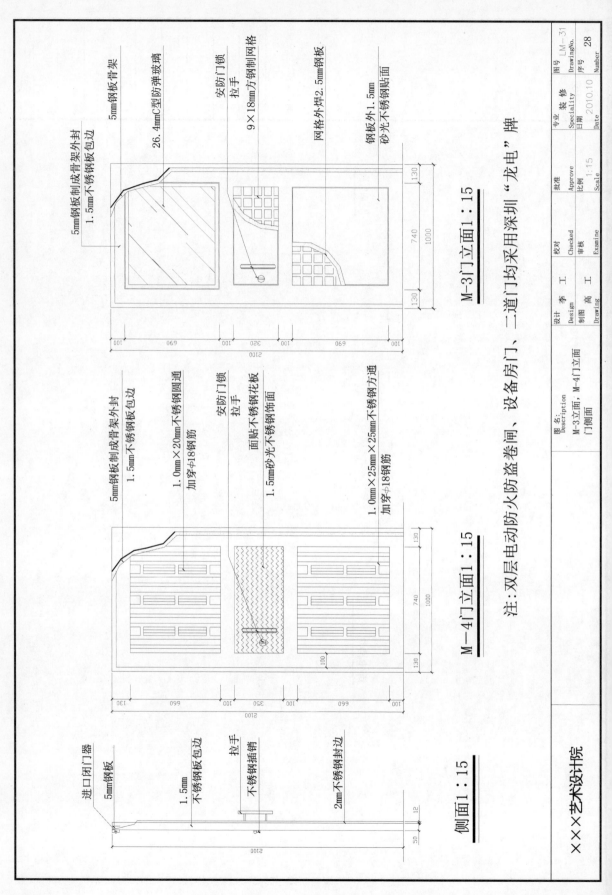

M-3门立面1：15

5mm钢板骨架
5mm钢板制成骨架外封
1.5mm不锈钢钢板包边
26.4mmC型防弹玻璃
安防门锁
拉手
9×18mm方钢制网格
网格外焊2.5mm钢板
钢板外1.5mm
砂光不锈钢贴面

M-4门立面1：15

5mm钢板骨架
5mm钢板制成骨架外封
1.5mm不锈钢钢板包边
1.0mm×20mm不锈钢圆通
加穿φ18钢筋
安防门锁
拉手
面贴不锈钢花板
面贴不锈钢饰面
1.5mm砂光不锈钢饰面
1.0mm×25mm×25mm不锈钢方通
加穿φ18钢筋

注：双层电动防火防盗卷闸、设备房门、二道门均采用深圳"龙电"牌

侧面1：15

进口闭门器
5mm钢板
1.5mm
不锈钢板包边
拉手
不锈钢插销
2mm不锈钢封边

×××艺术设计院

设计 李 工 Design		校对 Checked		批准 Approve	专业 装 修 Speciality	图号 LM-31 DrawingNo.
制图 高 工 Drawing		审核 Examine			比例 1：15 Scale	序号 28 Number
					日期 2010.10 Date	

图 名：
Description
M-3立面、M-4门立面
门侧面

264

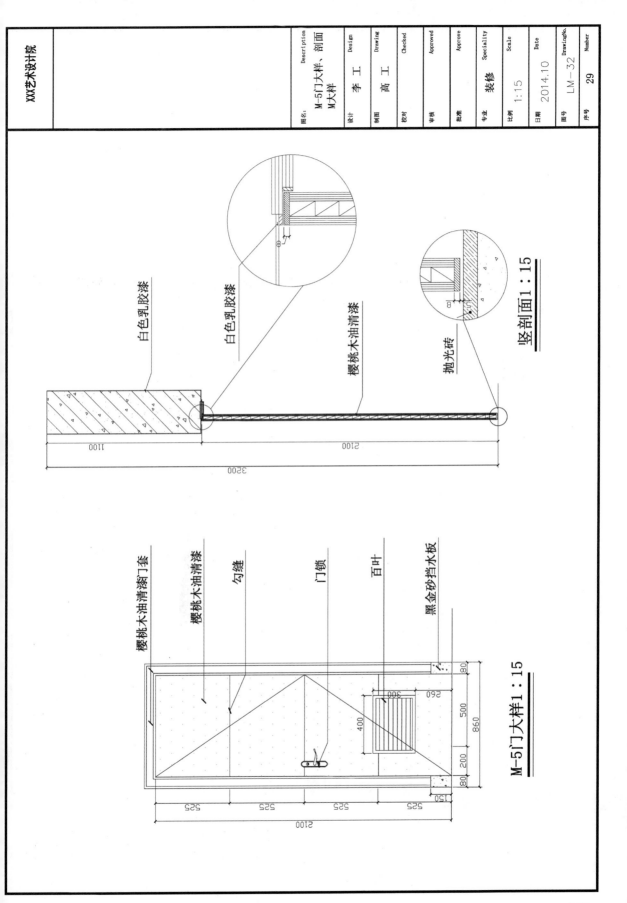

XXX艺术设计院

图名:Description	M-5门大样、剖面 M大样
设计 Design	李 工
制图 Drawing	高 工
校对 Checked	
审核 Approved	
批准 Approve	
专业 Speciality	装 修
比例 Scale	1:15
日期 Date	2014.10
图号 DrawingNo.	LM-32
序号 Number	29

白色乳胶漆

白色乳胶漆

樱桃木油清漆

抛光砖

竖剖面1：15

樱桃木油清漆门套

樱桃木油清漆

勾缝

门锁

百叶

黑金砂挡水板

M-5门大样1：15

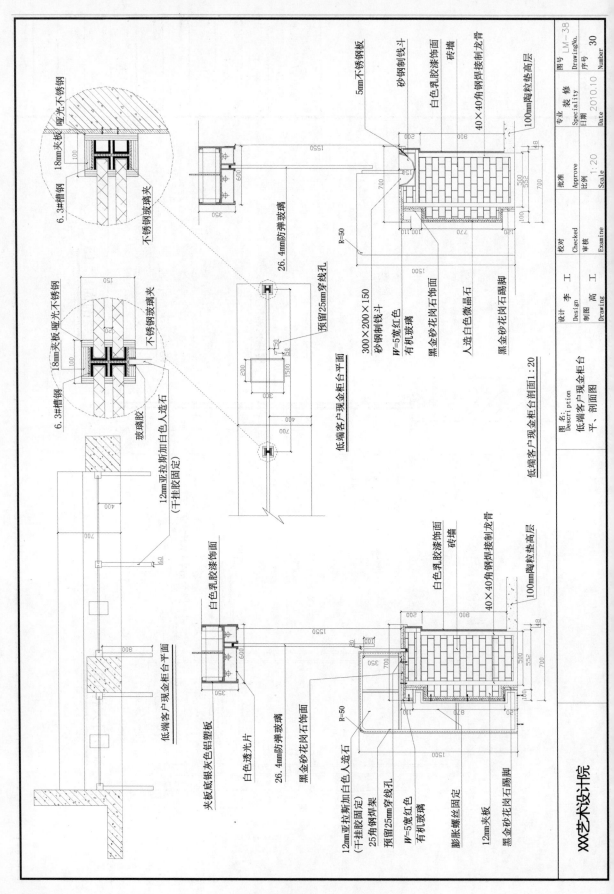

图号 DrawingNo. LM-38

序号 Number 30

专业 Speciality 装修

日期 Date 2010.10

批准 Approve

比例 Scale 1:20

校对 Checked

审核 Examine

设计 Design 李 工

制图 Drawing 高 工

图 名:
Description
低端客户现金柜台
平、剖面图

XXX艺术设计院

5mm不锈钢板

砂钢制线斗

白色乳胶漆饰面

砖墙

40×40角钢焊接制龙骨

100mm陶粒垫高层

黑金砂花岗石饰面

人造白色微晶石

黑金砂花岗石踢脚

R=50

低端客户现金柜台剖面图 1:20

300×200×150
砂钢制线斗

W=5宽红色
有机玻璃

预留25mm穿线孔

低端客户现金柜台平面

26.4mm防弹玻璃

亚光不锈钢

18mm夹板

6.3#槽钢

不锈钢玻璃夹

18mm夹板亚光不锈钢

6.3#槽钢

不锈钢玻璃夹

玻璃胶

12mm亚拉斯加白色人造石
(干挂胶固定)

低端客户现金柜台平面

夹板底银灰色铝塑板

25角钢焊架

预留25mm穿线孔

W=5宽红色
有机玻璃

膨胀螺丝固定

12mm夹板

黑金砂花岗石踢脚

白色乳胶漆饰面

白色乳胶漆饰面

砖墙

40×40角钢焊接制龙骨

100mm陶粒垫高层

黑金砂花岗石饰面

R=50

12mm亚拉斯加白色人造石
(干挂胶固定)

白色透光片

26.4mm防弹玻璃

黑金砂花岗石饰面

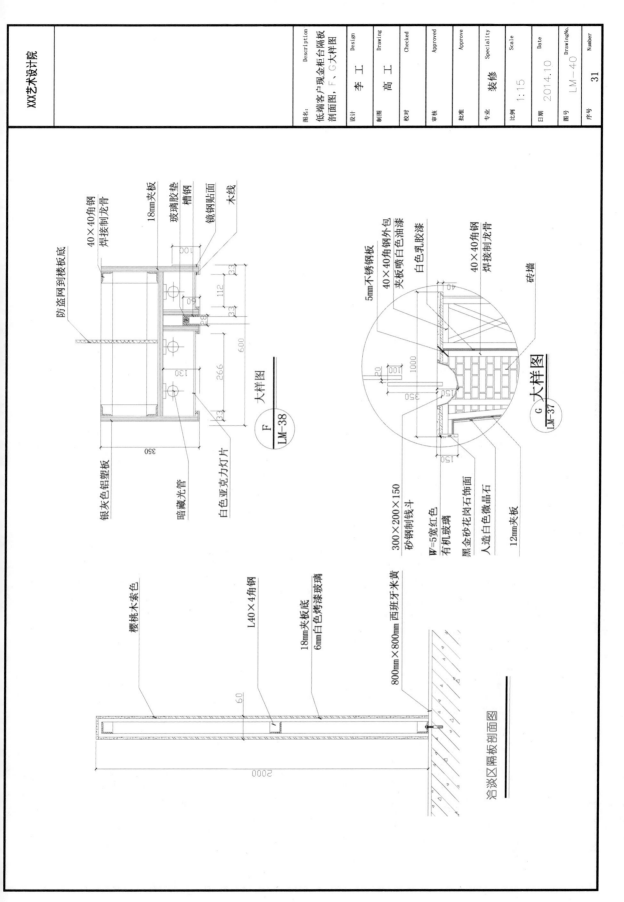

XXX艺术设计院

	Description 图名:	低端客户现金柜台隔板剖面图, F、G大样图	Design 设计	李 工	Approved 审核		Speciality 专业	装修	Scale 比例	1:15	Number 序号	31
			Drawing 制图	高 工	Approve 批准				Date 日期	2014.10		
			Checked 校对						DrawingNo. 图号	LM-40		

40×40角钢
焊接制龙骨

18mm夹板

玻璃胶垫

槽钢

镜钢贴面

木线

防盗网到楼板底

100

33

112

60

33

600

266

130

33

银灰色铝塑板

暗藏光管

白色亚克力灯片

350

F 大样图
LM-38

5mm不锈钢板

40×40角钢外包
夹板喷白色油漆

白色乳胶漆

40×40角钢
焊接制龙骨

砖墙

20

100

1000

150

350

150

150

G 大样图
LM-37

300×200×150
砂钢制线斗

W=5宽红色
有机玻璃

黑金砂花岗石饰面

人造白色微晶石

12mm夹板

樱桃木素色

L40×4角钢

18mm夹板底
6mm白色烤漆玻璃

800mm×800mm西班牙米黄

60

2000

洽谈区隔板剖面图

267

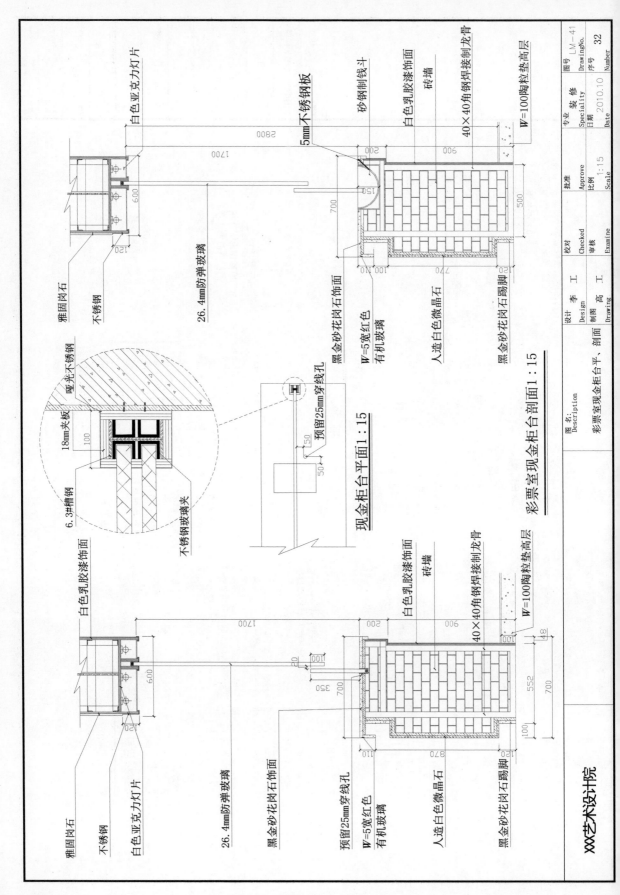

白色亚克力灯片

5mm不锈钢板

不锈钢制线斗

白色乳胶漆饰面

砖墙

40×40角钢焊接制龙骨

W=100陶粒垫高层

雅固岗石

不锈钢

26.4mm防弹玻璃

黑金砂花岗石饰面

W=5宽红色
有机玻璃

人造白色微晶石

黑金砂花岗石踢脚

哑光不锈钢

18mm夹板

6.3#槽钢

不锈钢玻璃夹

预留25mm穿线孔

现金柜台平面1：15

彩票室现金柜台平、剖面

白色乳胶漆饰面

砖墙

40×40角钢焊接制龙骨

W=100陶粒垫高层

雅固岗石

不锈钢

白色亚克力灯片

26.4mm防弹玻璃

黑金砂花岗石饰面

预留25mm穿线孔

W=5宽红色
有机玻璃

人造白色微晶石

黑金砂花岗石踢脚

彩票室现金柜台剖面1：15

XXX艺术设计院

268

图号 LM—41
DrawingNo.
序号 32
Number

专业 装 修
Speciality
日期 2010.10
Date

批准
Approve
比例 1：15
Scale

校对
Checked
审核
Examine

设计 李 工
Design
制图 高 工
Drawing

图 名：
Description
彩票室现金柜台平、剖面

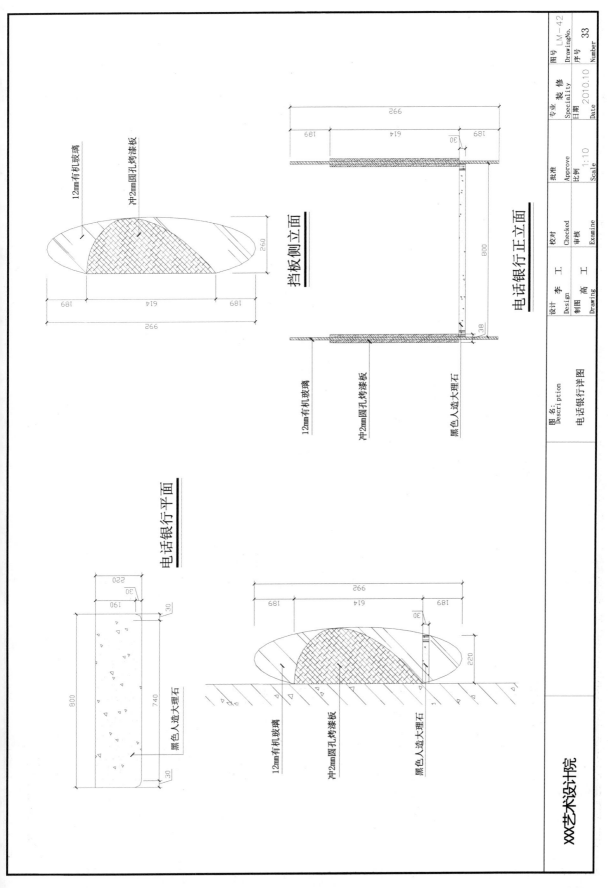

挡板侧立面

12mm有机玻璃

冲2mm圆孔烤漆板

电话银行正立面

12mm有机玻璃

冲2mm圆孔烤漆板

黑色人造大理石

电话银行平面

黑色人造大理石

12mm有机玻璃

冲2mm圆孔烤漆板

黑色人造大理石

图号 LM-42
DrawingNo.
序号 33
Number

专业 装 修
Speciality
日期 2010.10
Date

批准
Approve
比例 1:10
Scale

校对
Checked
审核
Examine

设计 李 工
Design
制图 高 工
Drawing

图名:
Descri ption
电话银行详图

XXX艺术设计院

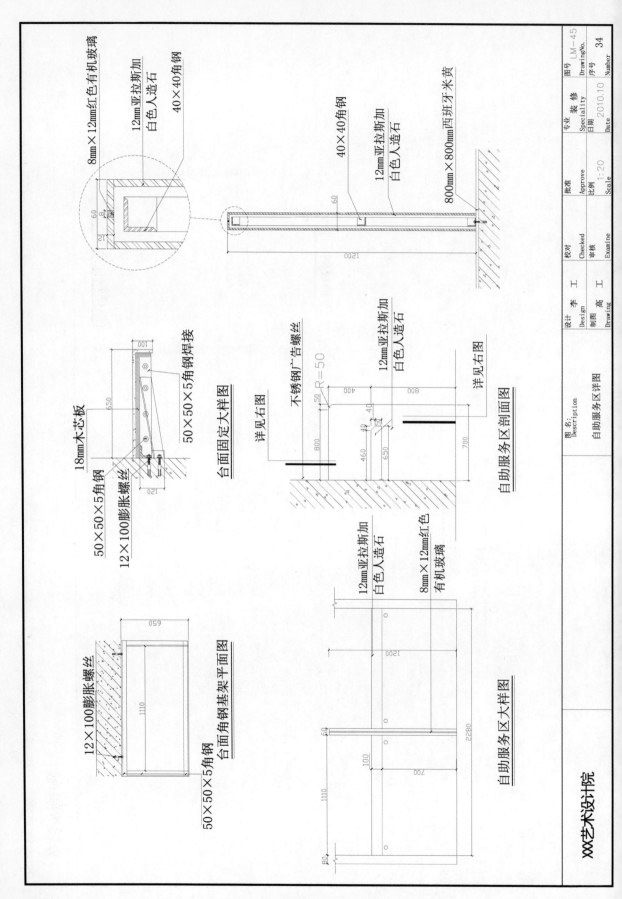

8mm×12mm红色有机玻璃

12mm亚拉斯加
白色人造石

40×40角钢

40×40角钢

12mm亚拉斯加
白色人造石

800mm×800mm西班牙米黄

60

1200

台面固定大样图

18mm木芯板

50×50×5角钢

12×100膨胀螺丝

50×50×5角钢焊接

650

100

120

不锈钢广告螺丝

R=50

400

50

12mm亚拉斯加
白色人造石

800

详见右图

详见右图

40

40

460

650

700

自助服务区剖面图

台面角钢基架平面图

650

1110

12×100膨胀螺丝

50×50×5角钢

1110

80

12mm亚拉斯加
白色人造石

8mm×12mm红色
有机玻璃

1200

60

100

700

2280

自助服务区大样图

XXX艺术设计院

图名: Description					图号: DrawingNo.	LM-45
					序号 Number	34
自助服务区详图	设计 李 Design	工	校对 Checked	批准 Approve	专业 装 修 Speciality	
	制图 高 Drawing	工	审核 Examine	比例 Scale 1:20	日期 Date 2010.10	

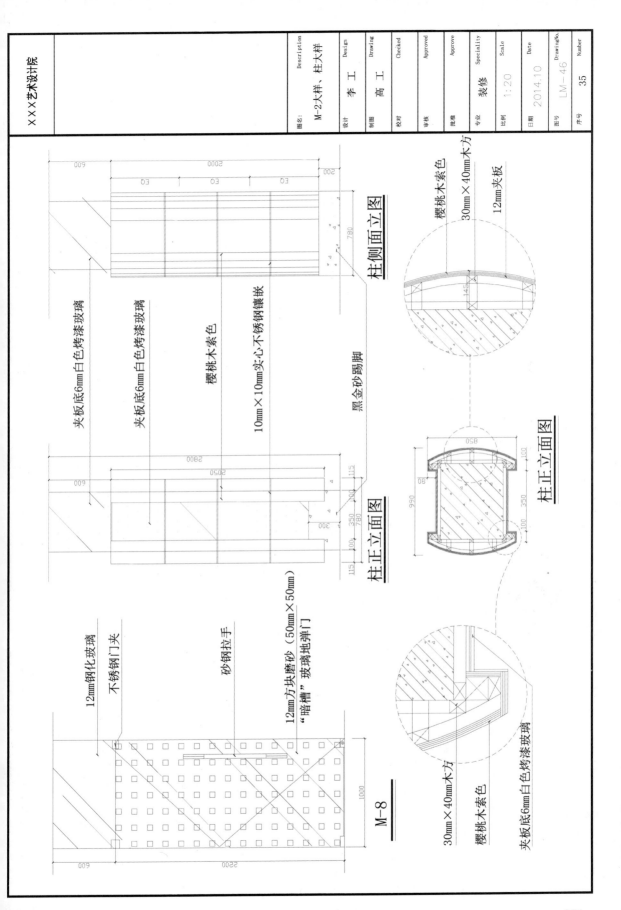

柱侧面立图

夹板底6mm白色烤漆玻璃

夹板底6mm白色烤漆玻璃

樱桃木素色

10mm×10mm实心不锈钢镶嵌

黑金砂踢脚

柱正面图

柱正立面图

樱桃木素色
30mm×40mm木方
12mm夹板

柱正立面图

12mm钢化玻璃

不锈钢门夹

砂钢拉手

12mm方块磨砂（50mm×50mm）
"暗槽"玻璃地弹门

M-8

30mm×40mm木方
樱桃木素色
夹板底6mm白色烤漆玻璃

271

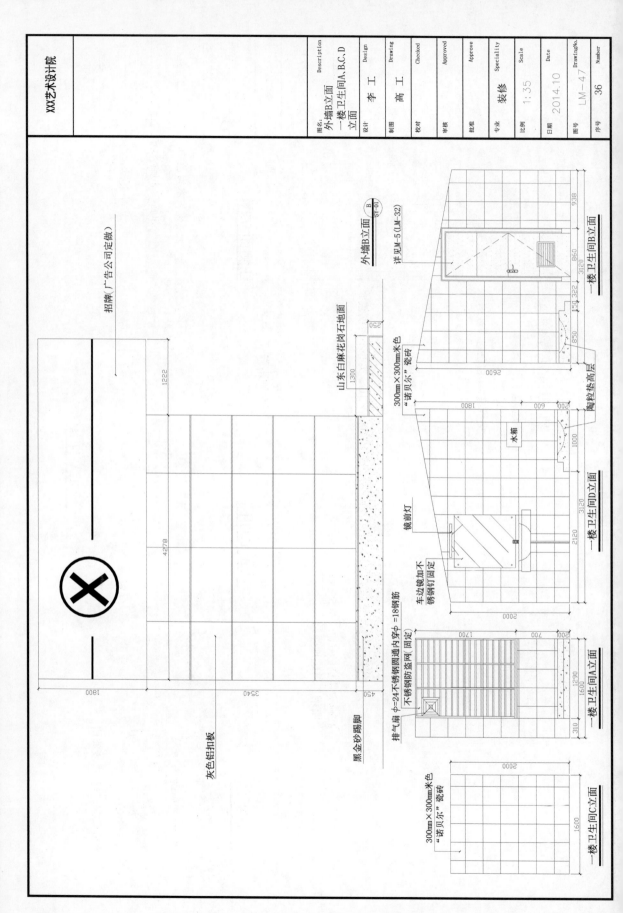

招牌（广告公司定做）

1222

4278

灰色铝扣板

黑金砂踢脚

山东白麻花岗石地面

300mm×300mm米色
"诺贝尔"瓷砖

排气扇 φ24不锈钢圆圆通内穿φ=18钢筋
不锈钢防盗网（固定）

车边镜加不
锈钢钉固定

镜前灯

水箱

300mm×300mm米色
"诺贝尔"瓷砖

外墙B立面 B/SY-01

详见M-5（LM-32）

陶粒垫高层

楼卫生间B立面

楼卫生间D立面

楼卫生间A立面

楼卫生间C立面

XXX艺术设计院

图名：外墙B立面 一楼卫生间A,B,C,D 立面

Description

设计 李 工 Design
制图 Drawing
校对 Checked
审核 Approved
批准 高 工 Approve
专业 装修 Speciality
比例 1:35 Scale
日期 2014.10 Date
图号 LM-47 DrawingNo.
序号 36 Number

272

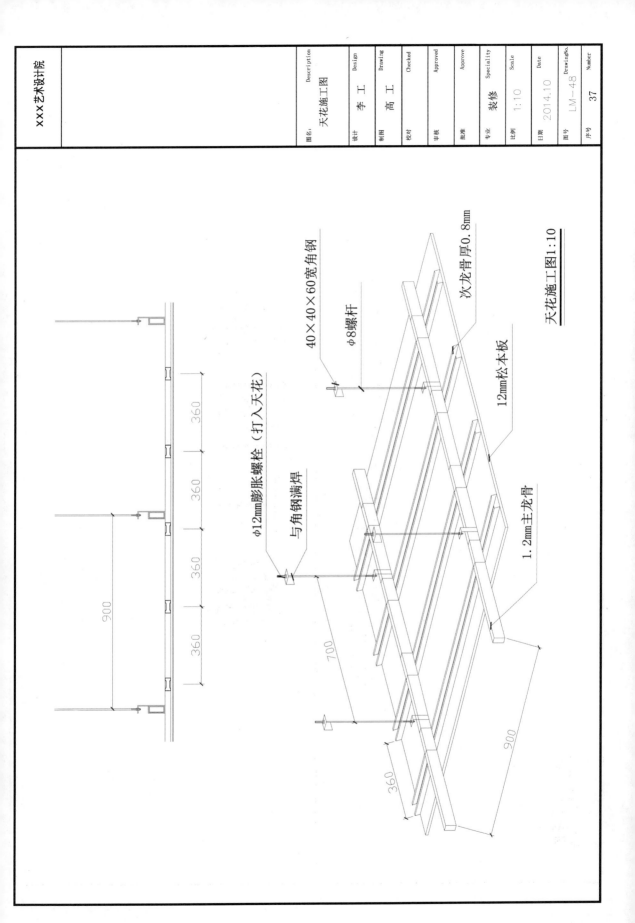

天花施工图1:10

40×40×60宽角钢

φ8螺杆

次龙骨厚0.8mm

φ12mm膨胀螺栓（打入天花）

与角钢满焊

12mm松木板

1.2mm主龙骨

900

360

360

360

360

360

700

900

图名： Description	天花施工图		
设计 Design	李 工		
制图 Drawing	高 工		
校对 Checked			
审核 Approved			
批准 Approve			
专业 Speciality	装修		
比例 Scale	1:10		
日期 Date	2014.10		
图号 DrawingNo.	LM-48		
序号 Number	37		

×××艺术设计院

第10章

房地产公司办公楼装修设计

施工图集

XXX艺术设计院				工程号		建筑
工程名称	XXX房地产开发有限公司办公楼			图别		
图名	封面			图号		BS-GG
专业		负责人		版号		
		设计		日期		2014.10
		制图				
审定		设计				
总负责		校审				

设计说明

一、工艺要求：

1. 石材的加工由施工方依据施工图，结合现场绘制。

2. 图纸未作特殊说明之处，石材均为 20mm 厚抛光板。

3. 所有木龙骨、衬里夹板等须刷防火漆3道、地毯、墙纸等均选阻燃型。

4. 灯槽内加胶管灯的地方铺石膏板，并刷防火涂料3道。

5. 检修孔位置根据现场确定。

6. 所有木作饰面、图样未做特殊说明的，均哑光漆。

二、参照图集：

图样未作特殊说明的参照 88J 系列、88JX 系列。

三、其他：

1. 石材、饰面板、地毯、墙纸等主要材料由甲方自变图样，施工方须有专职或兼职技术人员与设计负责人保持联系，并做好图样的管理工作。

2. 未经设计负责人允许施工方不得自变图样，施工方须有专职或兼职技术人员与设计负责人保持联系，并做好图样的管理工作。

3. 所有尺寸均以图样标注为准。

4. 如图样与现场有不一致之处，请立即通知设计师，施工方不得擅自变更图样。

图样目录

工程名称 ×××房产开发有限公司办公楼
图 名 目录、设计说明
×××艺术设计院
专业 建施
负责人
设计
制图
审定 设计
总负责 校对 校审
图别 建施
图号 00
版号 BS-GC
日期 2014.10

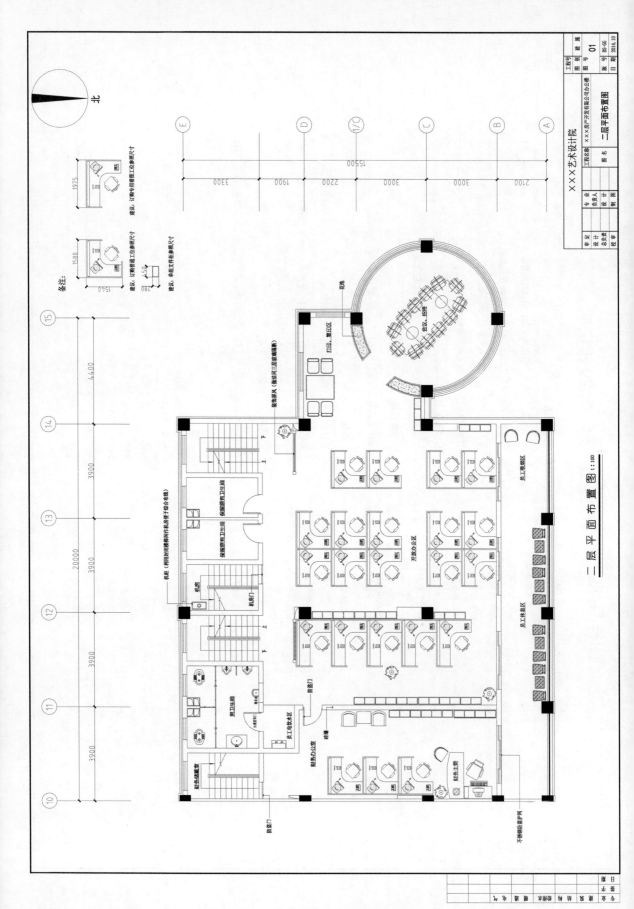

二层平面布置图 1:100

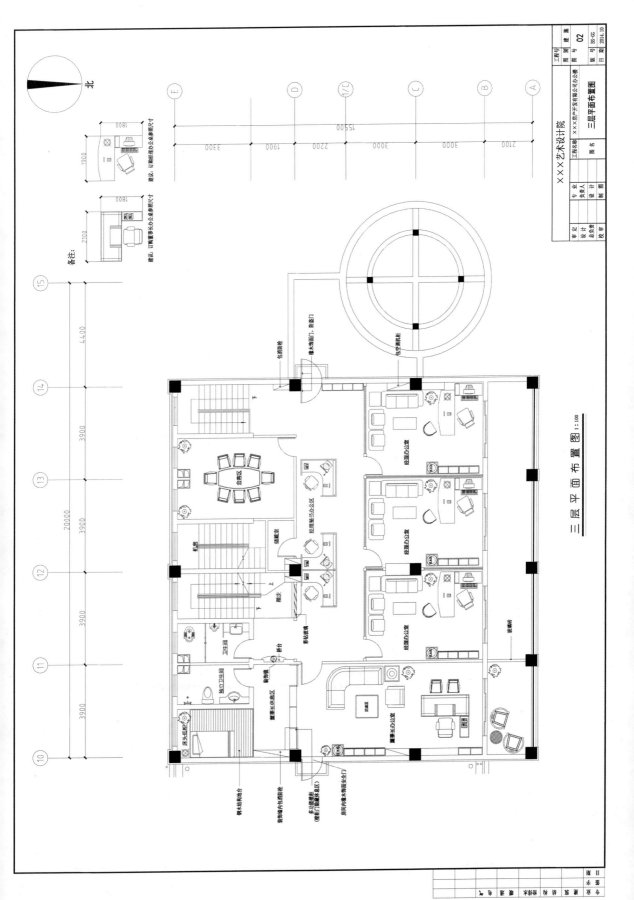

三层平面布置图 1:100

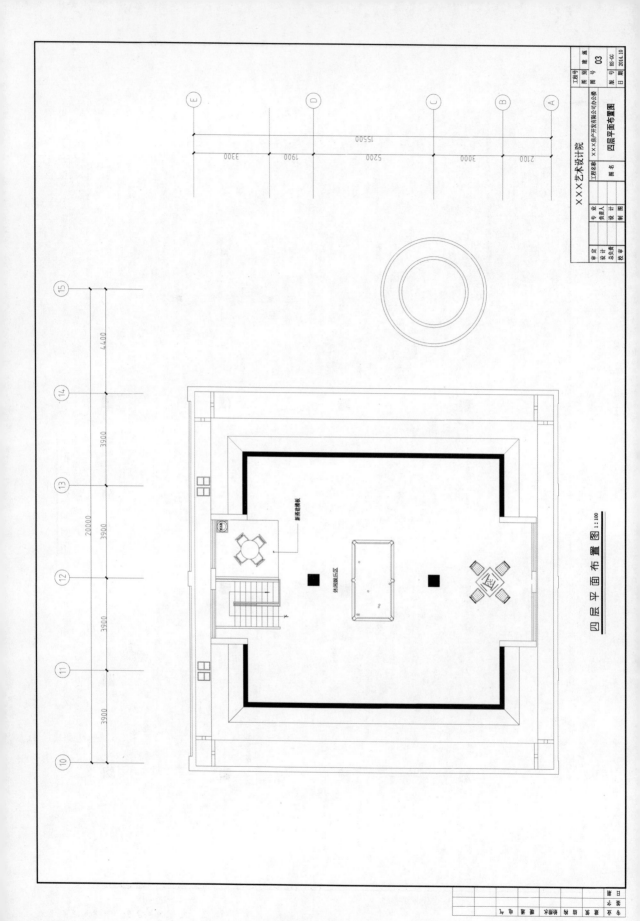

四层平面布置图 1:100

×××艺术设计院

专业	建筑
负责人	
设计	
制图	

| 工程名称 | ×××房产开发有限公司办公楼 |
| 图名 | 四层平面布置图 |

审定		
设计		
总负责		
校审		

工程号		图别	建施
图号	03
版 号	BS-GC
日 期	2014.10

278

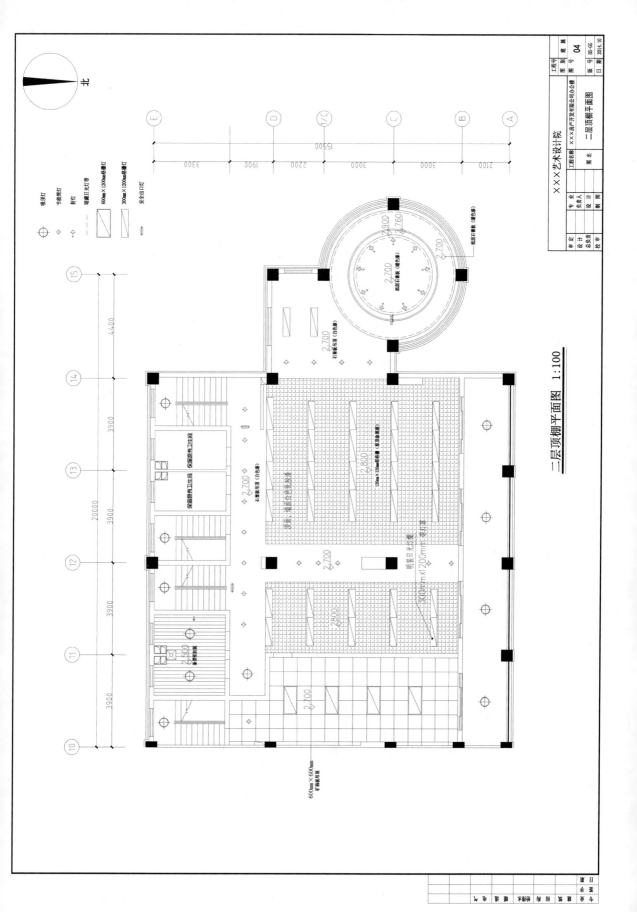

二层顶棚平面图 1:100

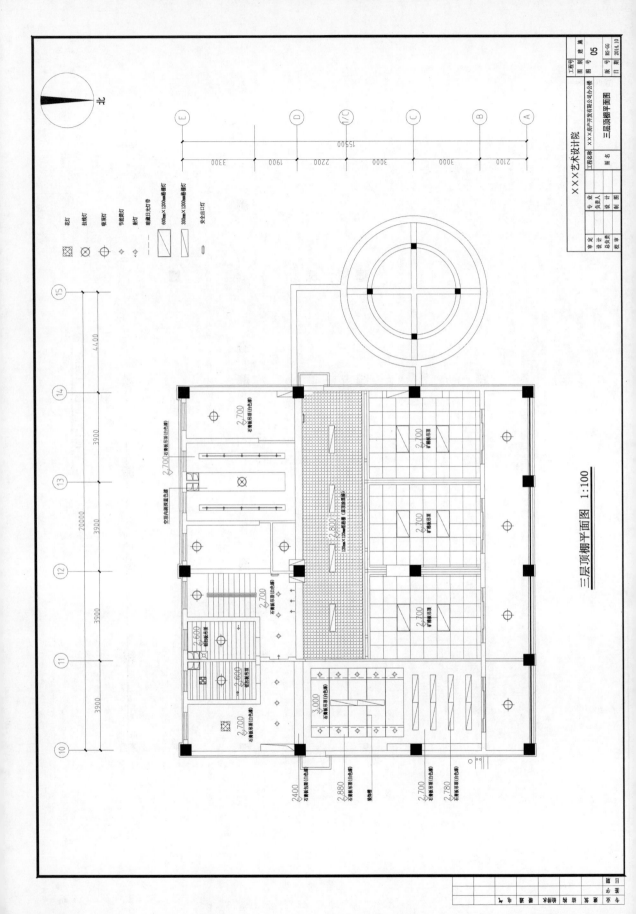

三层顶棚平面图 1:100

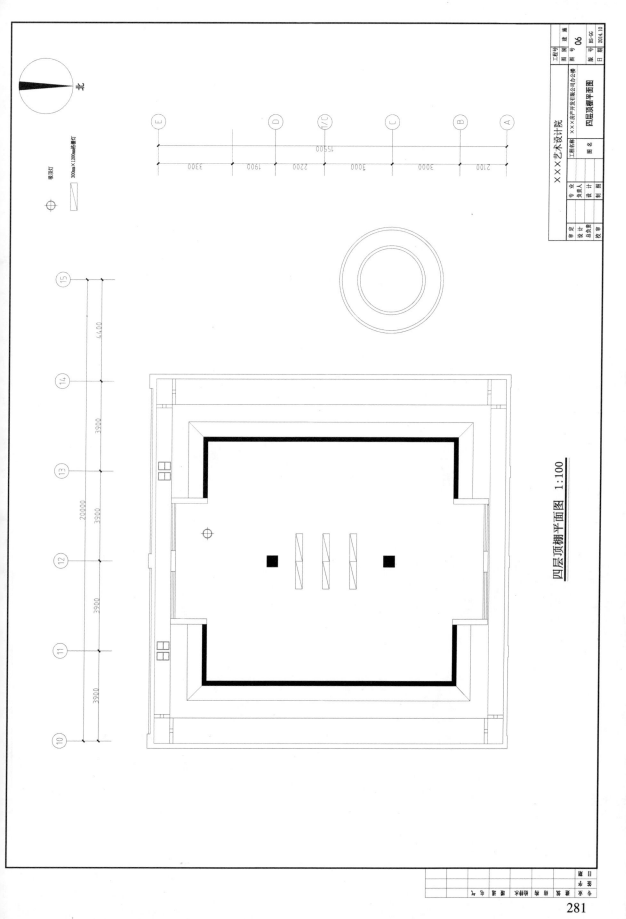

四层顶棚平面图 1:100

281

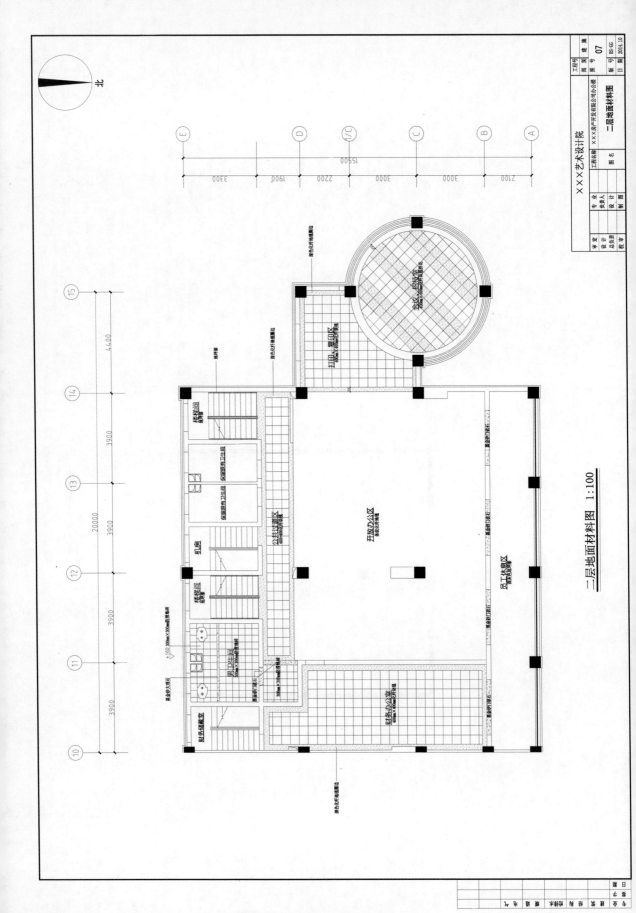

二层地面材料图 1:100

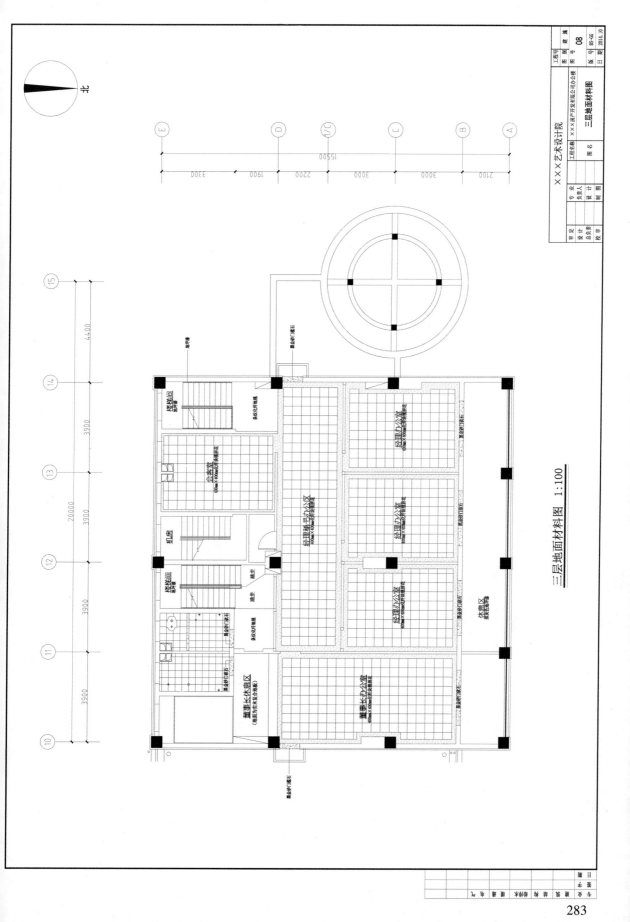

三层地面材料图 1:100

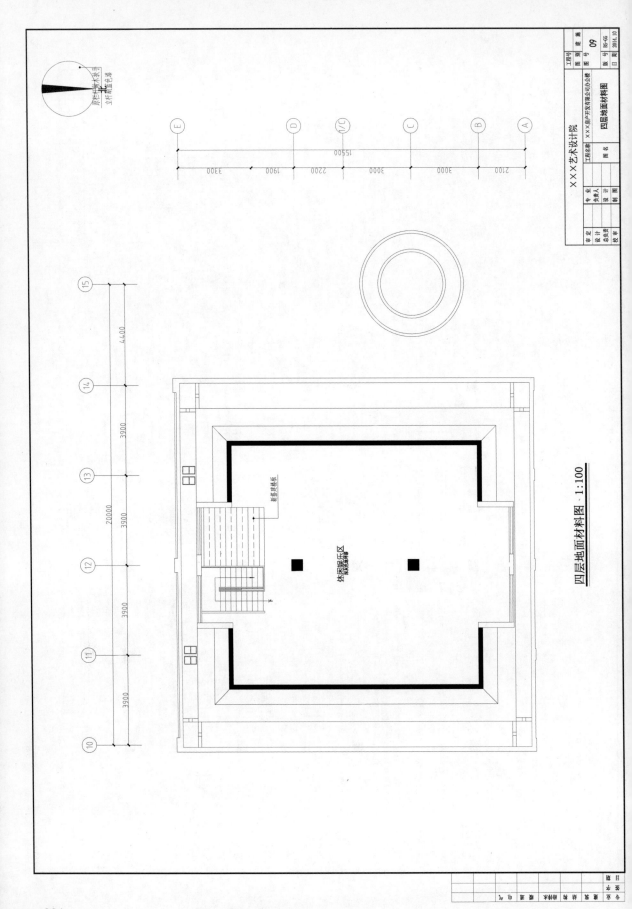

四层地面材料图 1:100

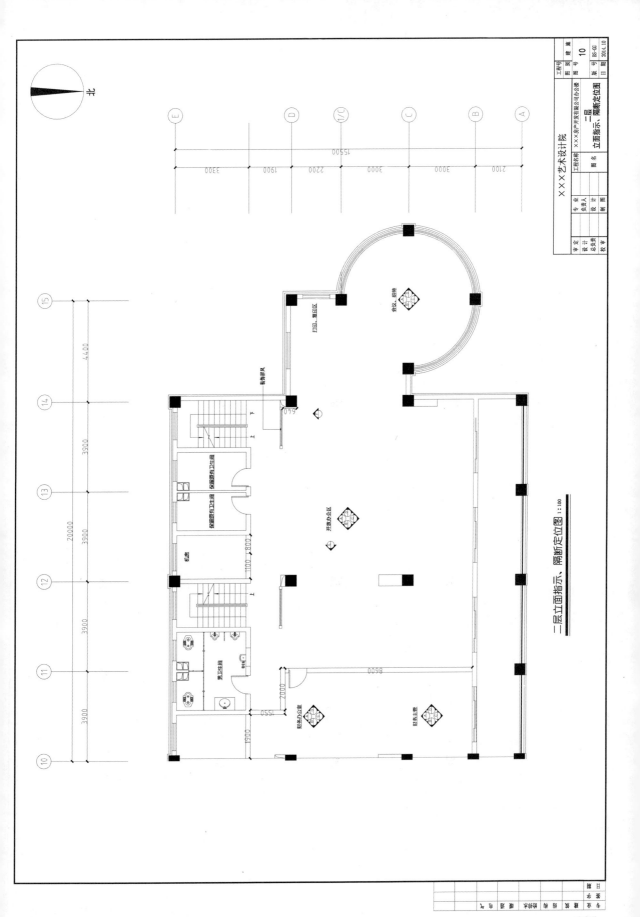

二层立面指示、隔断定位图

二层立面指示、隔断定位图 1:100

北

XXX艺术设计院

专业		工程名称	XXX房产开发有限公司办公楼
负责人		二层
设计		图名	立面指示、隔断定位图
制图		图号	BS-GC

工程号
图别 建筑
图号 10
版号
日期 2014.10

审定
设计
总负责
校审

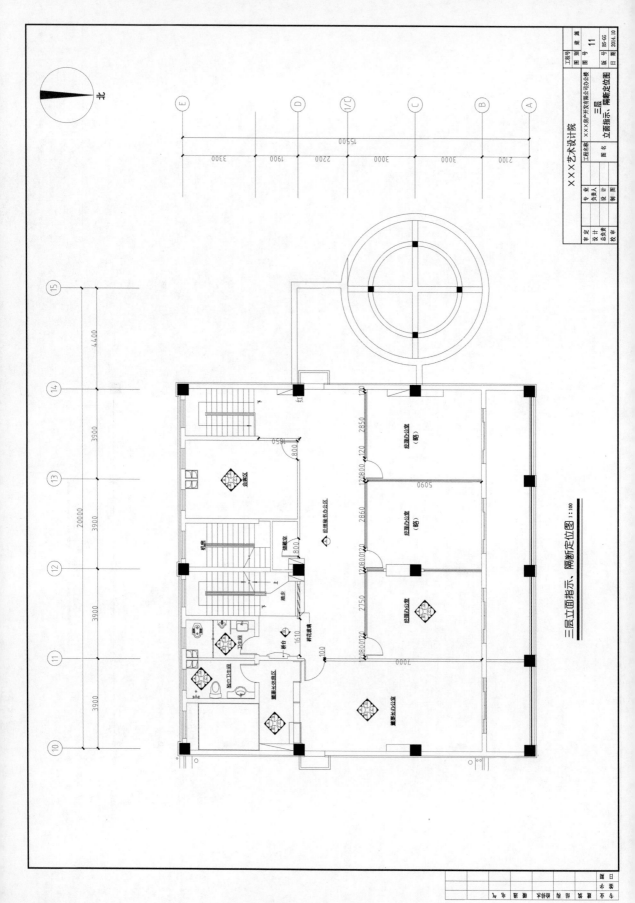

三层立面指示、隔断定位图

三层立面指示、隔断定位图 1:100

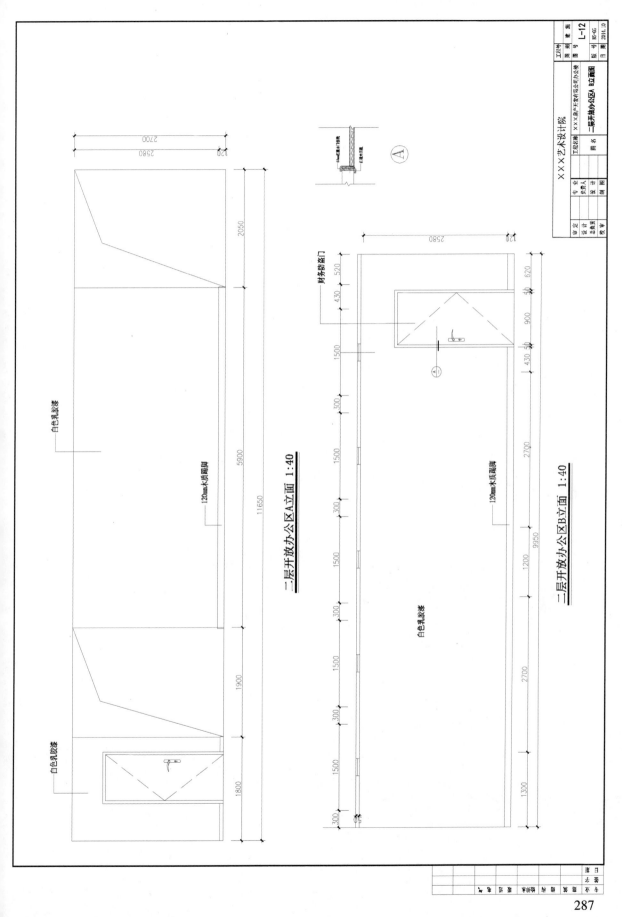

白色乳胶漆

120mm木质踢脚

白色乳胶漆

2700
2580
120

2050

5900

11650

1900

1800

二层开放办公区A立面 1:40

5mm磨砂玻璃
木基层板

Ⓐ

财务防盗门

2580
120

520
430
1500

300

1500

1500

300

300

1500

1500

300

620
900
430
2700
9950
1200
1300

Ⓐ

白色乳胶漆

120mm木质踢脚

300

二层开放办公区B立面 1:40

XXX艺术设计院

工程名称 XXX房产开发有限公司办公楼

图名 二层开放办公区 B立面图

工程号
图号 L-12
版别 图号 BS-GC
日期 2014.10

专业 建筑
负责人
设计
绘图员
校对

审定
设计
总负责
校审

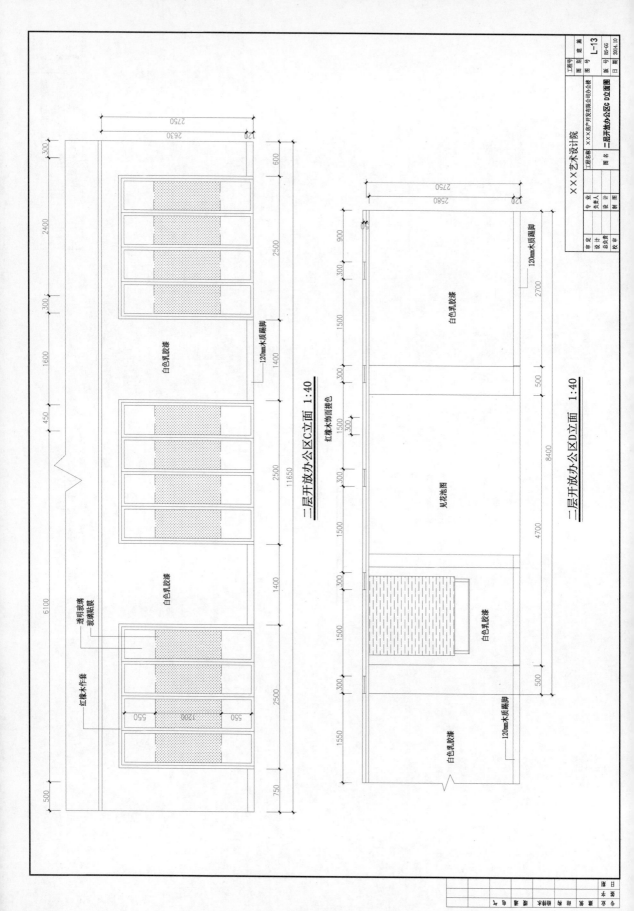

二层开放办公区C立面 1:40

二层开放办公区D立面 1:40

白色乳胶漆

120mm木质踢脚

透明玻璃玻璃贴膜

红橡木作套

红橡木饰面擦色

见花池图

白乳胶漆

白色乳胶漆

120mm木质踢脚

XXX艺术设计院

工程名称 XXX房产开发有限公司办公楼
图　名 二层开放办公区C D立面图

专　业
负责人
设　计
制　图

审　定
设　计
总负责
校　审

工程号
图　别　建　施
图　号　L-13
版　号　BS-GG
日　期　2014.10

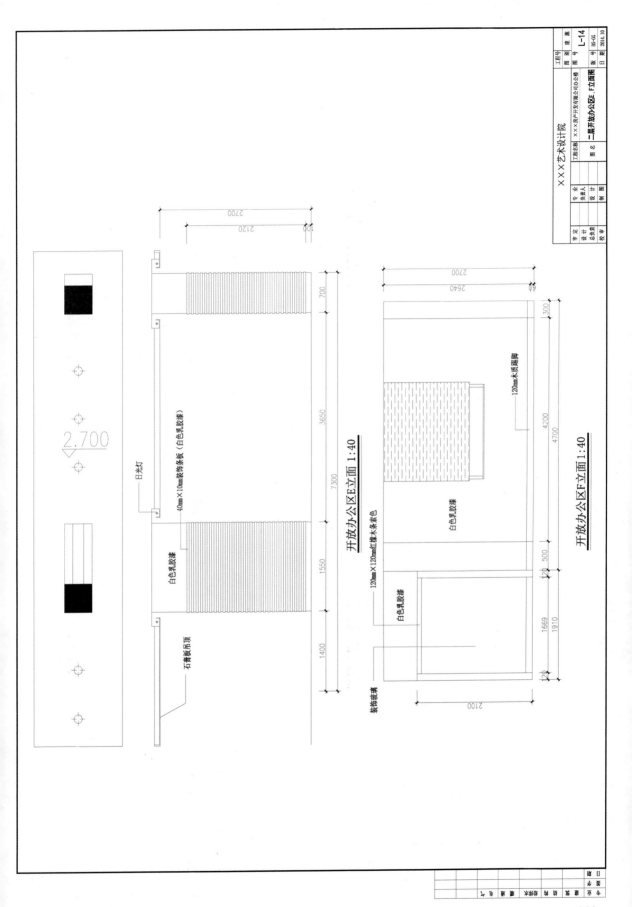

开放办公区E立面 1:40

日光灯

白色乳胶漆

石膏板吊顶

40mm×10mm装饰条板（白色乳胶漆）

120mm×120mm红橡木条素色

装饰玻璃

2.700

开放办公区F立面 1:40

白色乳胶漆

白色乳胶漆

120mm木质踢脚

XXX艺术设计院

专 业	建 筑	工程号			
负责人		图 别	建 施		
设 计		图 号	L-14		
制 图		版 号	B5-GC		
		日 期	2014.10		

工程名称	XX房产开发有限公司办公楼
图 名	二层开放办公区 E F 立面图

审 定	
设 计	
总负责	
校 审	

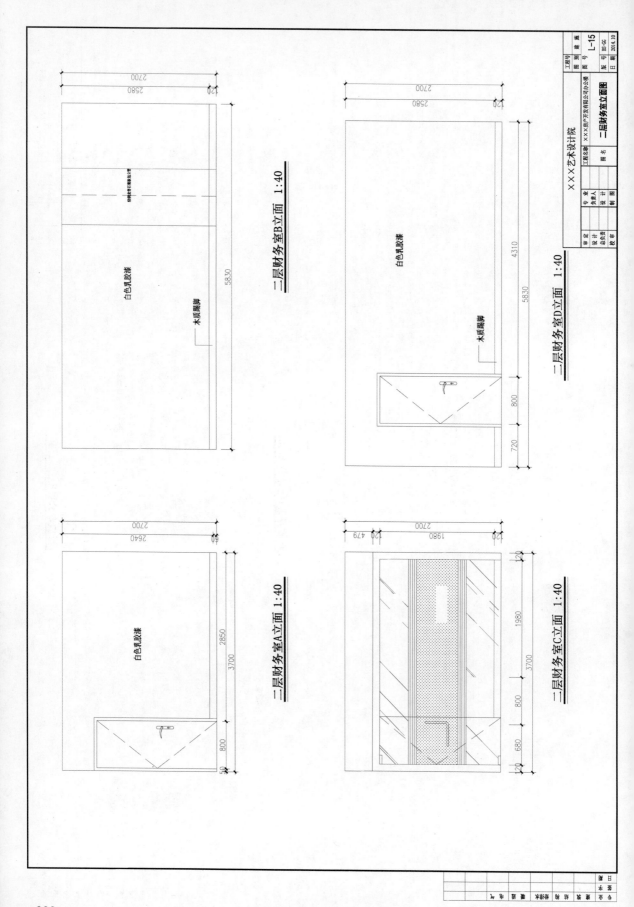

二层财务室B立面 1:40

白色乳胶漆

木质踢脚

二层财务室D立面 1:40

白色乳胶漆

木质踢脚

二层财务室A立面 1:40

白色乳胶漆

二层财务室C立面 1:40

×××艺术设计院

工程名称 ×××房产开发有限公司办公楼
图 名 二层财务室立面图
专 业
负责人
设 计
制 图
审 定
设 计
总负责
校 审

工程号
图别 建 施
图号 L-15
版号 BS-GG
日期 2014.10

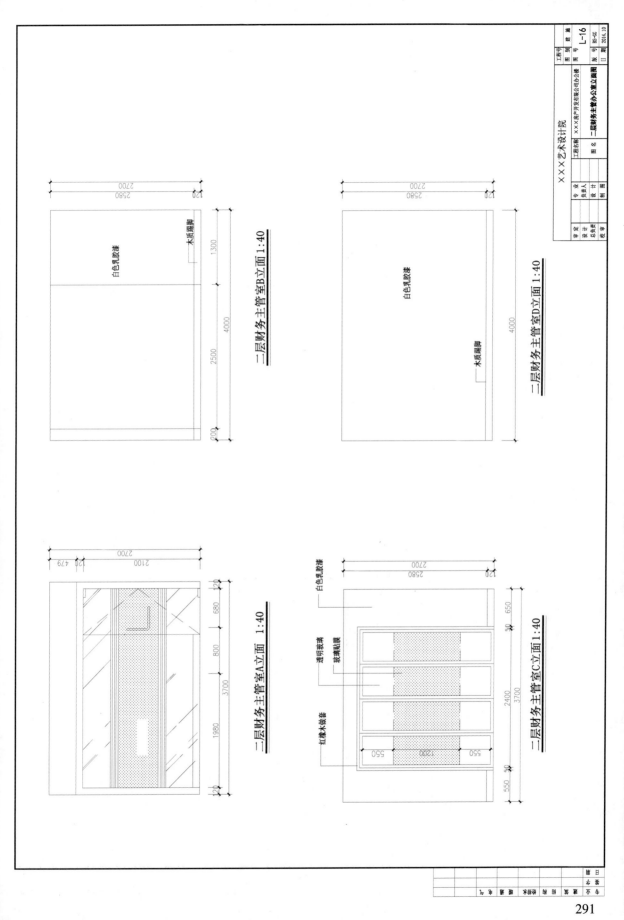

二层财务主管室B立面 1:40

白色乳胶漆

木质踢脚

二层财务主管D立面 1:40

白色乳胶漆

木质踢脚

二层财务主管室A立面 1:40

二层财务主管室C立面 1:40

白色乳胶漆

透明玻璃

玻璃贴膜

红橡木做套

XXX艺术设计院

专业		审定	
负责人		设计	
设计		总负责	
制图		校审	

工程名称 XXX房产开发有限公司办公楼

图名 二层财务主管办公室立面图

工程名 | 建筑
图 别 |
图 号 | BS-GC
版 号 | L-16
日 期 | 2014.10

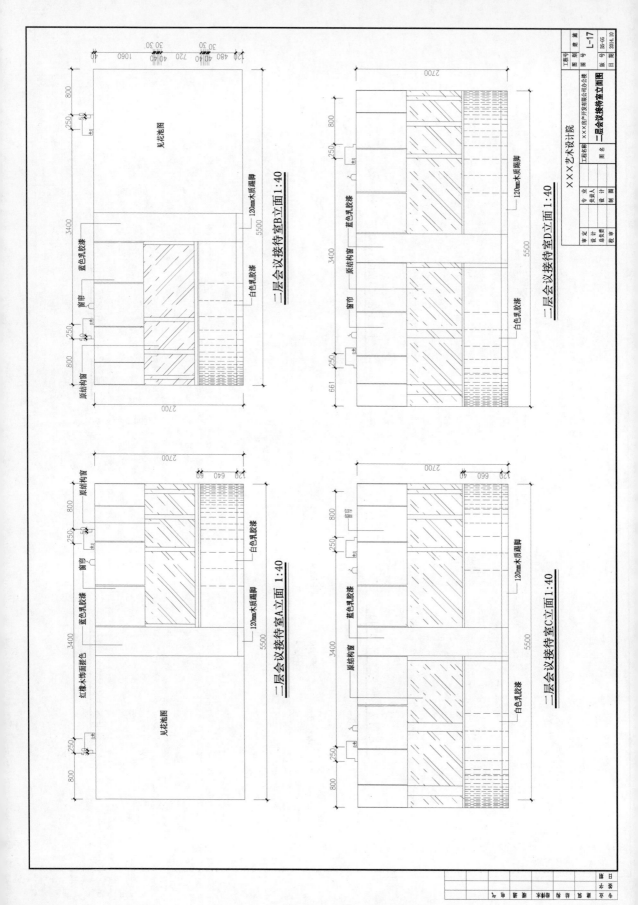

二层会议接待室B立面1:40

见花池图

120mm木质踢脚

蓝色乳胶漆

白色乳胶漆

窗帘

原结构窗

二层会议接待室D立面1:40

蓝色乳胶漆

原结构窗

120mm木质踢脚

白色乳胶漆

二层会议接待室A立面1:40

原结构窗

蓝色乳胶漆

窗帘

120mm木质踢脚

白色乳胶漆

红樱木饰面蓝色

见花池图

二层会议接待室C立面1:40

窗帘

原结构窗

120mm木质踢脚

蓝色乳胶漆

白色乳胶漆

ＸＸＸＸ艺术设计院

专业	工程名称	ｘｘｘ房产开发股份有限公司办公楼
负责人		
审定	设计	图名	二层会议接待室立面图
设计	制图		
总负责		
校审	校对		

工程号	建 筑		
图 别			
图 号	L-17		
版 号	BS-GG		
日 期	2014.10		

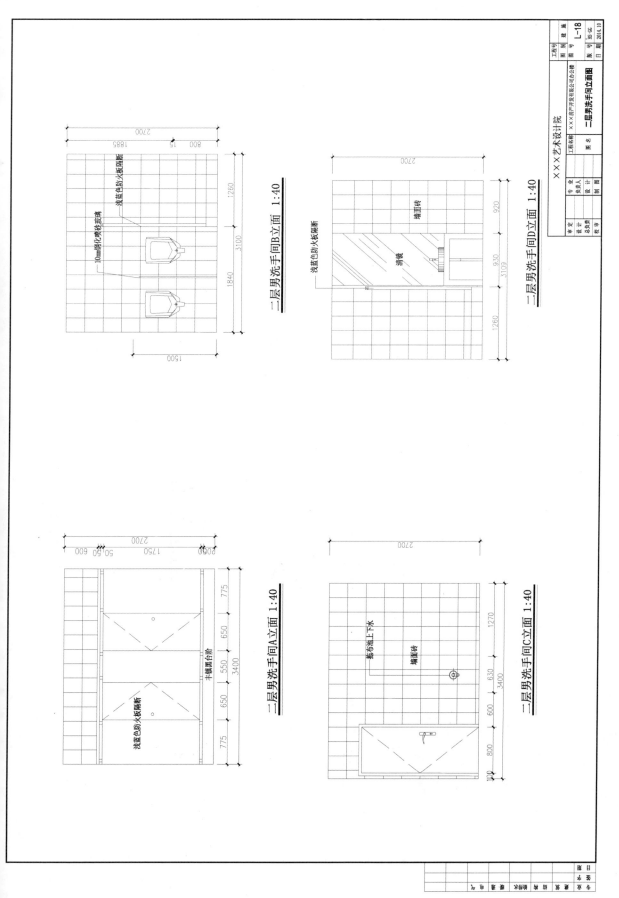

二层男洗手间B立面 1:40

浅蓝色防火板隔断

10mm钢化喷砂玻璃

二层男洗手间D立面 1:40

浅蓝色防火板隔断

墙面砖

清镜

二层男洗手间A立面 1:40

浅蓝色防火板隔断

丰镇黑台阶

二层男洗手间C立面 1:40

拖布池上下水

墙面砖

×××艺术设计院

专 业		工程名称	×××房产开发有限公司办公楼	工程号		建 盖
负责人				图 别		L-18
审 定		附 名	二层男洗手间立面图	图 号		图5-GG
设 计				版 号		
总负责				日 期		2014.10
制 图						
校 审						

二层男洗手间立面图

293

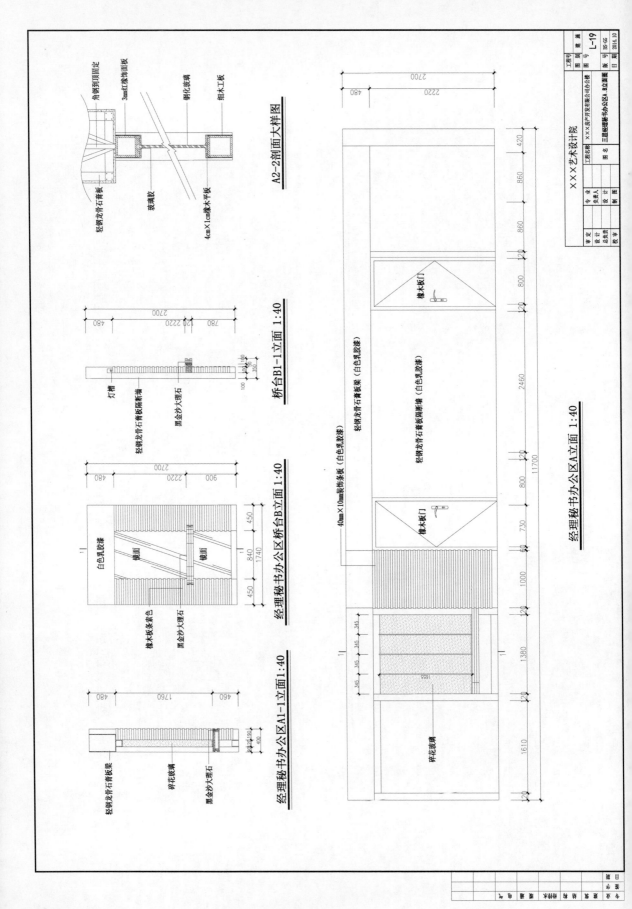

A2-2剖面大样图

角钢到顶固定
3mm红橡木饰面板
钢化玻璃
细木工板

轻钢龙骨石膏板
玻璃胶
4cm×1cm橡木平板

桥台B1-1立面 1:40

灯槽
轻钢龙骨石膏板隔断墙
黑金沙大理石

经理秘书办公区桥台B立面 1:40

白色乳胶漆
镜面
镜面
橡木板条素色
黑金沙大理石

经理秘书办公区A1-1立面1:40

轻钢龙骨石膏板梁
碎花玻璃
黑金沙大理石

经理秘书办公区A立面 1:40

40mm×10mm装饰条板（白色乳胶漆）
轻钢龙骨石膏板梁（白色乳胶漆）
轻钢龙骨石膏板隔断墙（白色乳胶漆）
橡木板门
橡木板门
碎花玻璃

XXX艺术设计院

专业		
负责人		
设 计		
制 图		

审定	
设计	
总负责	
校审	

工程名称 XXX房产开发有限公司办公楼
图 名 三层经理秘书办公区A、B立面图

工程号
图 号 BS-GG
版 号
日 期 2014.10

L-19

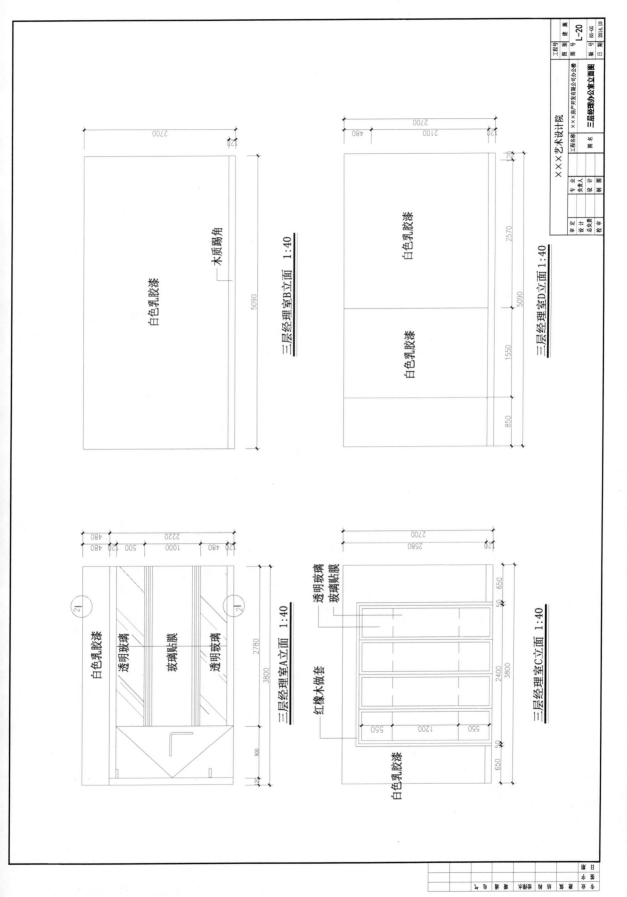

三层经理室B立面 1:40

木质踢角

白色乳胶漆

三层经理室D立面 1:40

白色乳胶漆

白色乳胶漆

三层经理室A立面 1:40

白色乳胶漆

透明玻璃

玻璃贴膜

透明玻璃

三层经理室C立面 1:40

透明玻璃

玻璃贴膜

红橡木做套

白色乳胶漆

XXX艺术设计院

工程名称 XXX房产开发有限公司办公楼

图 名 三层经理办公室立面图

专 业 建 筑

负责人

设 计

制 图

审 定

设 计

总负责

校 审

工程号

图 别 建 筑

图 号 BS-GG L-20

版 号

日 期 2014.10

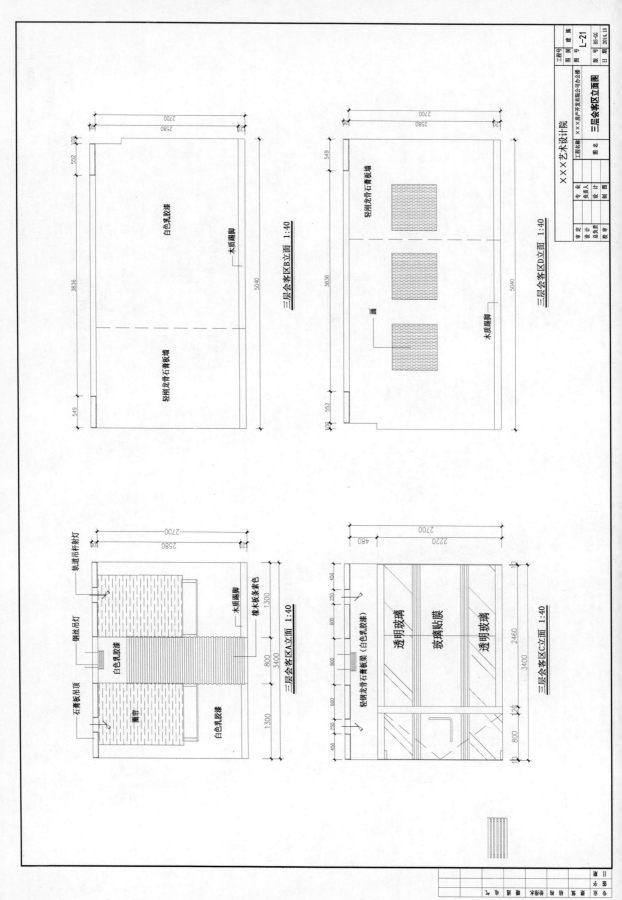

三层会客区B立面 1:40

白色乳胶漆

轻钢龙骨石膏板墙

木质踢脚

三层会客区D立面 1:40

轻钢龙骨石膏板墙

木质踢脚

三层会客区A立面 1:40

轨道吊杆射灯

钢丝吊灯

石膏板吊顶

帘帘

白色乳胶漆

白色乳胶漆

木质踢脚

橡木板条素色

三层会客区C立面 1:40

轻钢龙骨石膏板墙（白色乳胶漆）

透明玻璃

玻璃贴膜

透明玻璃

XXX艺术设计院

工程名称 XXX房产开发有限公司办公楼

图名 三层会客区立面图

专业 建筑
负责人
设计
制图

审定
设计
总负责
校审

工程号
图别 建施
图号 L-21
版号 BS-GC
日期 2014.10

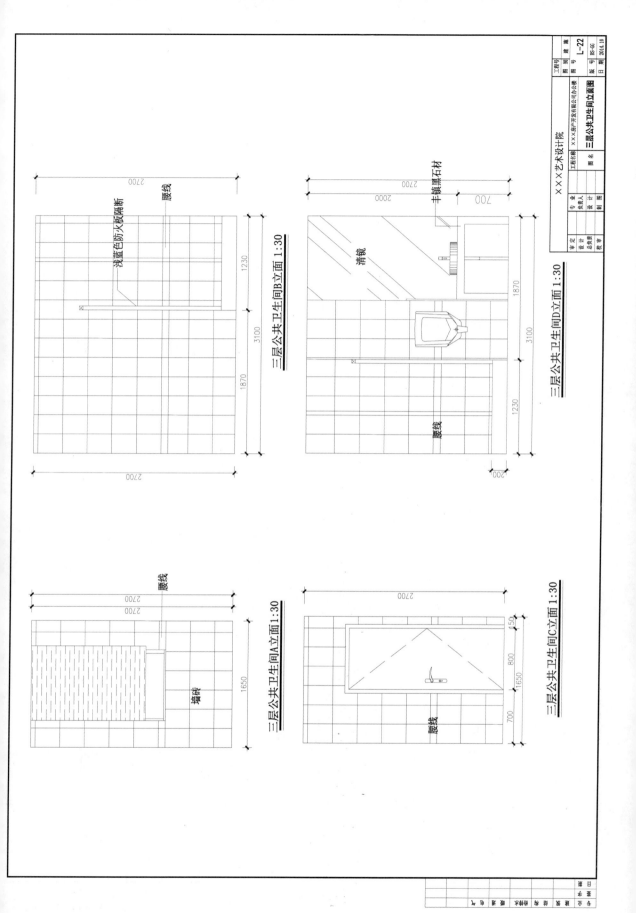

三层公共卫生间B立面 1:30

浅蓝色防火板隔断

腰线

三层公共卫生间D立面 1:30

清镜

丰镇黑石材

腰线

三层公共卫生间A立面 1:30

腰线

墙砖

三层公共卫生间C立面 1:30

腰线

×××艺术设计院

工程名称 ×××房产发有限公司办公楼

图名 三层公共卫生间立面图

图号 L-22

版号 B5-GC

日期 2014.10

297

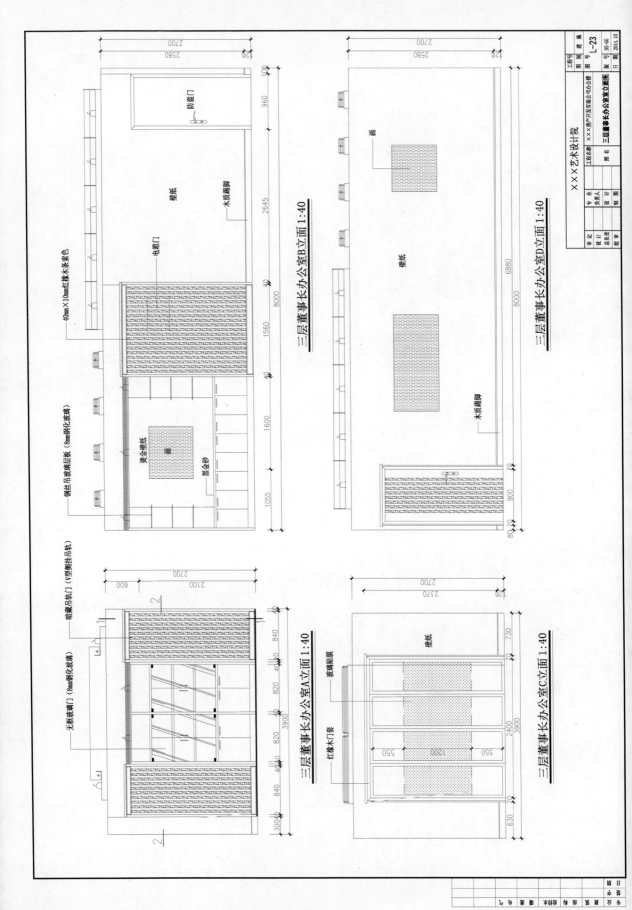

三层董事长办公室B立面 1:40

三层董事长办公室D立面 1:40

三层董事长办公室A立面 1:40

三层董事长办公室C立面 1:40

××××艺术设计院

工程号

图号 L-23

版号 DS-06

日期 2014.10

工程名称 ×××房产开发有限公司办公楼

图名 三层董事长办公室立面图

专业
负责人
设计
制图
校审

审定
设计
8负责
校审

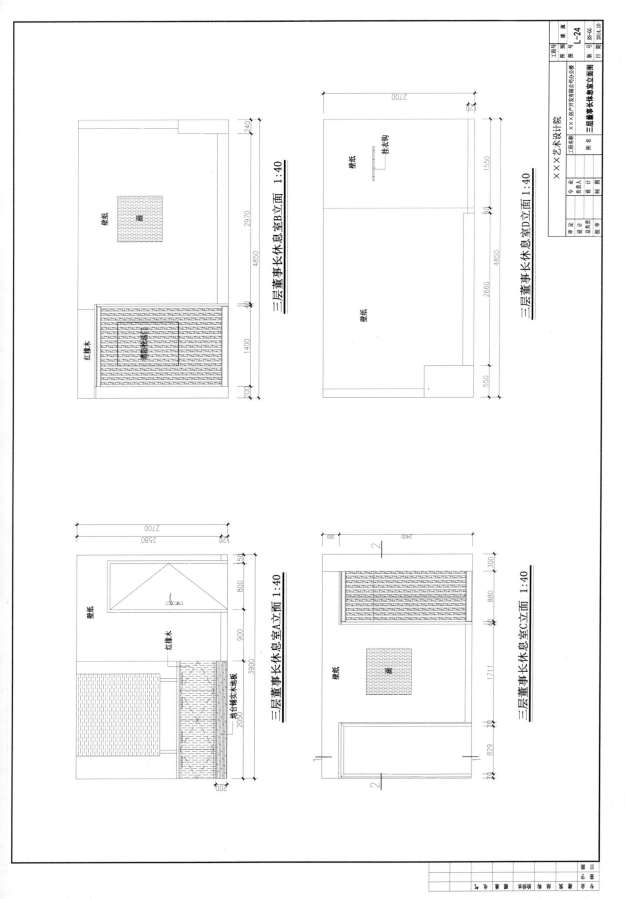

三层董事长休息室B立面 1:40

三层董事长休息室D立面 1:40

三层董事长休息室A立面 1:40

三层董事长休息室C立面 1:40

×××艺术设计院

工程名称 ×××房产开发有限公司办公楼
图名 三层董事长休息室立面图

专业
负责人
设计
制图

审定
设计
总负责
校审

工程号
图别 建筑
图号 L-24
版号 B5-GG
日期 2014.10

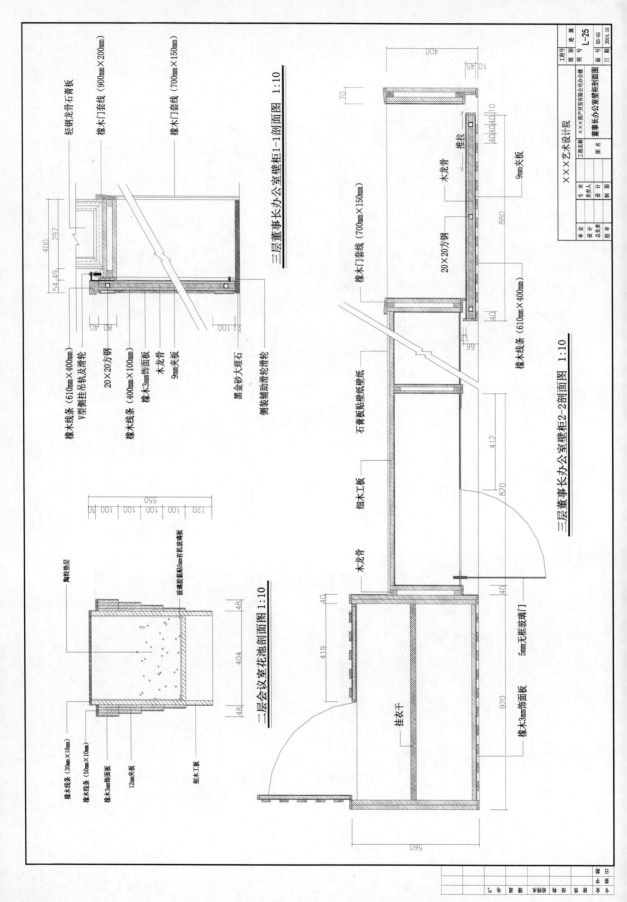

轻钢龙骨石膏板

橡木门套线（900mm×200mm）

橡木门套线（700mm×150mm）

橡木线条（610mm×400mm）
V型侧挂吊轨及滑轮

20×20方钢

橡木线条（400mm×100mm）
橡木3mm饰面板
木龙骨
9mm夹板

黑金砂大理石

侧装辅助滑轮滑轮

三层董事长办公室壁柜1-1剖面图 1:10

橡木门套线（700mm×150mm）

木龙骨

9mm夹板

20×20方钢

橡木线条（610mm×400mm）

挂拉

三层董事长办公室壁柜2-2剖面图 1:10

石膏板贴壁纸壁纸

细木工板

木龙骨

5mm无框玻璃门

橡木3mm饰面板

挂衣干

陶粒热层

橡木线条（30mm×10mm）
橡木线条（50mm×10mm）
橡木3mm饰面板
12mm夹板
玻璃胶黏贴粘5mm有机玻璃板
细木工板

二层会议室花池剖面图 1:10

×××艺术设计院

专 业		工程名称	×××房产开发有限公司办公楼
负责人			
设 计		图 名	董事长办公室壁柜剖面图
制 图			

审 定		工程号		建 筑
设 计		图 别		图 号 L-25
总负责		图 号		版 本 BS-GG
校 审		日 期 2014.10

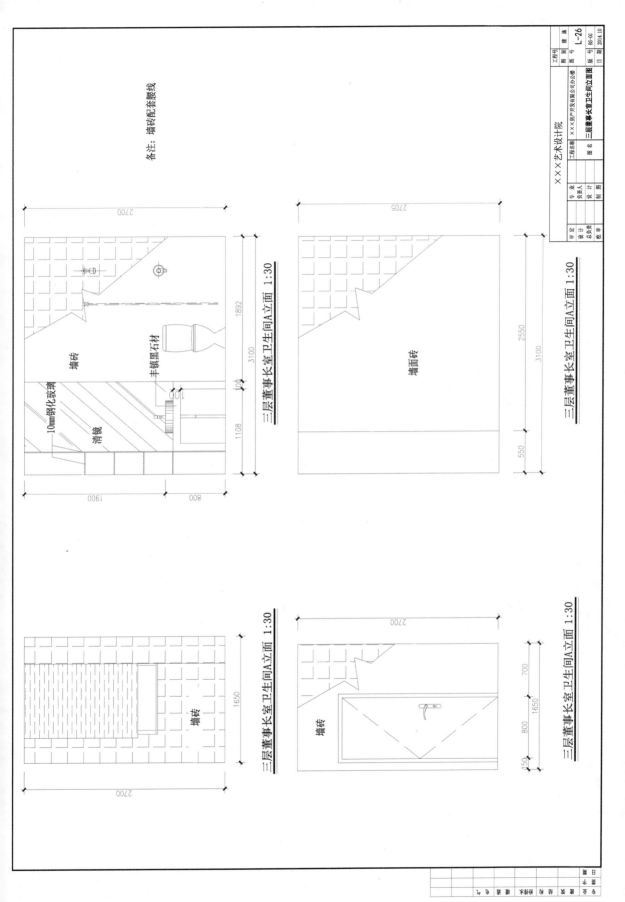

备注：墙砖配套腰线

三层董事长室卫生间A立面 1:30

三层董事长室卫生间A立面 1:30

三层董事长室卫生间A立面 1:30

三层董事长室卫生间A立面 1:30

墙砖

丰镇黑石材

10mm钢化玻璃

清镜

墙面砖

墙砖

墙砖

XXX艺术设计院

工程名称 XXX房产开发有限公司办公楼

图 名 三层董事长室卫生间立面图

专 业

负责人

设 计

制 图

审 定

设 计

总负责

校 审

工程号

图 别 建 施

图 号 L-26

版 号 DS-GZ

日 期 2014.10

房地产开发有限公司办公楼
装饰工程电气设计方案

主要设电气备材料表

图例	名称	型号及规格	安装方式	安装高度(m)	单位	数量	备注
▬	配电箱	PXT~	明装暗装		个	8	原有
⟋	单联单控暗开关	250V 10A	暗装	H=1.4	个	1	TCL
⟋	双联单控暗开关	250V 10A	暗装	H=1.4	个	8	
⟋	三联单控暗开关	250V 10A	暗装	H=1.4	个	13	
▦	三管格栅灯(1200mm×600mm)	3×40W	嵌入		个	6	
▭	二管格栅灯(1200mm×300mm)	2×40W	嵌入	—		47	
▯	单管格栅灯(1200mm×300mm)	1×40W	暗装	—	个	8	
⊠	花灯		嵌入	—	个	1	
⊕	吸顶灯		明装	—	盏	10	型号由甲方定
⊡	浴霸		嵌入	—	盏	4	型号由甲方定
○	筒灯	1×18W	嵌入	—	个	33	
⊲	投光灯	1×40W	壁装	H=2.8	个	30	
⊠	排风扇		暗装	家具上的标高定或灯顶上的标高定或灯具并+0.3	个	3	
⊳	单相二、三极插座	250V 16A	暗装		个	44	
⊳h	单相二、三极插座	250V 16A	暗装	H=1.4	个	2	烘手器用
←	安全出口指示灯		吊装			4	
⊠	交换机						

×××艺术设计院		专业		工程号		建施
		负责人		图别		
工程名称	×××房产开发有限公司办公楼	设计		图号		D-27
图名	主要电气设备表	制图		版号		B5-GC
		校对		日期		2014.10

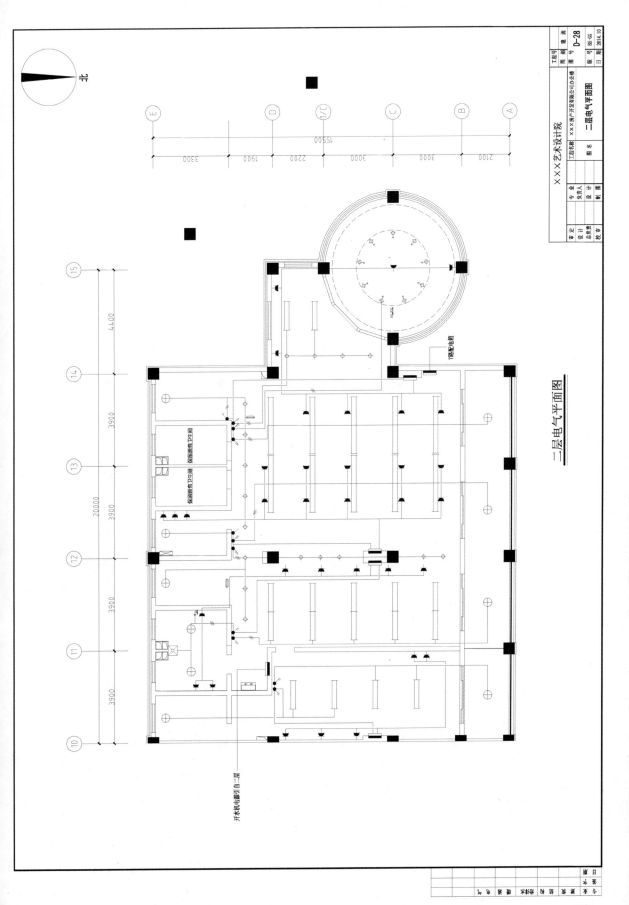

二层电气平面图

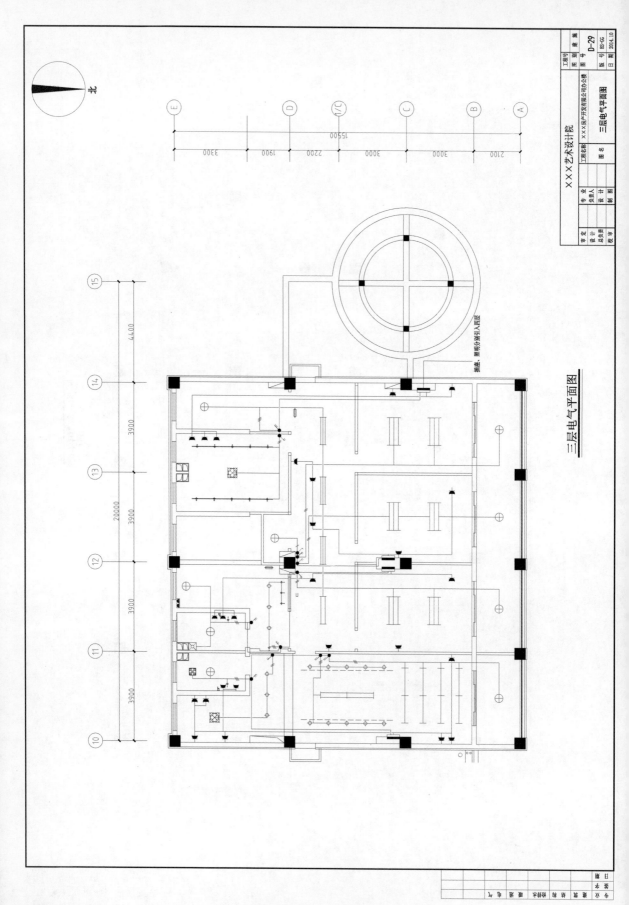

三层电气平面图

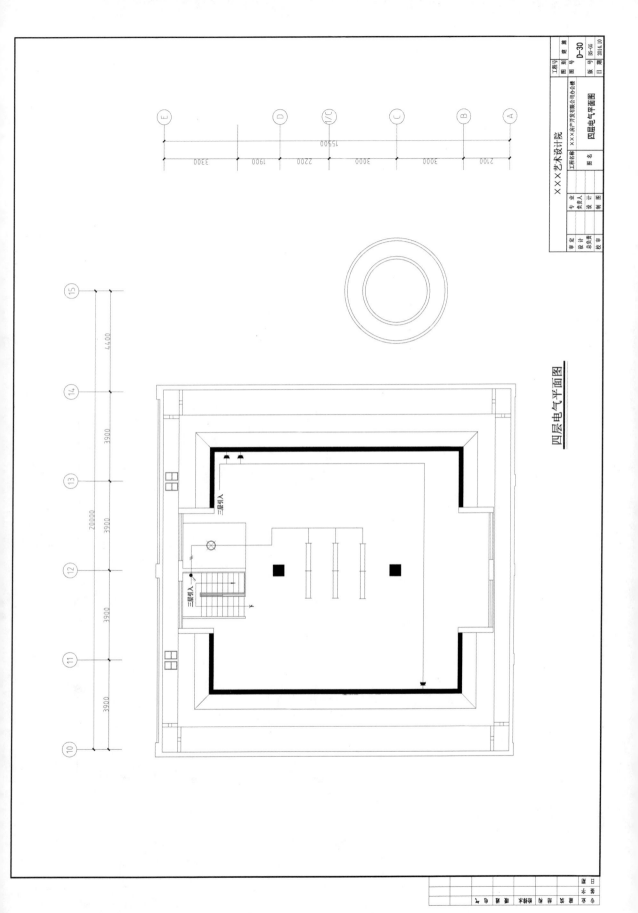

四层电气平面图

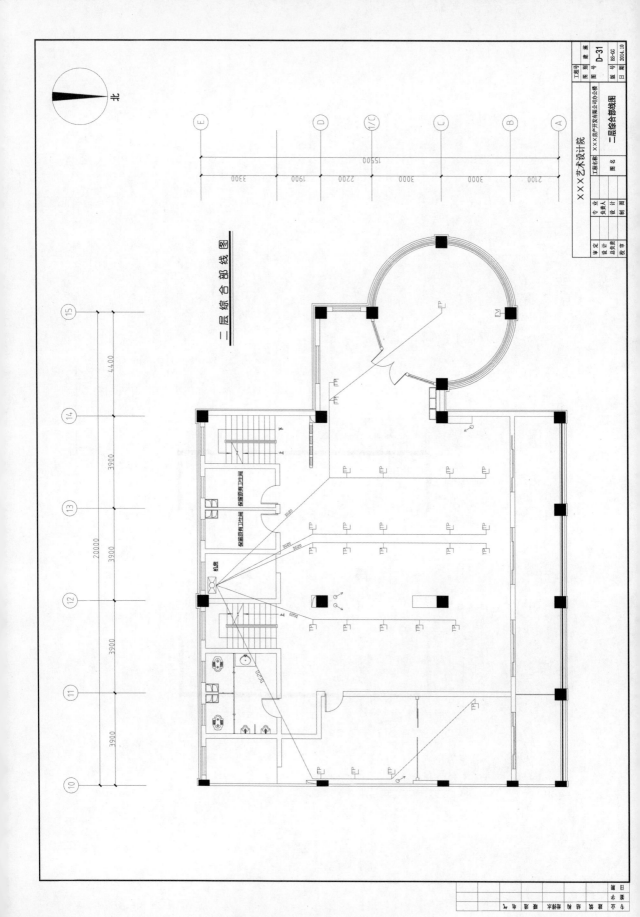

二层综合布线图

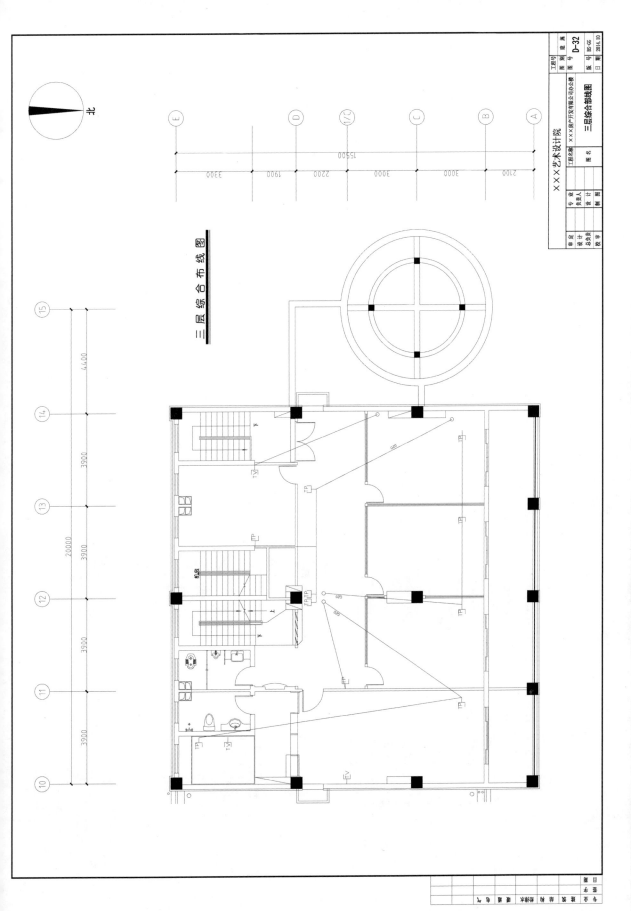

三层综合布线图

北

XXXX艺术设计院

专 业				工程名称	×××房产开发有限公司办公楼	工程号		
负责人						图别	建施	
设 计						图号	D-32	
总负责				图 名	三层综合布线图	版 号	BS-GG	
校 审						日 期	2014.10	

更多增值服务请登陆网站：www.jigongjianzhu.com

新书资讯

资源下载

答疑/活动

地址：**北京市百万庄大街22号**
邮政编码：**100037**
电话服务
服务咨询热线：010-88361066
读者购书热线：010-68326294
　　　　　　010-88379203
网络服务
机工官网：www.cmpbook.com
机工官博：weibo.com/cmp1952
金书网：www.golden-book.com
教育服务网：www.cmpedu.com
封面无防伪标均为盗版

机械工业出版社微信公众号

建筑　设计　施工　造价　执考　教材　文化
责任编辑　微信号
扫一扫
享受更多优质服务
赢取精美建筑图书

ISBN 978-7-111-49553-6
策划编辑◎**刘志刚** / 封面设计◎**张静**

ISBN 978-7-111-49553-6

定价：49.80元